Prof. Wanderlei Malaquias Pereira Junior
Prof. Areffy Luis Cardoso Lima

CONCRETO ARMADO

Uma introdução ao projeto de peças de concreto armado

VOLUME 1

EDITORA CIÊNCIA MODERNA

Concreto Armado - Uma Introdução ao Projeto de Peças de Concreto Armado – Volume 1
Copyright© Editora Ciência Moderna Ltda., 2023

Editor: Paulo André P. Marques
Produção Editorial: Dilene Sandes Pessanha
Capa: Daniel Jara
Diagramação: Carlos Arthur Candal
Copidesque: Equipe Ciência Moderna

FICHA CATALOGRAFICA

PEREIRA JUNIOR, Wanderlei Malaquias; LIMA, Areffy Luis Cardoso.

Concreto Armado - Uma Introdução ao Projeto de Peças de Concreto Armado – Volume 1

Rio de Janeiro: Editora Ciência Moderna Ltda., 2023.

1. Engenharia Civil
I — Título

ISBN: 978-65-5842-236-5 CDD 624

Editora Ciência Moderna Ltda.
R. Alice Figueiredo, 46 – Riachuelo
Rio de Janeiro, RJ – Brasil CEP: 20.950-150
Tel: (21) 2201-6662/ Fax: (21) 2201-6896
E-MAIL: LCM@LCM.COM.BR
WWW.LCM.COM.BR **01/23**

Como usar este material didático

Este material didático foi desenvolvido sob a ótica de uma visão moderna de ensino baseada em ferramentas que permitam ao leitor absorver a maior quantidade de informação possível. Essa proposta interativa visa acelerar a curva de aprendizagem do conteúdo.

Para que o leitor tenha completa ciência do que é apresentado ao longo do texto fizemos aqui uma breve explicação dos recursos disponíveis do material[1].

O Você Sabia ?! é introduzido no texto sempre para explicar um recurso técnico bastante empregado ou curiosidades a respeito do assunto.

Quando aparecer essa figurinha no texto pode saber tem vídeo explicativo. Você poderá clicar na figura relativa à plataforma YouTube. Normalmente estes vídeos são de canais de divulgação de engenharia que se encontram nessa plataforma.

Já essa figurinha é o indicativo do material didático disponibilizado em planilha eletrônica. Normalmente os exercícios resolvidos têm esse recurso e permitem o discente fazer alterações no próprio exercício podendo assim estabelecer um estudo de caso.

Para aqueles que compraram a versão impressa o QR Code dará acesso aos links.

[1] Obs.: Os itens do tipo ícone foram retirados do site *flaticon*.

Sumário

1

OS PRIMEIROS PASSOS PARA SE PROJETAR EM CONCRETO ARMADO

Você sabia que a palavra concreto tem origem do latim *concretus*?! Pois então concreto pode ser entendido como um adjetivo para exprimir algo que é sólido ou um substantivo masculino que designa uma mistura de cimento, água, areia e brita em determinadas proporções, que se coloca em uma fôrma para que endureça e atinja “grande resistência” [1]. Há controvérsias sobre a “grande resistência” informada no dicionário, mas deixemos isso para outras discussões.

Após a água, o concreto é um dos materiais mais utilizados pela humanidade sendo que esse tem uma taxa de consumo anual estimada em 30 bilhões de toneladas [2,3]. Estudos estimam que até o ano de 2050 a produção de concreto no Brasil poderá superar as 500 Mt/ano[1] conforme representado na Figura 1.1.

O marco brasileiro da indústria cimenteira se deu em 1926, ano que iniciou a produção nacional de cimento. No período anterior a essa data, 97% do consumo de cimento eram frutos da importação de países como Estados Unidos, Argentina, Alemanha, França, Inglaterra, Dinamarca e Bélgica [4].

A constante urbanização do país implicou numa maior demanda pelo produto, que cresceu de forma exponencial, superando até mesmo a capacidade nacional de produção. De forma impressionante, o consumo per capita de cimento que inicialmente era de 12,90 kg/ano em 1935, passou a ser de 22,30 kg/ano no fim da guerra e de 67,70 kg/ano em 1962. Entre 1945 e 1955, o setor inaugurou 16 novas fábricas, várias delas situadas fora do eixo Rio de Janeiro-São Paulo, incluindo estados como Mato Grosso do Sul, Paraíba, Pernambuco, Bahia e Rio Grande do Sul [4].

[1] Mt/ano - Mega toneladas por ano

Figura 1.1 - Consumo e estimativa de consumo para o concreto no mundo [5]. (a) Consumo até o ano de 2012; (b) Consumo até o ano de 2030; (c) Consumo até o ano 2050.

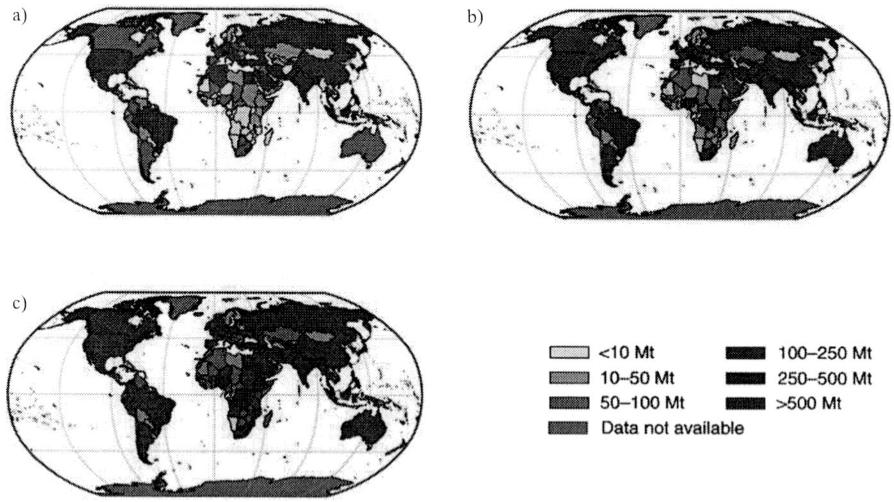

Segundo o portal eletrônico cimento.org, o mercado brasileiro conta com 24 grupos cimenteiros contabilizando um total de 100 plantas instaladas por todas as regiões brasileiras que em conjunto têm capacidade produtiva de 100 Mt/ano.

Com as considerações acima, é possível afirmar que o concreto figura como um dos materiais mais importantes utilizados pelo homem, sendo não somente um material de uso estrutural mais também de uso em diferentes funções, o que contribui fortemente no desenvolvimento social da humanidade.

Em termos de ensino de graduação em engenharia, esse capítulo tem o objetivo de instruir o leitor a dar os primeiros passos no ato de se criar, dimensionar e detalhar um sistema estrutural em concreto armado. Tendo em vista que disciplinas anteriores a um curso de concreto já estabeleceram conceitos de dosagem (ou proporcionamento) do concreto estrutural. Portanto, nessa seção os materiais serão apresentados novamente, porém, com uma abordagem relativa aos critérios de dimensionamento estrutural do material, diferenciando-se, assim, de um texto de materiais de construção civil.

Antes de mais nada, é importante salientar que a utilização de normas técnicas é essencial ao longo de qualquer curso de concreto, em especial, a principal norma dessa área, que é a ABNT NBR 6118 Projeto de estruturas de concreto – Procedimento.

1.1 Definições iniciais perante uma abordagem normativa

A NBR 6118 [6] apresenta uma classificação com algumas nomenclaturas (Ver item 3 da NBR 6118) utilizadas em projetos de concreto. São três denominações básicas:

a) Elementos de concreto simples estrutural;

b) Elementos de concreto armado;

c) Elementos de concreto protendido.

O concreto armado, surgiu basicamente da necessidade de mitigar os problemas causados pelo processo de fissuração da peça de concreto simples sob ação de carregamentos que produzem tensões de tração. Segundo o item 13.4.1 da NBR 6118 [6], a fissuração nos elementos estruturais de concreto armado é fortemente influenciada pela sua baixa capacidade resistiva à tração (cerca de 10% da resistência à compressão), sendo tal fenômeno inevitável.

A formação de fissuras acontece onde há tensões de tração provenientes do carregamento direto ou restrição a deformações impostas; e também podem ser promovidas por conta das retrações plásticas e térmicas; e devido às reações químicas de endurecimento da pasta ocorridas nas primeiras idades do concreto [6].

Como dito anteriormente, diante dessa falta de resistência em situações de tração, o concreto é combinado com barras de aço distribuídas ao longo da seção transversal formando então o "famoso" concreto armado.

O item 3.1.3 da NBR 6118 [6], afirma que elementos de concreto armado são aqueles cujo comportamento estrutural depende da aderência entre o concreto e a armadura, e nos quais não se aplicam alongamentos iniciais nas armaduras antes da materialização dessa aderência. Portanto, podemos afirmar que o concreto armado é o conjunto que abrange o concreto simples, armadura e aderência entre esses dois materiais.

As armaduras distribuídas na peça de concreto armado são denominadas como armaduras passivas. Segundo o item 3.1.5 da NBR 6118 [6], tal armadura é dita passiva quando não forem aplicados esforços de protensão, isto é, que não seja previamente alongada.

Figura 1.2 – (a) Elemento em concreto simples; e (b) Elemento em concreto armado (b) [7].

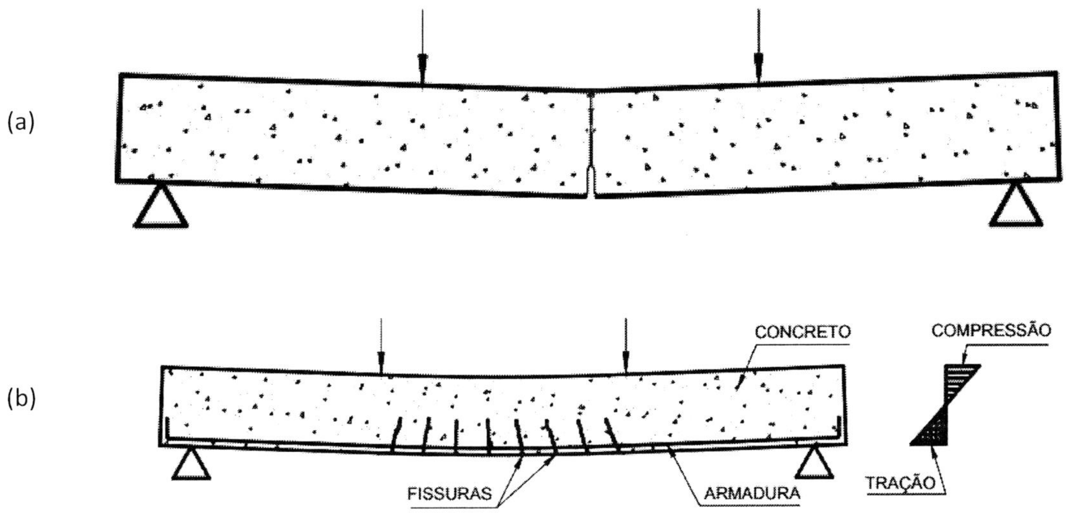

Conforme a Figura 1.2, nota-se como a armadura passiva contribui para a resistência e integridade do elemento estrutural, visto que o concreto possui baixa capacidade resistiva quando submetido às tensões de tração.

Mas calma... Falamos que as situações em que as barras de aço que estão embebidas em concreto fresco não forem pré-tensionadas são chamadas de armaduras passivas. Mas e quando existir a situação oposta, em que a armadura recebe esse pré-tensionamento?!

Para isso, o item 3.1.4 da NBR 6118 [6] define os elementos de concreto protendido como aqueles nos quais parte das armaduras é previamente alongada através de equipamentos especiais de protensão, com a finalidade de, em condições de serviço, impedir ou limitar a fissuração e os deslocamentos da estrutura, bem como propiciar o melhor aproveitamento de aços de alta resistência no estado-limite último (ELU). O item 3.1.6 da NBR 6118 [6] define que as armaduras ativas são armaduras constituídas por barras, fios isolados ou cordoalhas, destinadas à produção de uma tensão inicial, isto é, na qual se aplica um alongamento inicial. O concreto protendido normalmente é utilizado em situações em que o concreto armado não se comporta adequadamente no regime de utilização da estrutura sendo necessária tal tecnologia. Tais discussões sobre a protensão e seus métodos de dimensionamentos são tratadas em outro volume da série.

Depois de todas as discussões promovidas anteriormente você deve estar se perguntando... Por que utilizar o concreto? Quais as vantagens ou desvantagens desse material. Para responder a esse questionamento, Wight e MacGregor [8] enumeram uma série de vantagens e desvantagens no uso desse tipo de material. Dentre as vantagens destacam-se:

a) Economia em relação aos outros materiais utilizados na construção civil como aço e madeira;

b) Adaptabilidade do material às formas arquitetônicas;

c) Resistência ao fogo;

d) Resistência a choque e a vibrações;

e) Baixa necessidade de manutenção dos elementos estruturais;

f) Os insumos componentes do concreto são de fácil acesso.

Em contrapartida, Wight e MacGregor [8] citam as principais desvantagens do concreto, são elas:

a) Baixa resistência à tração, cerca de $1/10$ da resistência à compressão;

b) A construção do sistema envolve três passos distintos (construção das formas, remoção das formas e colocação dos escoramentos até que se tenha resistência adequada) que não são encontrados nas construções em estruturas metálicas ou de madeira;

c) Alterações de volume com o tempo (retração e fluência).

1.2 Um pouco da história do concreto armado

A utilização de materiais similares ao concreto vem desde a antiguidade. Diversos autores [9–11] citam o uso de materiais argamassados desde os tempos da civilização egípcia, como os vestígios na pirâmide do faraó Tutancâmon (1.450 a.C.) assim como o uso na civilização romana.

Basicamente, a história do concreto moderno inicia-se no século XVIII (1758) com as pesquisas do engenheiro inglês John Smeaton. Segundo Nogueira de Carvalho [9], o mesmo investigava matérias aglomerantes que apresentassem alta resistência e que mesmo em contato com água permanecesse endurecido. Foi quando descobriu, em suas tentativas de achar o material correto, que misturando calcário e argila com água, depois de seca tornava-se tão resistente quanto rochas, e com resistência superior ao calcário puro.

O primeiro grande feito de Smeaton foi a construção do farol de Eddystone, localizado a 14 milhas[2] a sudoeste da cidade inglesa de Plymouth. Este farol durou até 1881, quando teve que ser implodido devido a problemas em suas fundações, dando lugar a um novo farol chamado Plymouth Hoe. Na Figura 1.3 é possível ver uma foto atual desse farol.

Figura 1.3 – Farol de Eddystone também conhecido como Plymouth Hoe. Disponível em https://pt.dreamstime.com/foto-de-stock-farol-de-eddystone-image14896050.

Por volta do final do século XVIII, James Parker desenvolveu o chamado cimento romano (patenteado em 1796) que teve uma grande aceitação por suas excelentes qualidades. Expirada a patente (na época válida por 14 anos), químicos e engenheiros chegaram à conclusão de que ao se misturar as pedras calcárias com aproximadamente um terço de argila e uma pequena quantidade de óxido de ferro se conseguia um cimento similar ao cimento de Parker [9].

[2] 1 milha igual a 1.609,344 metros

Você Sabia ???

Localizado na *Piazza della Rotonda*, em Roma – Itália, o *Pantheon* ("todos os deuses") ou Panteão simplesmente, talvez seja uma das obras mais emblemáticas do Império Romano, que resiste a mais de 2 mil anos para contar-nos sua história. A curiosidade se dá pelo fato de que o Panteão foi construído com umas das técnicas mais revolucionárias da "construção civil da antiguidade".

Essa técnica revolucionária foi o concreto romano, que nada mais é do que a combinação de pedra calcária, cinza vulcânica e água do mar. Sim, pode acreditar, os romanos utilizavam água do mar...

Figura 1.4 – O Panteão Romano. Disponível em: https://www.rome-museum.com/br/panteao-roma.php.

Tal receita permite a formação de um composto denominado Tobermorita Aluminosa ($Ca_5Si_6O_{16}(OH)_2{\cdot}4H_2O$) que é responsável pelo processo de endurecimento da mistura [12].

A construção do Panteão foi realizada na época do Imperador Adriano, no ano 126 d.C. O mesmo recebe o nome de Agripa porque foi construído no lugar onde, no ano 27 a.C., encontrava-se o Panteão de Agripa, destruído em um incêndio no ano 80 d.C. Durante o início do século VII, o edifício foi doado ao Papa Bonifácio IV, que o transformou em uma igreja e é por esta razão que está preservado em perfeitas condições até hoje. O Panteão tem o maior domo (cúpula) sem reforço já construído. A estrutura tem aproximadamente 43,00 metros de diâmetro com um óculo central de 8,00 metros estando a também aproximadamente 43,00 metros acima do solo [11]. Impressionante, não?!

Em 1817 Louis Joseph Vicat publicou o conhecido trabalho intitulado "pesquisa experimental sobre cal para construção, concretos e argamassa comum", no qual apresentava os resultados de uma pesquisa que obtinha um cimento com a queima de uma mistura de calcário e argila. Em 1818 a Academia das Ciências de Paris aprovou sua descoberta e o autorizou a aplicá-la na construção da ponte de Souillac (França). A hegemonia do cimento inventado por Vicat só foi quebrada pelo cimento Portland, inventado e patenteado por Joseph Aspdin [9,10].

Em 1824 Joseph Aspdin solicitou e obteve a patente para um aperfeiçoamento no método de produzir a pedra artificial. Aspdin deu-lhe o nome de Cimento Portland por sua semelhança, com a famosa pedra calcária branco-prateada que se extraía há mais de três séculos de algumas pedreiras existentes na pequena península de Portland no Condado de Dorset (Inglaterra). Com a patente, Aspdin associou-se com William Beverly e, juntos, montaram em 1828 uma fábrica em Wakefield (Inglaterra), próxima de Leeds, a Aspdin & Beverly Patent Portland Cement Manufacturers [9].

Perceba que até agora só falamos sobre o surgimento do concreto simples. Segundo Bastos [7], o cimento armado, como era chamado o atual concreto armado, teve surgimento na França com o francês Joseph Louis Lambot, que em 1849 construiu a primeira estrutura de concreto armado, um barco feito com telas de fios de ferro preenchidas com argamassa. Ele testou o barco em sua fazenda e em 1855 o apresentou oficialmente na Feira Mundial de Paris. O barco é mostrado na Figura 1.5 é o protótipo original, e é preservado até os dias atuais no Museu de Brignoles, França.

Figura 1.5 – Protótipo do barco de cimento armado feito por Lambot. Disponível em: https://oseculoxx.blogspot.com/2014/12/a-origem-do-concreto-armado.html.

Após ver a grande ideia de associar barras de ferro à argamassa de cimento, o jardineiro Joseph Monier, começa a empregar, em 1867, o concreto armado em seus vasos de jardim, que até então eram fabricados de cerâmica e de madeira, que não tinha uma durabilidade muito grande [7]. Foi entre 1868 e 1873 que Monier executou, primeiro, um reservatório de 25 m^3 e mais tarde dois outros muito maiores, sendo um de 180 m^3 para a estação da estrada de ferro de Aleçon (França) e outro de 200 m^3, suportado por colunas, em Nogent-sur-Marne (França). Em 1875 Monier também construiu uma ponte de 16,50 m de vão e largura de 4,00 m no castelo Chazelet, propriedade do Marquês de Tilliers (Ver Figura 1.6) [13].

Em 1886 o engenheiro alemão Gustav Adolf Wayss (1851-1917) comprou as patentes de Monier para desenvolvê-las. Ele conduziu suas pesquisas em sua empresa, a Wayss & Freytag, e, posteriormente, projetou e executou a construção de vários edifícios na Alemanha, Áustria e na França, promovendo e difundindo o uso do concreto armado como material de construção civil [9,13].

Figura 1.6 – Ponte de concreto armado construída por Monier no castelo de Chazelet. Disponível em: https://oseculoxx.blogspot.com/2014/12/a-origem-do-concreto-armado.html.

Por volta de 1873 ocorreu a construção da primeira casa em concreto armado. Projetada e administrada por William Ward, ela teve grande importância no desenvolvimento do concreto armado nos Estados Unidos da América (EUA), pois Ward realizou várias pesquisas documentadas em relação ao material, inclusive com ensaios de prova de carga. Em 1883 os documentos foram apresentados para a *American Society of Mechanical Engineers*. Naquela época, a utilização de concreto era vista de forma negativa na sociedade e, por isso, ele construiu de modo a parecer de alvenaria. A casa resiste até hoje (Ver Figura 1.7) no condado de Port Chester, New York [8,9,14].

Figura 1.7 – Castelo de Ward [15].

Em 1891, George Bartholomew executou a *Court Street* na cidade de Bellefontaine estado de Ohio, sendo a rua de concreto mais antiga dos EUA. Foi projetada para resistir tensões de até 55 MPa e existe até hoje. A Figura 1.8 mostra a rua nos dias atuais [14].

Figura 1.8 – Rua de concreto *Court Street* [15].

Você Sabia ???

Figura 1.9 – Edifício 25 Bis da Rua Franklin (Paris) projetado e construído por Auguste Perret [14].

Figura 1.10 – Edifício Ingalls em Cincinnati (EUA) [14].

Os primeiros edifícios em concreto armado do mundo surgiram no começo do século XX. Na Europa, em 1902, o famoso arquiteto francês Auguste Perret, pioneiro no uso do concreto na arquitetura, construiu o primeiro edifício em concreto armado do mundo, situado na rua Franklin em Paris. O edifício tem uma fachada elegante, o que ajudou a tornar o concreto armado mais aceito socialmente (Ver Figura 1.9). Na América, o primeiro grande edifício (Ver Figura 1.10) construído em concreto armado tem 16 pavimentos e 64,00 metros de altura e foi executado em 1904 em Cincinnati, estado de Ohio [14].

As primeiras orientações relativas a projetos de peças de concreto surgiram com a pesquisa do professor Emil Mörsch na Universidade de Stuttgart em 1904. Segundo Wight e MacGregor [8], os trabalhos de Mörsch inspiraram a elaboração de normatizações por toda a Europa em países como Inglaterra, França, Áustria e Suíça entre 1907 e 1909. Emil Mörsch ainda atuou como diretor de setores públicos destinados à construção na Alemanha além de postos de diretoria na empresa Wayss & Freytag.

As publicações de Emil Mörsch estabeleceram as bases científicas do concreto armado e suas teorias tornaram-se referência na área por mais de meio século. Seu modelo de treliça (treliça clássica de Ritter e Mörsch) ainda é utilizado para a compreensão e fundamentação do comportamento de vigas de concreto armado submetidas à flexão e torção, sendo considerado um método prático e confiável para a análise, dimensionamento e detalhamento de elementos de concreto armado. Esse método é previsto pelas principais normas de projeto de estruturas de concreto do mundo (CEB-FIP, EUROCODE, DIN 1045-1, ACI 318) e pela NBR 6118 [8,9].

Em 1911 destaca-se a construção da ponte Del Risorgimento em Roma. Projetada pelo renomado engenheiro francês François Hennebique, a mesma possui um vão de 100 metros e tem seu sistema estrutural constituído por um arco bastante abatido [14,15], com relação flecha/vão de 1/10 [16]. A estrutura sobrevive até os dias atuais e é mostrada na Figura 1.11.

Figura 1.11 – Ponte Del Risorgimento [15].

Hennebique foi fortemente influenciado pelos trabalhos de Joseph Monier e o mesmo iniciou experimentos para aplicação do concreto na construção de edifícios em 1867. Em 1879 desenvolveu lajes de piso de concreto armado e, em 1892 patenteou um sistema de edificação completo denominado *Béton Armé de Hennebique*. Em 1898 terminou a construção de um moinho de farinha em Swansea, sendo essa obra o primeiro edifício de múltiplos pavimentos em concreto armado na Inglaterra [9].

Já na América Latina, especialmente no Brasil, o prof. Vasconcelos [13] afirma que os relatos de utilização do concreto armado são escassos, porém, existem informações do seu uso em 1904 (relatos do prof. Antônio de Paula Freitas). De acordo com Giongo [16], a primeira obra brasileira foi a construção de uma ponte de 9,00 metros de vão no Rio de Janeiro (1908) pela empreiteira Echeverria e com o projeto estrutural do engenheiro Hennebique. Em 1913, a firma alemã Wayss & Freytag monta sua filial no Rio, que ao contratar diversos mestres de obras no mercado internacional, impulsionou o compartilhamento de conhecimento e experiência com os trabalhadores nacionais.

Em 1928, o Eng. Emílio Henrique Baumgart obtém o recorde mundial de maior vão para viga reta de concreto armado. Esse recorde foi obtido na construção da ponte Herval (Santa Catarina) sobre o Rio do Peixe, sendo este um vão de 68 metros, construído pelo processo de balanços sucessivos [16]. Vale destacar que além do recorde, o processo de execução em balanços sucessivos era uma outra novidade na época.

Emílio Baumgart teve um papel fundamental na história do concreto armado brasileiro ajudando a desenvolver novas tecnologias, disseminando esse modelo construtivo no país e formando novos profissionais como: Paulo Rodrigues Fragoso, projetista da estrutura de concreto do Pavilhão de São Cristóvão - RJ; Antônio Alves Noronha, projetista da estrutura do Estádio do Maracanã - RJ e Arthur Eugenio Jermann, projetista de edificações como o Estádio Mineirão-BH e Museu de Arte Moderna do Rio de Janeiro-RJ [13,16]. As Figura 1.12a e Figura 1.12b apresentam essas construções simbólicas para o concreto armado no Brasil.

Figura 1.12 – Obras brasileiras de grande vulto (a) Estádio Jornalista Mário Filho, mais conhecido como Maracanã, Rio de Janeiro. Disponível em: https://www.archdaily.com.br/br/01-156118/estadio-jornalista-mario-filho-nil-maracana-slash-fernandes-arquitetos-associados/5295dbb2e8e44e809a000061-jornalista-mario-filho-stadium-maracana-fernandes-arquitetos-associados-image; e (b) Museu de Arte Moderna do Rio de Janeiro Disponível em: https://www.archdaily.com.br/br/758700/classicos-da-arquitetura-museu-de-arte-moderna-do-rio-de-janeiro-affonso-eduardo-reidy.

(a) 

(b) 

O prof. Vasconcelos lista uma série de recordes do uso do concreto armado em edifícios no século XX e podemos notar (Ver Figura 1.13) a participação brasileira nesse cenário de recordes (ed. Itália com 151 m).

Figura 1.13 – Recordes de construção em concreto armado no mundo [13].

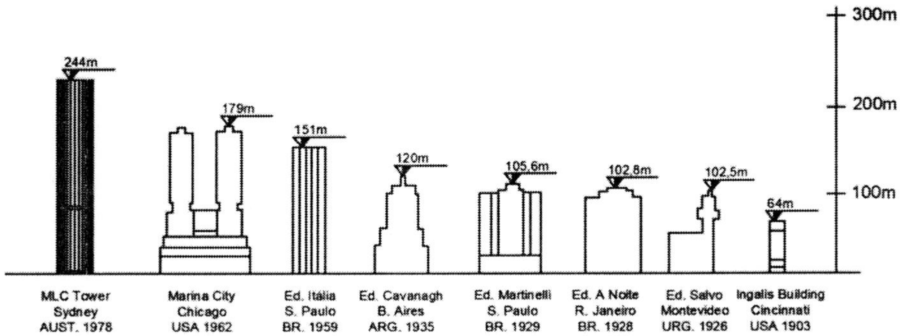

São obras brasileiras de grande vulto citadas em diversas bibliografias [7,13]:

a) Marquise da tribuna do Jockey Clube do Rio de Janeiro, com balanço de 22,40 metros;

b) Ponte Presidente Feliciano Sodré em Cabo Frio, em 1926, com arco em concreto armado sustentando 67,00 metros de vão;

c) Edifício Martinelli em São Paulo, em 1925, com 106,50 metros de altura e 30 pavimentos;

d) Edifício "A Noite" no Rio de Janeiro em 1928 tem 22 pavimentos, com 102,80 metros de altura;

e) Ponte da Amizade em Foz do Iguaçu em 1965, com extensão de 552 metros e o maior arco de concreto armado do mundo, com 290,00 metros em vão;

f) Construído em 1930, o Elevador Lacerda tem 73,00 m de altura, sendo maior elevador para fins comerciais feito nessa época;

g) Museu de Arte de São Paulo (MASP) em 1969, com laje de 30,00 x 70,00 m livres, recorde mundial em vão;

h) Edifício Itália em São Paulo em 1962, o mais alto edifício em concreto armado do mundo durante alguns meses.

Figura 1.14 – Obras brasileiras de destaque no cenário internacional (a) Hipódromo da Gávea-RJ. Disponível em: https://br.pinterest.com/pin/446841594253759454/; (b) Edifício Martinelli-SP. Disponível em: https://br.pinterest.com/pin/348395721158564500/; (c) Museu de Arte de São Paulo (MASP)-SP. Disponível em: https://br.pinterest.com/pin/825425437933537031/; e (d) Edifício Itália-SP. Disponível em: https://br.pinterest.com/pin/708683691345067989/.

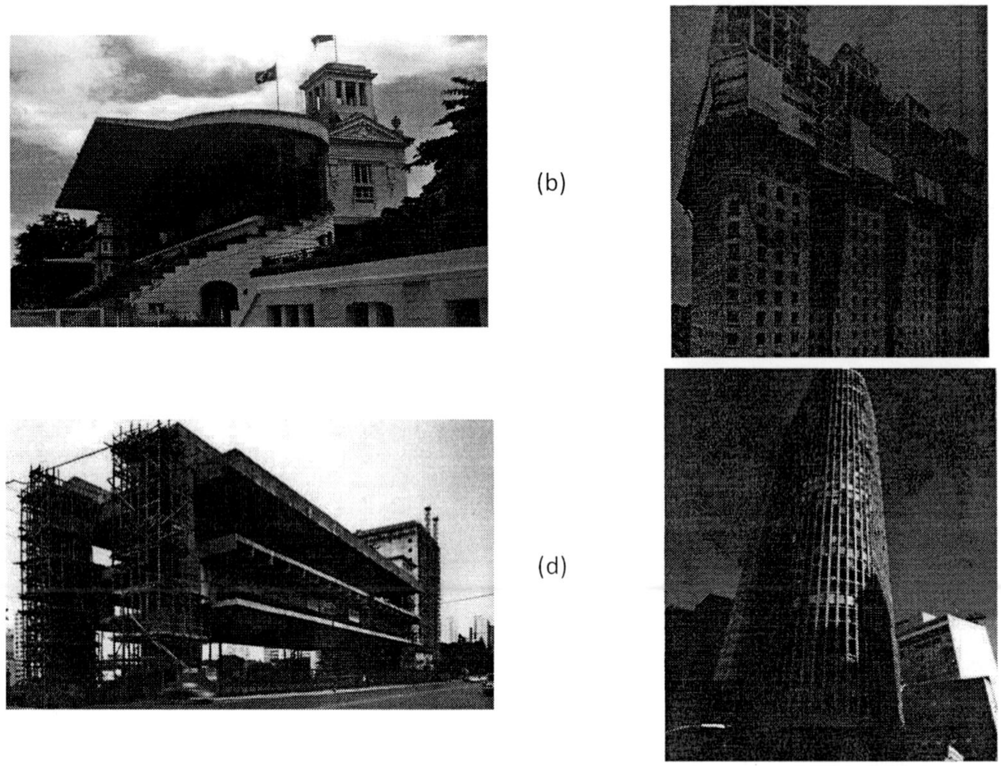

(a) (b) (c) (d)

Como dito anteriormente, o concreto armado é um dos materiais mais utilizados no mundo e sua história sempre estará ligada ao desenvolvimento socioeconômico da humanidade. A seguir, daremos ênfase aos materiais que formam o concreto armado e que pontos são relevantes para o dimensionamento estrutural de uma peça em concreto armado.

1.3 Materiais para o concreto armado

Nessa seção serão apresentadas algumas informações sobre os materiais componentes do concreto armado. Sendo assim, apresentam-se questões relacionadas aos materiais formadores, como armado: os agregados (areia, brita, cascalho, entre outros), cimentos e as barras de aço. É valido salientar aqui que o projetista de concreto armado deverá ter um conhecimento mínimo sobre os materiais que lhe permita definir no memorial descrito do projeto as especificações técnicas mínimas para que a estrutura seja executada de forma adequada [17].

1.3.1 Agregados

Segundo a NBR 9935 [18], os agregados são materiais granulares, geralmente inertes, com dimensões e propriedades adequadas para a preparação de argamassa ou concreto. Hoje sabe-se que o agregado é uma parte importante do concreto armado e, mesmo sendo inerte à água, suas características influenciam as propriedades do concreto tanto no estado fresco quanto no estado endurecido [19–21].

No Brasil, 85% dos agregados britados são provenientes de granitos, 10% de rocha calcária e 5% de basaltos. Agregados calcários são produzidos nos estados de MG, GO, BA e RJ, e os de basalto são mais comuns na Região Sul (PR e RS). Já a extração de areia é feita predominantemente em cava submersa (em leito de rios), com exceção da Região Metropolitana de São Paulo, na qual predomina a extração via cava seca em regiões de várzea [17,22].

As especificações para agregados misturados em concreto são tratadas pela ABNT NBR 7211 Agregados para concreto - Especificação [23]. Essa norma apresenta os requisitos exigíveis para recepção e produção de agregados miúdos e graúdos destinados à produção de concretos de cimento Portland.

1.3.1.1 Classificação

Os agregados são classificados em relação à origem, peso específico aparente e as dimensões das partículas. Essas classificações são abordadas a seguir.

Segundo a Origem

Segundo a origem, os agregados são classificados em naturais, industrializados ou artificiais e reciclados. Damo [24] define essas classes quanto à origem da seguinte forma:

a) Agregados Naturais: são os derivados de rochas existentes na crosta da Terra, encontrados na natureza, já adequados para o uso, ou ainda, agregados britados, provenientes dos processos de cominuição (ato de fragmentar) de rochas, para que possam se adequar ao uso como agregados para concreto;

b) Agregados Artificiais: são aqueles produzidos através de processos industriais como, por exemplo, a argila expandida;

c) Agregados Reciclados: são os resíduos industriais granulares, comprovadamente adequados ao uso como agregado do concreto, ou proveniente do beneficiamento de entulho de construção ou demolição.

Segundo a Massa Específica Aparente (γ)

Em linhas gerais, os autores [25] classificam os agregados quanto ao seu peso específico de três formas:

a) Agregados leves: $\gamma < 1000$ kg/m³, por exemplo: pedra-pomes, argila expandida, escoria siderúrgica, ardósia, lixo sinterizado, folhelhos e outros;

b) Agregados normais: 1000 kg/m³ $< \gamma <$ 2000 kg/m³, por exemplo: areias e cascalhos, seixos rolados, rocha britada de gnaisse, granito e calcário, entre outros;

c) Agregados densos ou pesados: $\gamma >$ 2000 kg/m³, por exemplo: brita de barita, magnetita, hematita, limonita, agregados de aço, entre outros.

Lembre-se, a massa específica aparente (γ) é a relação entre a massa de um certo volume total de agregados, incluindo neste volume os vazios entre os grãos.

Silva [25] também afirma que é de grande importância essa classificação, uma vez que é a partir dela que se faz a transformação dos traços em peso para volume e vice-versa. Em média, os agregados apresentam massa específica aparente da seguinte ordem de 2200 kg/m³ a 2600 kg/m³. A Tabela 1.1 detalha a massa específica aparente para agregados tradicionais da construção civil.

No ato de se projetar uma estrutura será necessário levar em conta o peso próprio do concreto armado. Tal fato é prescrito em normativas específicas que deverão ser tratadas ao longo deste texto.

Segundo as dimensões da partícula

Em termos de projeto estrutural, o projetista deverá ficar atento a essa classificação, principalmente a que diz respeito ao agregado graúdo, pois ela irá influenciar nos requisitos de alojamento de armadura, assunto que será tratado no decorrer deste material.

Segundo a NBR 7211 [23], o agregado usado no concreto é dividido conforme as dimensões das partículas em:

a) Agregado graúdo: agregado cujos grãos passam pela peneira com abertura de malha de 75,00 mm e ficam retidos na peneira com abertura de malha de 4,75 mm;

b) Agregado miúdo: agregado cujos grãos passam pela peneira com abertura de malha de 4,75 mm.

Os limites de distribuição granulométrica dos agregados (graúdos e miúdos) são classificados de acordo com a NBR 7211 [23] e essas classificações são apresentadas na Tabela 1.2 e Tabela 1.3.

Como dito anteriormente, para o dia a dia de projeto a informação mais relevante da distribuição granulométrica dos agregados é a Dimensão Máxima Característica (DMC) que é caracterizada pela NBR 7211 [23]. Tal valor corresponde à abertura nominal, em milímetros, da malha da peneira da série normal ou intermediária na qual o agregado apresenta uma porcentagem retida acumulada igual ou imediatamente inferior a 5,00% em massa. A Tabela 1.4 apresenta as variações dimensionais mais tradicionais para o agregado graúdo do tipo brita.

Tabela 1.1 - Massa Específica Aparente (γ) dos agregados de agregados tradicionais da construção civil [25].

Tipo do agregado	Massa Específica Aparente (γ)
Areia fina	1,52 t/m³
Areia média	1,50 t/m³
Areia grossa	1,48 t/m³
Brita 1	1,45 t/m³
Brita 2	1,42 t/m³
Brita 3	1,40 t/m³
Seixo rolado	1,50 t/m³

Tabela 1.2 - Limites da composição granulométrica do agregado graúdo [23].

Peneira com Abertura de malha (NBR NM ISSO 3310-1)	Porcentagem, em massa, retida acumulada				
	Zona Granulométrica d/D[1]				
	4,75/12,5	9,5/25	19/31,5	25/50	37,5/75
75 mm	-	-	-	-	0 - 5
63 mm	-	-	-	-	5 - 30
50 mm	-	-	-	0 - 5	75 - 100
37,5 mm	-	-	-	5 - 30	90 - 100
31,5 mm	-	-	0 - 5	75 - 100	95 - 100
25 mm	-	0 - 5	5 - 25[2]	87 - 100	-
19 mm	-	2 - 15[2]	65[2] - 95	95 - 100	-
12,5 mm	0 - 5	40[2] - 65[2]	92 - 100	-	-
9,5 mm	2 - 15[2]	80[2] - 100	95 - 100	-	-
6,3 mm	40[2] - 65[2]	92 - 100	-	-	-
4,75 mm	80[2] - 100	95 - 100	-	-	-
2,36 mm	95 - 100	-	-	-	-

[1] Zona granulométrica correspondente à menor (d) e a maior (D) dimensões do agregado graúdo.

[2] Em cada zona granulométrica deve ser aceita uma variação de no máximo cinco unidades percentuais em apenas um dos limites marcados.

Tabela 1.3 - Limites da distribuição granulométrica do agregado miúdo[1,2,3] [23].

Peneira com abertura de malha (NBR NM ISSO 33101)	Porcentagem, em massa, retida acumulada.			
	Limites inferiores		Limites superiores	
	Zona utilizável	Zona ótima	Zona ótima	Zona utilizável
9,5 mm	0	0	0	0
6,3 mm	0	0	0	7
4,75 mm	0	0	5	10
2,36 mm	0	10	20	25
1,18 mm	5	20	30	50
600 μm	15	35	55	70
300 μm	50	65	85	95
150 μm	85	90	95	100

[1] O módulo de finura da zona ótima varia de 2,20 a 2,90.

[2] O módulo de finura da zona utilizável inferior varia de 1,55 a 2,20.

[3] O módulo de finura da zona utilizável superior varia de 2,90 a 3,50.

Tabela 1.4 – Faixa de dimensões e DMC do agregado graúdo tipo brita [26].

Tipo do agregado	Faixa de dimensões (mm)	DMC em mm
Brita 0	4,80 – 9,50	9,50
Brita 1	9,50 – 19,00	19,00
Brita 2	19,00 – 25,00	25,00
Brita 3	25,00 – 50,00	50,00
Brita 4	50,00 - 76,00	76,00
Brita 5	76,00 – 100,00	100,00

Em termos de processo de fabricação do agregado graúdo, especificamente a brita (ou pedra britada), a Figura 1.15 apresenta um fluxograma simplificado desse processo.

Figura 1.15 – Pedreiras: Fluxograma típico para produção de brita [27][1].

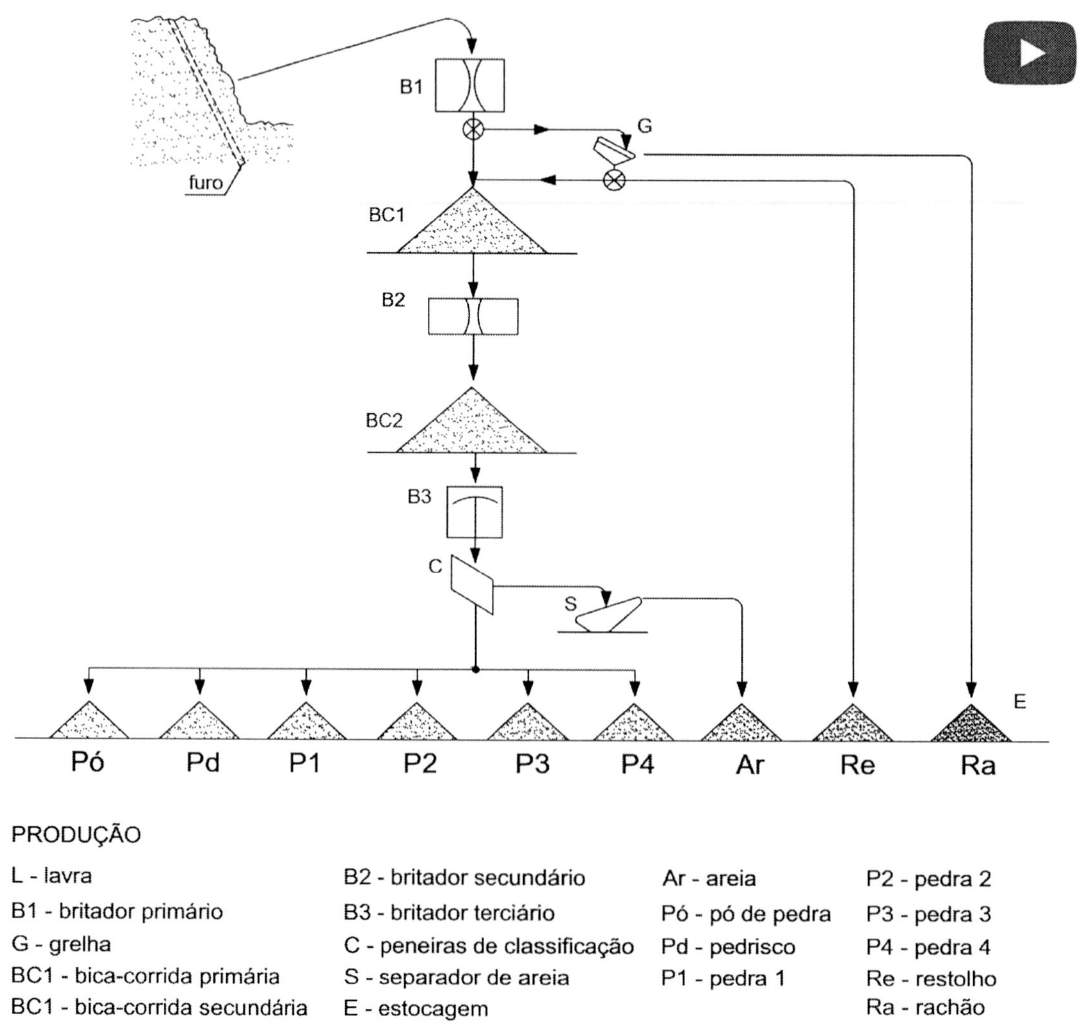

[1]Vídeo do canal: Prof. Nara Cangussu

Você Sabia ???

Figura 1.16 – (a) Sequência de peneiras no ensaio de peneiramento; (b) Dimensão da partícula que fica retida na tela da peneira.

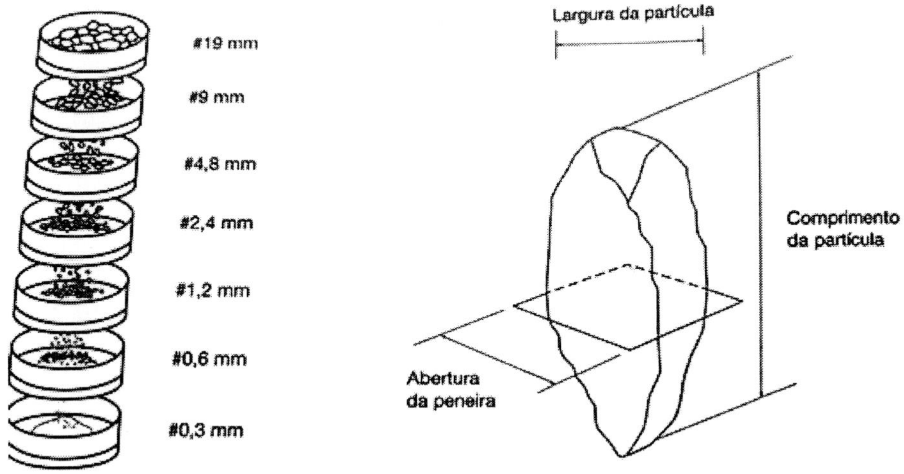

Uma curiosidade do ensaio de peneiramento é que ele não determina exatamente o tamanho do agregado, porque, para isso, seria necessário informar as três dimensões (comprimento, largura e espessura). O ensaio de peneiramento classifica apenas a largura do agregado, conforme Figura 1.16. Essa largura obtida não é um valor preciso, e sim um intervalo, tendo em vista que o agregado passará por uma tela de abertura de peneira e retida em outra. Por exemplo, imaginemos que o agregado é passante na peneira 19 mm e retido na peneira 9 mm, logo a largura do agregado seria -19 mm + 9mm. Quanto mais estreito este intervalo, mais precisa será a determinação da largura do agregado. E para possibilitar que o agregado passe pelas peneiras a partir da largura é que se aplica o processo de vibração sobre o conjunto, o que permite a rotação dos agregados até que estes consigam avançar para a próxima peneira ou fiquem retidos.

1.3.2 Cimento

Sem sombra de dúvidas, o cimento é um elemento de suma importância na fabricação do concreto, uma vez que é o material que possibilita a ligação entre os demais materiais. Por definição, o cimento é um material ligante ou aglomerante, normalmente pulverulento, que realiza a união entre as partículas dos agregados. O aglomerante é utilizado na fase de obtenção de pastas, argamassas e concretos.

Os aglomerantes podem ser classificados em inertes e ativos. Os inertes são aqueles que endurecem por simples secagem, como é o caso do betume e das argilas. Já os ativos podem ser subdivididos em aéreos e hidráulicos. O primeiro endurece pela ação química do CO_2 do ar, e são fracos quando colocados em contato com a água posteriormente ao seu endurecimento. O exemplo mais comum de aglomerante aéreo é a gipsita, conhecida popularmente como gesso. Quanto aos aglomerantes ativos hidráulicos pode-se dizer que eles endurecem por ação exclusiva da água, ou seja, pelo fenômeno de hidratação, e como exemplo tem-se o cimento Portland, sendo esse o foco principal desse tópico.

O Cimento Portland moderno que conhecemos e é distribuído pelo Brasil e mundo é composto essencialmente de clínquer e de adições, sendo o clínquer o principal componente, presente em todos os tipos de cimento.

Para a formação do clínquer é necessário basicamente alguns tipos de óxidos, são eles: CaO (Cal), SiO_2 (Sílica), Al_2O_3 (Alumina) e Fe_2O_3 (Óxido de ferro). Além desses, são encontrados outros componentes cujos teores são limitados por especificações de normas técnicas. A Tabela 1.5 apresenta os teores médios dos compostos necessários para formação do clínquer.

Tabela 1.5 – Composição química média dos clínqueres adaptado [28].

Componente químico	**Teores médios (%)**
CaO	58 - 67
SiO_2	16 - 26
Al_2O_3	4-- 8
Fe_2O_3	1 - 5
Outros	0 - 5

O clínquer como o produto que conhecemos é produzido a partir da queima de uma espécie de "farinha" de calcário e argila (também chamado de cru), em um forno rotativo submetido a um gradiente termal que atinge 1450°C. Dentro do forno, reações em estado sólido ocorrem até a formação de uma fase líquida, que é enriquecida com alumínio e ferro até a formação da mineralogia básica do clínquer que conhecemos [29]. O produto formado nesses fornos é então submetido a um processo de moagem juntamente com proporções de gipsita transformando-se, por fim, no cimento Portland ensacado que conhecemos. O processo de fabricação do cimento é apresentado na Figura 1.17 e Tabela 1.6.

Figura 1.17 – Esboço do processo de fabricação do cimento [17][1].

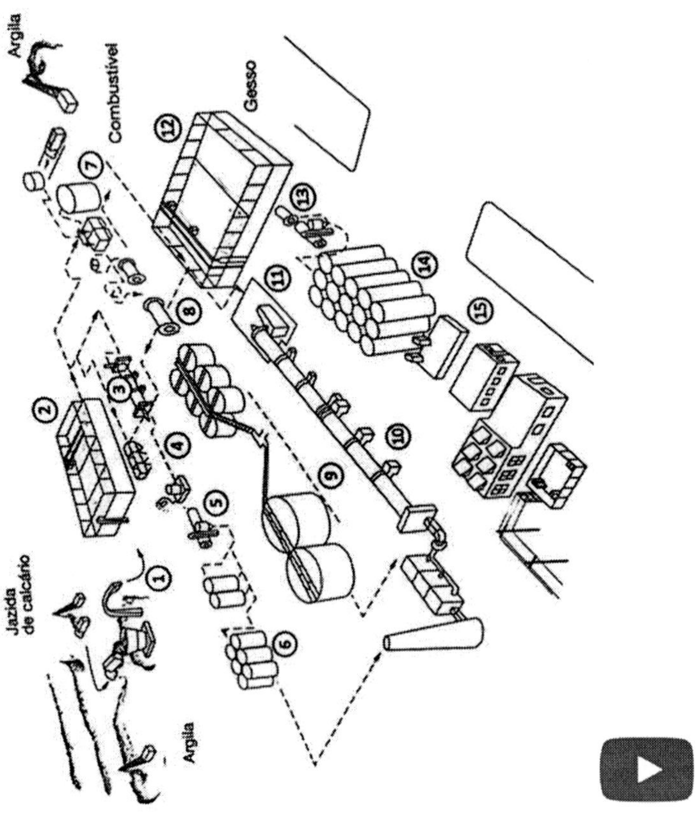

[1]Vídeo do canal: Manual do Mundo

Tabela 1.6 – Descrição do esquema de fabricação do cimento [17].

Etapa	Descrição
1	Britagem (Via seca)
2	Estocagem de matéria-prima (Via seca)
3	Secagem da argila (Via seca)
4	Mistura e proporcionamento (Via seca)
5	Moedura (Via seca)
6	Silos de cru (Via seca)
7	Estocagem de lama (Via úmida)
8	Moedura (Via úmida)
9	Silos de cru (Via úmida)
10	Queima no forno (Ambos sistemas)
11	Resfriamento do clínquer (Ambos sistemas)
12	Estocagem do clínquer (Ambos sistemas)
13	Moedura (Ambos sistemas)
14	Silos de cimento (Ambos sistemas)
15	Expedição (Ambos sistemas)

No processo de fabricação do cimento, os componentes químicos dão origem a quatro componentes básicos, conforme informado na Tabela 1.7.

Tabela 1.7 – Composição química do cimento Portland tradicional com os teores médios [17,28].

Componente químico	Teores médios (%)	"Responsabilidade"
Silicato tricálcico $(CaO)_3SiO_2 = C_3S$	45 – 75	É o maior responsável pela resistência em todas as idades, especialmente até o fim do primeiro mês de cura. Também seria o segundo em ordem de importância para o fator tempo de pega.
Silicato dicálcico $(CaO)_2SiO_2 = C_2S$	7 - 35	Adquire maior importância no processo de endurecimento em idades mais avançadas, sendo largamente responsável pelo ganho de resistência a um ano ou mais.
Aluminato tricálcico $(CaO)_3Al_2O_3 = C_3A$	0 - 13	Contribui na resistência, especialmente no primeiro dia. Centurione [28] afirma que esse é o componente mineralógico mais reativo do clínquer ao lado do Silicato tricálcico.
Ferroaluminato tetracálcico $(CaO)_4Al_2O_3Fe_2O_3 = C_4AF$	0 - 18	Em nada contribui com a resistência. Tem grandes vazios estruturais e é responsável pela reatividade elevada do composto. Portanto, é bastante responsável pela resistência à corrosão química do concreto. Além disso, é o responsável pela coloração acinzentada do concreto.

Baseando-se nas classificações da ABCP (Associação Brasileira de Cimento Portland), atualmente o mercado nacional dispõe de 8 opções de cimento. Tais produtos são normatizados a partir de 2018 por uma única norma, a ABNT NBR 16.697 – Cimento Portland – Requisitos [30]. Logo, as normas anteriores como ABNT NBR 5732 e 5735 foram canceladas dando origem a uma única normativa. O Quadro 1.1 apresenta essa normatização.

Quadro 1.1 - Tipos de cimentos normatizados no Brasil e a proporção em massa de compostos [30].

<table>
<tr><th>Tipo</th><th>Cimento</th><th>Resistência (MPa)</th><th>Sufixo</th><th>Clínquer+Gesso</th><th>Escória siderúrgica</th><th>Material pozolânico</th><th>Material carbonático</th></tr>
<tr><td>Comum</td><td>CP I</td><td rowspan="7">25, 32 ou 40</td><td rowspan="9">RS[1] ou BC[2]</td><td>95 - 100</td><td colspan="3">0 - 5</td></tr>
<tr><td>Comum com adição</td><td>CP I - S</td><td>90 - 94</td><td>0</td><td>0</td><td>6 - 10</td></tr>
<tr><td>Composto</td><td>CP II - E</td><td>51 - 94</td><td>6 - 34</td><td>0</td><td>0 - 15</td></tr>
<tr><td>Composto</td><td>CP II - Z</td><td>71 - 94</td><td>0</td><td>6 - 14</td><td>0 - 15</td></tr>
<tr><td>Composto</td><td>CP II - F</td><td>75 - 89</td><td>0</td><td>0</td><td>11 - 25</td></tr>
<tr><td>Alto-forno</td><td>CP III</td><td>25 - 65</td><td>35 - 75</td><td>0</td><td>0 - 10</td></tr>
<tr><td>Pozolânico</td><td>CP IV</td><td>45 - 85</td><td>0</td><td>15 - 50</td><td>0 - 10</td></tr>
<tr><td>Alta resistência inicial</td><td>CP V[3]</td><td>ARI[4]</td><td>90 - 100</td><td>0</td><td>0</td><td>0 - 10</td></tr>
<tr><td rowspan="2">Cimento Portland Branco</td><td>CPB - Estrutural</td><td>25,32,40</td><td>75 - 100</td><td>_</td><td>_</td><td>0 – 25</td></tr>
<tr><td>CPB – Não estrutural</td><td>_</td><td>_</td><td>50 – 74</td><td>_</td><td>_</td><td>26 - 50</td></tr>
</table>

[1] Resistente a Sulfato.

[2] Baixo Calor de Hidratação.

[3] No caso de cimento Portland de alta resistência inicial, resistente a sulfatos (CP V-ARI RS), pode-se adicionar escórias granuladas de alto-forno ou materiais pozolânicos.

[4] Alta Resistência Inicial (> 14 MPa a 1 dia de idade).

Segundo o portal cimento.org, os cimentos tipo CP I CP I-S são pouco utilizados no país, sendo que apenas 1% de todo o cimento consumido no Brasil é do tipo CP I, seja por questões de custos elevados, ou mesmo pela questão ambiental, por ser ele um tipo de cimento que utiliza muito clínquer.

Segundo o portal cimento.org e Ambrozewicz [31], o modelo de cimento CP II surgiu em 1991 no mercado brasileiro e hoje corresponde por mais de 70% da produção nacional, sendo utilizado na maioria das aplicações usuais, em substituição ao antigo CP I. Suas adições, em determinadas proporções, promovem melhorias no concreto como redução do calor no processo de hidratação do cimento, resistência a ataque de sulfatos e redução da permeabilidade do concreto - essencial em obras subterrâneas.

O cimento CP III possui propriedades como: baixo calor de hidratação, maior impermeabilidade e durabilidade, sendo recomendado tanto para obras de grande porte e agressividade (barragens, fundações de máquinas, obras em ambientes agressivos, esgotos e efluentes industriais, concretos com agregados reativos, pistas de aeroportos, etc.) como também para aplicação geral em argamassas de assentamento e revestimento, estruturas de concreto simples, armado ou protendido, etc[3]. O portal[3] ainda afirma que esse cimento é o mais ecológico dos cimentos produzidos no Brasil, pois além da preservação das jazidas naturais e pelo menor lançamento de CO_2 na atmosfera, aproveita o rejeito das siderúrgicas (a escória de alto forno).

No cimento CP IV a adição de pozolana tem a função de aglomerante em presença de água, pois quando finamente moída ela reage com o hidróxido de cálcio dando origem a compostos aglomerantes. Tais fatores repercutem diretamente no comportamento do concreto, melhorando seu desempenho ante a ação de sulfatos e da reação álcali-agregado. Outras propriedades são também alteradas, incluindo a diminuição do calor de hidratação, o aumento da resistência à compressão em idades avançadas além de uma melhor trabalhabilidade no estado fresco do concreto [31].

O cimento CP V tem a propriedade de atingir altas resistências iniciais já nos primeiros dias após a aplicação. Isto é de grande valia em situações de recuperação estrutural e indústrias pré-fabricadas, por exemplo [31].

Ambrozewicz [31] afirma que os cimentos especiais (RS e BC) têm características intrínsecas que aprimoram propriedades específicas do concreto. Os cimentos de natureza RS (ver Quadro 1.1) têm sua principal aplicação ligada a ambientes agressivos, tais como redes de esgoto doméstico ou industriail, água do mar e alguns tipos de solos. Já o cimento de característica BC (ver Quadro 1.1) tem como principal característica a redução do calor de hidratação, portanto, o mesmo é bastante utilizado em concretagens que consomem grandes volumes de concreto continuamente.

Você Sabia ???

Figura 1.18 – Modelo de armazenamento do cimento em um canteiro (distâncias em m) [31].

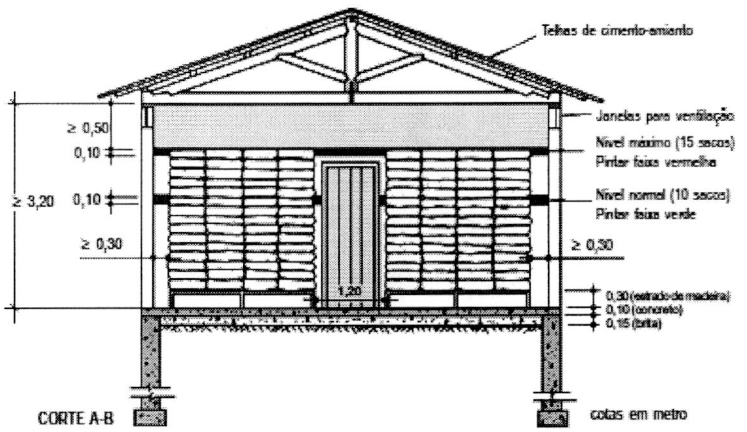

Ao contrário do que pensa a maioria das pessoas, o cimento é perecível sim! E isso se dá devido o contato do cimento com umidade, o que leva esse aglomerante a iniciar o processo de endurecimento, mesmo estando ainda ensacado. A embalagem do cimento proporciona uma barreira a entrada de umidade, mas essa barreira não é suficiente por um longo período de tempo. Por isso é muito importante que o engenheiro de obra e sua equipe armazenem de forma adequada o produto, de forma a evitar com que o cimento fique em contato com umidade excessiva, além de fazer o correto posicionamento dos sacos de cimento para que sempre se utilize aqueles que estão a mais tempo armazenados.

1.3.3 Aço para armadura passiva

Segundo o portal do CBCA (Centro Brasileiro da Construção em Aço), existem mais de 3500 tipos diferentes de aços e cerca de 75% deles foram desenvolvidos nos últimos 20 anos. Isso mostra a grande evolução que o setor tem passado.

A usina siderúrgica é a empresa responsável pela transformação do minério de ferro em aço, de maneira que ele possa ser usado comercialmente. Este processo tem o nome de Redução. Primeiramente, o minério de ferro – cuja origem básica é o óxido de ferro (FeO) – é aquecido em fornos especiais (alto forno), em presença de carbono (sob a forma de coque ou carvão vegetal) e de fundentes (que são adicionados para auxiliar a produzir a escória, que, por sua vez, é formada de materiais indesejáveis ao processo de fabricação). O objetivo desta primeira etapa é reduzir ao máximo o teor de oxigênio da composição FeO. A partir disso, obtém-se o denominado ferro-gusa, que contém de 3,5 a 4,0% de carbono em sua estrutura [32].

Após uma análise química do ferro gusa, em que se verificam os teores de carbono, silício, fósforo, enxofre, manganês entre outros elementos, segue-se para uma unidade da siderúrgica denominada aciaria (onde ocorre o processo de refino do ferro gusa, reduzindo ainda mais o teor de carbono), onde será finalmente transformado em aço. O aço, por fim, será o resultado da descarbonatação do ferro gusa, ou seja, é produzido a partir deste, controlando-se o teor de carbono para no máximo 2%. O que temos, então, é uma liga metálica constituída basicamente de ferro e carbono, este último variando de 0,008% até aproximadamente 2,11%, além de certos elementos residuais resultantes de seu processo de fabricação [32]. A Figura 1.19 apresenta alguns detalhes do processo de fabricação do aço até a laminação do perfil desejado.

Figura 1.19 – Esboço do processo de fabricação do aço [33,34][1].

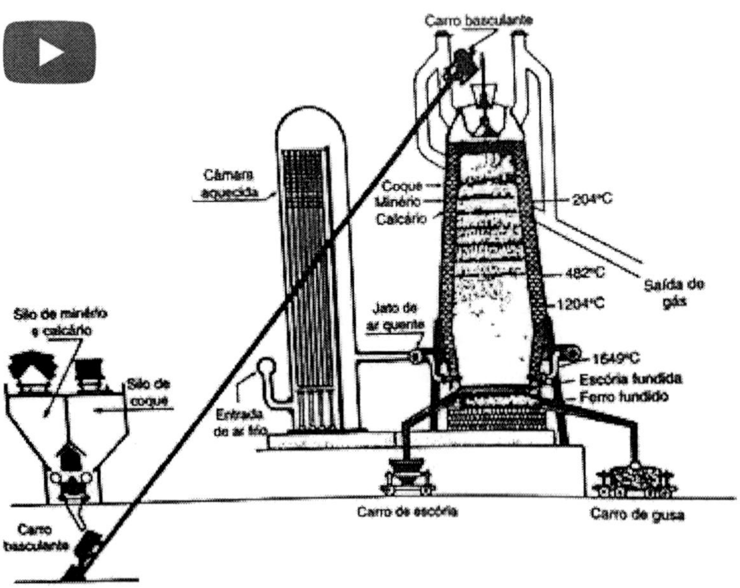

Na etapa inicial os metais ferrosos são obtidos por redução dos minérios de ferro nos altos-fornos. Pela parte superior do alto-forno, são carregados minério, calcário e coque. Pela parte inferior do forno, insufla-se ar quente. O coque queima produzindo calor de monóxido de carbono, que reduzem o óxido de ferro a ferro liquefeito, com excesso de carbono. Ainda na parte inferior são drenadas, periodicamente, a liga de ferro-carbono e a escória.

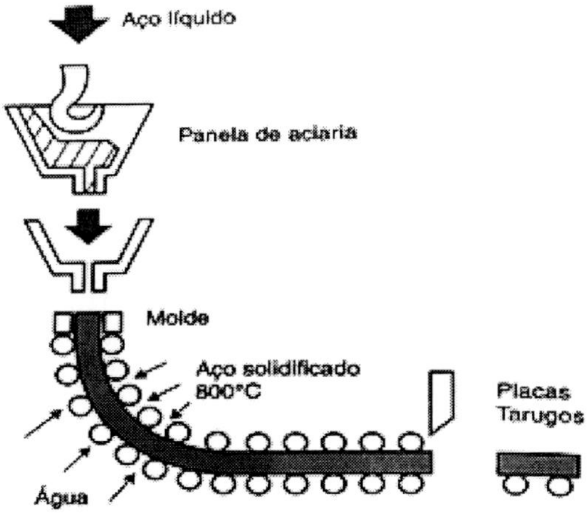

O ferro fundido é então armazenado em uma espécie de panela, onde será removido o excesso de carbono além da redução das impurezas a limites prefixados. Após isso o aço é descarregado nas lingoteiras, que são formas metálicas especiais que permitem a confecção dos blocos de aço, denominados lingotes.

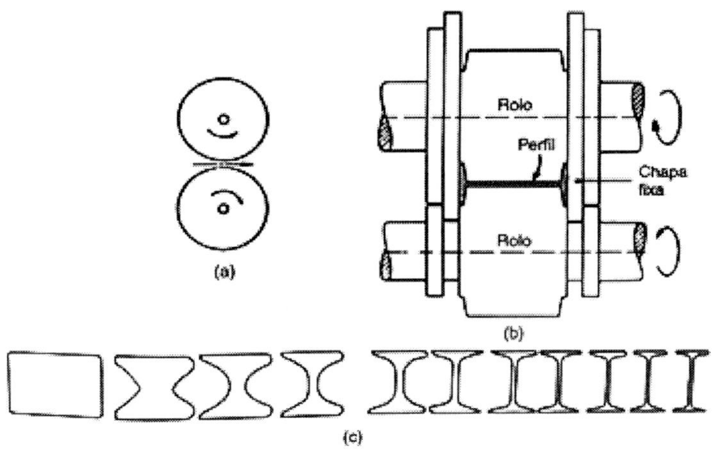

Após o processo de lingotamento, ocorre a laminação, que é o processo final em o aço é transformado no produto perfilado. No caso da laminação, os rolos representados em (a) giram em sentido contrário, comprimindo a peça metálica. Na seção (b) é possível ver os laminadores delimitando o formato final da barra de forma que o produto final passa a tomar forma (c).

1Vídeo do canal: Gerdau

De acordo com Ambrozewicz [31], o aço pode ser distinto em duas vertentes, os aços carbono comuns e os aços ligados:

a) Aços carbono são ligas de Ferro carbono contendo geralmente de 0,008% até 2,11% de carbono, além de certos elementos residuais resultantes dos processos de fabricação;

b) Aço-liga é o aço carbono que contém outros elementos de liga, ou apresenta elementos residuais em teores acima dos que são considerados normais.

Em termo de aços carbono, o portal CBCA e Ambrozewicz [31] afirmam que os tipos aços carbono podem ser subdivididos em:

a) Aços de baixo carbono - possuem um máximo de 0,30% deste elemento e apresentam grande ductilidade. São bons para o trabalho mecânico e soldagem, não sendo temperáveis, utilizados na construção de edifícios, pontes, navios, automóveis, dentre outros usos;

b) Aços de médio carbono - possuem de 0,30% a 0,70% de carbono e são utilizados em engrenagens, bielas e outros componentes mecânicos. São aços que, temperados e revenidos, atingem boa tenacidade e resistência;

c) Aços de alto carbono possuem mais do que 0,70% de carbono e apresentam elevada dureza e resistência após têmpera (processo de resfriamento rápido após aquecimento do aço). São comumente utilizados em trilhos, molas, engrenagens, componentes agrícolas sujeitos ao desgaste, pequenas ferramentas etc.

Já os aços-liga, por sua vez, podem ser subdivididos em dois grupos [31]:

a) Aços de baixo teor de ligas, contendo menos de 8,00% de elementos de liga;

b) Aços de alto teor de ligas, contendo mais de 8,00% de elementos de liga.

O aço voltado à utilização no concreto armado é um tipo de aço com teor de carbono normalmente entre 0,08% e 0,50% e tais aços são regulamentados pela ABNT NBR 7480 Aço destinado a armaduras para estruturas de concreto armado - especificação [35]. Segundo essa mesma norma, são classificadas como barras os produtos de diâmetro nominal 6,3 mm ou superior, obtidos exclusivamente por laminação a quente sem processo posterior de deformação mecânica. E classifica-se como fios aqueles de diâmetros nominal de 10 mm ou inferior, obtidos a partir de trefilação ou laminação a frio.

1.3.3.1 Propriedades do aço

Após compreender os diferentes tipos de aço e seus processos de fabricação é importante entender as principais propriedades do aço para emprego no dimensionamento de peças de concreto armado pelo engenheiro. Existem três tipos de classificações das armaduras destinadas ao uso no concreto armado. De acordo com a NBR 7480 [35], as barras são categorizadas em CA-25 e CA-50 e para fios somente a categoria CA-60. A nomenclatura significa Concreto Armado (CA) e a numeração posterior representa a tensão de escoamento característica (f_{yk}) do material, em kN/cm².

As maiores aplicações do aço CA-25 estão nos elementos pré-moldados como suporte para transporte de peças, sendo esse pouco utilizado em peças de concreto armado como armaduras principais. Já o aço CA-50 e CA-60 são amplamente empregados em armaduras de peças de concreto armado.

O Quadro 1.2 representa as características mecânicas que devem estar presentes em barras e fios destinados a armaduras conforme a orientação da NBR 7480 [35].

Quadro 1.2 - Propriedades mecânicas exigíveis de barras e fios de aço destinados a armaduras [35].

Tipo	**Ensaios de tração (valores mínimos)**				**Ensaio de dobramento a 180º**		**Aderência**	
	(f_{yk})[1] - MPa[5]	**(f_{st})[2] - MPa[6]**	**Alongamento após ruptura em 10.ϕ[3] – A %**	**Alongamento total na força máxima[4] – A_{gt} %**	**Diâmetro do pino (mm)**		**Valores mínimos de η[7] para**	
					ϕ < 20	**$\phi \geq 20$**	**ϕ < 10mm**	**$\phi \geq$ 10mm**
CA-25	250	$1{,}20.f_{yk}$	18	--	$2.\phi$	$4.\phi$	1,0	1,0
CA-50	500	$1{,}08.f_{yk}$	8	5	$4.\phi$	$6.\phi$	1,0	1,5
CA-60	600	$1{,}05.f_{yk}$[3]	5	--	$5.\phi$	-	1,0	1,5

[1] Valor característico do limite superior de escoamento f_{yk} da NBR 6118 [6] obtido a partir do LE (Limite Elástico) ou δ_e da ABNT NBR ISO 6892;

[2] O mesmo que resistência convencional à ruptura ou resistência convencional à tração (LR ou δ_t da ABNT NBR ISO 6892);

[3] φ é o diâmetro nominal, sendo que esse representa o diâmetro equivalente da seção transversal típica do fio ou da barra, expresso em milímetros;
[4] O alongamento deve ser atendido através do critério de alongamento após a ruptura (A) ou alongamento total na força máxima (A_{gt});
[5] Para efeitos práticos de aplicação desta Norma, pode-se admitir 1 MPa = 0,1 kgf/mm²;
[6] f_{st} mínimo de 660 MPa;
[7] η é o Coeficiente de conformação superficial.

A NBR 7480 [35] estabelece que as barras de CA-50 devem possuir nervuras transversais oblíquas, sendo que estas devem formar um ângulo entre 45° e 75° com a direção do eixo da barra. As barras devem ter no mínimo duas nervuras longitudinais, contínuas e diametralmente opostas, que impeçam o giro da barra dentro do concreto, exceto no caso em que as nervuras transversais oblíquas estejam dispostas de forma a se oporem a este giro.

Para barras com diâmetros menores que 10 mm, a altura média das nervuras transversais deve ser maior ou igual a 2% do diâmetro nominal, enquanto para barras com diâmetros maiores que 10 mm, esta altura deve ser maior ou igual a 4% do diâmetro nominal. Além disso, o espaçamento médio entre as nervuras transversais oblíquas, medido ao longo de uma mesma geratriz, deve estar entre 50 e 80% do valor do diâmetro nominal da barra. A Figura 1.20 representa como é a concepção geométrica de uma barra tipo CA-50.

Figura 1.20 – Concepção geométrica de uma barra tipo CA-50 [35].

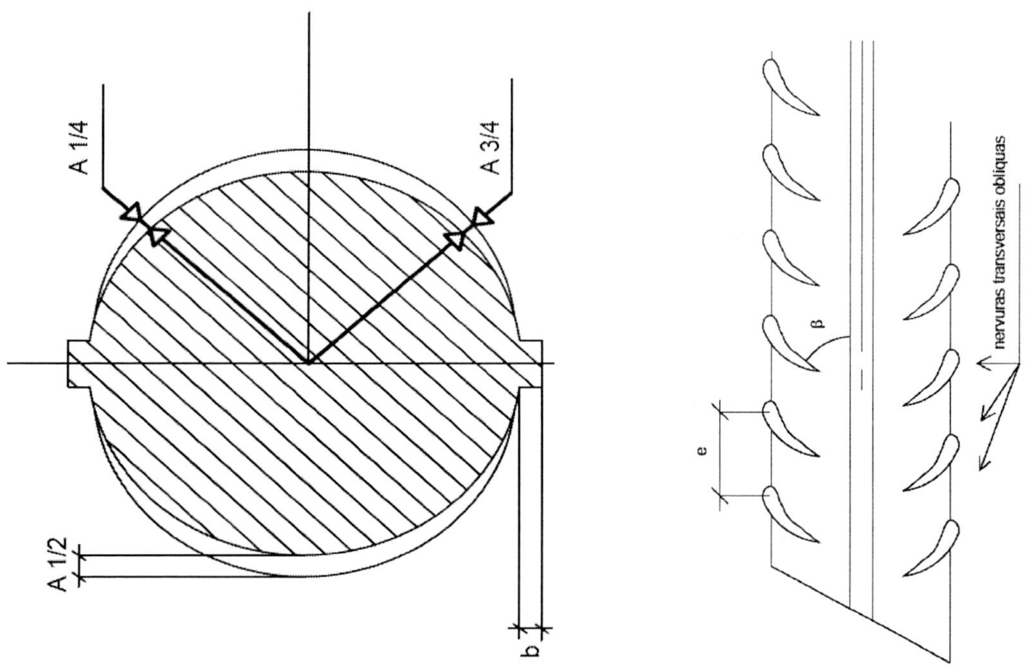

b –Altura da nervura longitudinal;
$A_{1/4}$ – Altura da nervura a $1/4$ do seu comprimento;
$A_{1/2}$ – Altura da nervura a $1/2$ do seu comprimento;
$A_{3/4}$ – Altura da nervura a $3/4$ do seu comprimento.

β – Ângulo entre o eixo da nervura oblíqua e o eixo da barra;
e – Espaçamento entre nervuras.

A NBR 7480 [35] afirma que os fios de CA-60 podem ser lisos, entalhados ou nervurados, observando-se o atendimento ao coeficiente de conformação superficial (η) descrito no Quadro 1.2. A norma também afirma que fios com diâmetro nominal maior que 10 mm devem ser obrigatoriamente entalhados ou nervurados.

Já a categoria do CA-25 deve ser obrigatoriamente lisa, desprovida de quaisquer tipos de nervuras ou entalhes. O coeficiente de conformação superficial (η) também está descrito no Quadro 1.2. As características das barras e fios adotados na NBR 7480 [35] são representadas nos Quadro 1.3 e Quadro 1.4.

Além das propriedades geométricas que são de extrema importância para projetistas estruturais em concreto armado, outro fator que será demasiadamente utilizado são as propriedades mecânicas do aço. Como dito anteriormente, o aço será o responsável por resistir os esforços de tração e tornar o concreto um material com comportamento dúctil. Por conta disso, a NBR 6118 [6] idealiza o comportamento mecânico desse aço (Ver Figura 1.21) para que seja possível estabelecer as tensões e deformações nos regimes de trabalho da peça estrutural quando submetida a carregamentos.

Quadro 1.3 – Características das barras [35].

Diâmetro Nominal[1] (mm)	**Massa e tolerância por unidade de comprimento**		**Valores Nominais**	
Barras	**Massa Nominal[2] (kg/m)**	**Máxima variação permitida para massa nominal**	**Área da Seção (mm^2)**	**Perímetro (m)**
6,30	0,245	∓ 7%	31,20	19,80
8,00	0,395	∓ 7%	50,30	25,10
10,00	0,617	∓ 6%	78,50	31,40
12,50	0,963	∓ 6%	122,70	39,30
16,00	1,578	∓ 5%	201,10	50,30
20,00	2,466	∓ 5%	314,20	62,80
22,00	2,984	∓ 4%	380,10	69,10
25,00	3,853	∓ 4%	490,90	78,50
32,00	6,313	∓ 4%	804,20	100,50
40,00	9,865	∓ 4%	1256,60	125,70

[1] Outros diâmetros podem ser fornecidos a pedido do comprador, mantendo-se as faixas de tolerância do diâmetro mais próximo;

[2] A densidade linear de massa (em quilogramas por metro) é obtida pelo produto da área da seção nominal em metros quadrados por 7850 kg/m^3.

Quadro 1.4 – Características dos fios [35].

Diâmetro Nominal[1] (mm)	**Massa e tolerância por unidade de comprimento**		Valores Nominais	
Fios	Massa Nominal[2] (kg/m)	Máxima variação permitida para massa nominal	Área da Seção (mm²)	Perímetro (m)
2,40	0,036	∓ 6%	4,50	7,50
3,40	0,071	∓ 6%	9,10	10,70
3,80	0,089	∓ 6%	11,30	11,90
4,20	0,109	∓ 6%	13,90	13,20
4,60	0,130	∓ 6%	16,60	14,50
5,00	0,154	∓ 6%	19,60	15,7
5,50	0,187	∓ 6%	23,80	17,30
6,00	0,222	∓ 6%	28,30	18,80
6,40	0,253	∓ 6%	32,20	20,10
7,00	0,302	∓ 6%	38,50	22,00
8,00	0,395	∓ 6%	50,30	25,10
9,50	0,558	∓ 6%	70,90	29,80
10,00	0,617	∓ 6%	78,50	31,40

[1] Outros diâmetros podem ser fornecidos a pedido do comprador, mantendo-se as faixas de tolerância do diâmetro mais próximo;

[2] A densidade linear de massa (em quilogramas por metro) é obtida pelo produto da área da seção nominal em metros quadrados por 7850 kg/m³.

Figura 1.21 – Comportamento tensão-deformação do aço para armadura passiva. (a) Comportamento experimental; (b) Comportamento idealizado pela NBR 6118 [6].

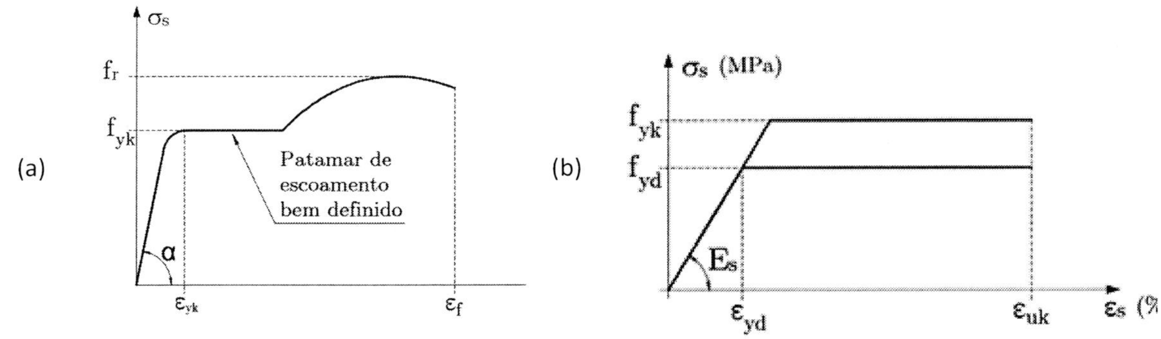

Deve-se salientar que para o dimensionamento das peças, deve ser considerado o diagrama simplificado apresentado na Figura 1.21b e que o limite de deformação do aço é estabelecido em 10‰. Na Figura 1.21 f_{yk} é dado como o limite de escoamento característico; ε_{yd} a deformação específica equivalente a tensão de cálculo para escoamento f_{yd}; E_s é o módulo de elasticidade longitudinal do aço normalmente estabelecido entre 200 GPa e 210 GPa (A NBR 6118 [6] recomenda o uso de 210 GPa no item 8.3.5); f_r é a tensão de ruptura do aço na curva experimental e ε_r é a deformação equivalente à tensão de ruptura f_r.

Para os projetistas em concreto armado uma das informações mais significantes é a deformação específica de cálculo ε_{yd}. Esta varia conforme o tipo de aço empregado. Para o aço CA-25 o valor é de 1,04‰, para o CA-50 é de 2,07‰ e para o CA-60 é de 2,48‰.

1.4 O concreto simples

Posterior à compreensão dos materiais básicos para formação do concreto, enfim chegamos ao momento de entender as propriedades do concreto, agora, sobre o ponto de vista normativo do dimensionamento estrutural. Nessa seção o foco é voltado à apresentação das propriedades desse material em relação ao aspecto do projeto estrutural.

Comecemos, então, pela classificação do concreto para fins estruturais. Esse concreto pode ser dividido em função da sua classe de resistência e consistência. Quem traz essas definições é a ABNT NBR 8953 "Concreto para fins estruturais - Classificação pela massa específica, por grupos de resistência e consistência" [36], como pode ser visto no Quadro 1.5 e Quadro 1.6.

Quadro 1.5 – Classes de resistência de concretos estruturais [36].

Classe de resistência Grupo I	Resistência característica à compressão (MPa)	Classe de resistência Grupo II	Resistência característica à compressão (MPa)
C20	20	C55	55
C25	25	C60	60
C30	30	C70	70
C35	35	C80	80
C40	40	C90	90
C45	45	C100	100
C50	50		

Quadro 1.6 – Classes de consistência de concretos estruturais[1,2] [36].

Classe	Abatimento (mm)	Aplicações típicas
S10	10 ≤ A < 50	Concreto extrusado, vibroprensado ou centrifugado
S50	50 ≤ A < 100	Alguns tipos de pavimentos e de elementos de fundação
S100	100 ≤ A < 160	Elementos estruturais, com lançamento convencional do concreto
S160	160 ≤ A < 220	Elementos estruturais com lançamento bombeado do concreto
S220	≥ 220	Elementos estruturais esbeltos ou com alta densidade de armaduras

[1] De comum acordo entre as partes, podem ser criadas classes especiais de consistência, explicitando a respectiva faixa de variação do abatimento.

[2] Os exemplos desta Tabela são ilustrativos e não abrangem todos os tipos de aplicações.

O projetista estrutural não é responsável pela dosagem do concreto, sendo essa tarefa responsabilidade do engenheiro especialista em tecnologia do concreto. No entanto, o responsável pelo projeto deverá sempre especificar a classe de resistência do concreto como também a consistência no estado fresco (valor desejável para o *slump test* ou ensaio de abatimento). A seguir são apresentadas as principais características do concreto simples

1.4.1 Resistência característica do concreto à compressão

Um dos parâmetros mais importantes no controle tecnológico do concreto é a curva tensão-deformação à compressão [37], que fornece várias informações importantes para elaboração de projetos estruturais, tais como a resistência à compressão, o módulo de elasticidade tangente inicial e secante, a deformação na carga de pico e a tenacidade do concreto [38].

No Brasil, a determinação da resistência à compressão do concreto é realizada através do ensaio de compressão de corpos de prova cilíndricos, conforme a ABNT NBR 5739 Concreto - Ensaio de compressão de corpos de prova cilíndricos [39]. Já as dimensões dos corpos de prova e sua moldagem são estabelecidas na ABNT NBR 5738 Concreto – Procedimento para moldagem e cura de corpos de prova [40]. Segundo esta norma, os corpos de prova cilíndricos devem ter altura igual ao dobro do diâmetro (10, 15, 20, 25, 30 ou 45 cm). Além dos corpos de prova cilíndricos, a NBR 5738 [40] também permite a moldagem em formatos prismáticos, que em termos de obras correntes não é algo comum de se verificar.

A NBR 5739 [39] estabelece que a resistência à compressão (f_c) é o valor obtido a partir do ensaio de rompimento de corpos de prova submetidos à compressão, e é dado pela equação (1.1).

$$f_c = \frac{4.F}{\pi.D^2} \tag{1.1}$$

Onde f_c é a resistência à compressão (MPa), F é a força máxima alcançada (N) e D é o diâmetro do corpo de prova (mm).

Por definição, a resistência característica (f_{ck}) à compressão do concreto é o valor que apresenta um grau de confiança de 95%, ou seja, f_{ck} é o valor da resistência à compressão do concreto, de modo que 95% dos resultados dos ensaios estejam acima deste valor ou 5% abaixo [41]. A Figura 1.22 mostra a chamada curva de Gauss, ou curva de distribuição normal, para resistência do concreto à compressão (f_c), identificando os valores da resistência média à compressão (f_{cm}) e resistência característica do concreto à compressão (f_{ck}).

Figura 1.22 – Curva de Gauss para resistência do concreto à compressão.

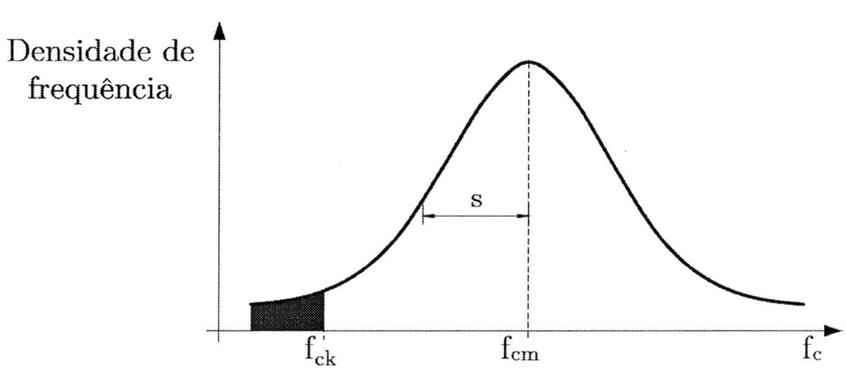

Em projetos de estruturas de concreto armado, o f_{ck} é uma variável de entrada do dimensionamento. Normalmente o projetista adota esta variável em função do tipo de estrutura, de sua utilização e da carga que o elemento está submetido. A idade padrão para se tomar essa variável é a resistência em uma idade de 28 dias. Em casos em que a resistência não for tomada aos 28 dias, é necessário informar o valor de resistência desejada e a idade j para se tomar como referência. Essa situação ocorre com frequência no projeto de peças pré-fabricadas onde a desforma se dá normalmente com 24 horas. Na ausência de ensaios e situações onde se deseja estimar a resistência à compressão do concreto isso pode ser feito utilizando a equação (1.2) dada no item 12.3.3 da NBR 6118 [6].

$$f_{ck,j} = \beta_1.(t,s).f_{ck,28} \qquad (1.2)$$

$$\beta_1 = exp\left\{s.\left[1 - \left(\frac{28}{t}\right)^{1/2}\right]\right\} \qquad (1.3)$$

Onde $f_{ck,j}$ é a resistência características na idade j desejada (expressa em MPa); β_1 é o fator para correção da resistência dado em função do tipo de cimento (s) e tempo (t) expresso em dias.

O fator (s) que correlaciona o tipo de cimento é dado a seguir:

a) $s = 0{,}38$ para concreto de cimento CP III e CP IV;

b) $s = 0{,}25$ para concreto de cimento CP I e CP II;

c) $s = 0{,}20$ para concreto de cimento CP V – ARI.

Deve-se salientar que o valor de β_1 cresce exponencialmente conforme se adiciona idade ao problema analisado. Porém, em situações de idade ≥ 28 dias o valor de β_1 deverá ser fixado em 1,00, ao menos que o projetista tenha determinado a curva experimental do concreto em estudo.

Exemplo Resolvido 1.1

Suponha que uma peça estrutural pré-fabricada passa por 6 etapas construtivas: (a) Concretagem em fábrica; (b) Retirada da forma e armazenamento; (c) Transporte até o canteiro; (d) Montagem da peça; (e) Aplicação do revestimento; (f) Serviço. Estas etapas ocorrem em dias (ou seja, idades) diferentes e você, projetista, deverá determinar o valor do $f_{ck,j}$ nas etapas subsequentes de forma que se delimite a resistência alcançada em cada uma delas. A retirada das formas ocorre 24 horas após a concretagem, o transporte ocorre após 10 dias da concretagem, a montagem com 25 dias e a aplicação do revestimento com 27 dias. Considere que para a fabricação da peça estrutural foi utilizado o CPV – ARI, brita de granito e que a resistência $f_{ck,28}$ exigida em regime de serviço é de 50MPa.

Solução

Para determinar o valor do $f_{ck,j}$ faz-se necessário a determinação dos valores de β_1 equivalente a esse tipo de concreto. No caso, a idade utilizada como exemplo será a 1 dia após a concretagem.

$$\beta_{1,t=1} = exp\left\{0{,}20.\left[1 - \left(\frac{28}{1}\right)^{1/2}\right]\right\} = 0{,}42$$

$$f_{ck,j=1} = 0{,}42\,.\,50 = 21{,}00\ MPa$$

Aplicando para todas as datas informadas:

Idade(dias)	1	10	25	27
β	0,42	0,87	0,99	1,00
$f_{ck,j}$ ***(MPa)***	21,00	43,50	49,50	50,00

1.4.2 Resistência característica do concreto à tração

Estatisticamente a resistência característica à tração (f_{tk}) segue a mesma orientação da resistência à compressão (determinação a partir da distribuição normal dos valores experimentais - f_t), porém, há três formas distintas para a sua determinação. Os ensaios normatizados são: (a) Tração direta; (b) Tração na compressão diametral; e (c) Tração na flexão.

A Figura 1.23 apresenta os modelos de ensaio padronizados para determinação da tração nos casos citados anteriormente.

Figura 1.23 – Modelo de ensaios para determinação da resistência a tração (a) Tração direta; (b) Tração na compressão diametral; e (c) Tração na flexão [42].

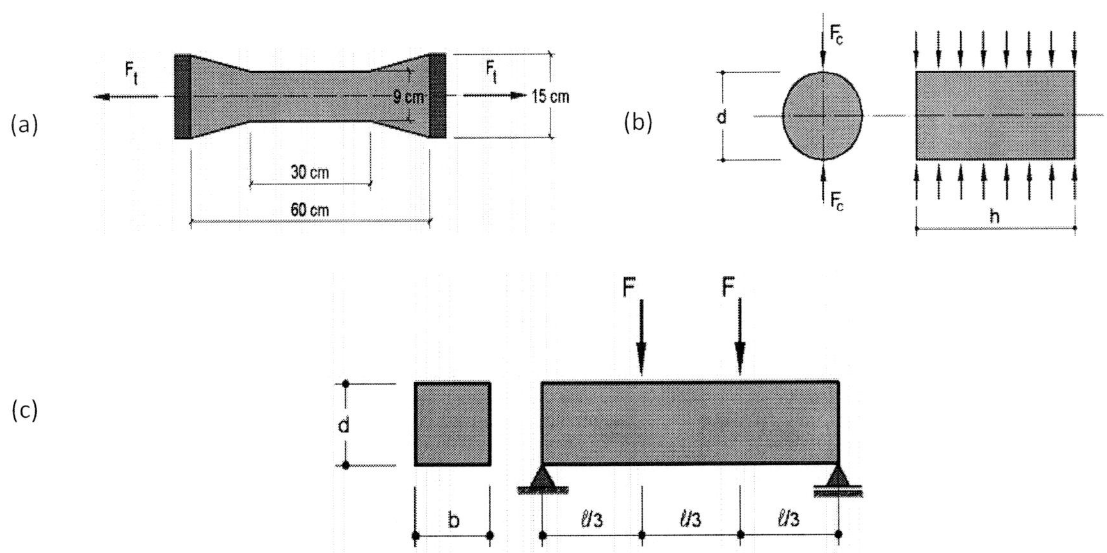

Devido a dificuldades na execução do ensaio de tração os projetistas recorrem ao item 8.2.5 da NBR 6118 [6] que permite que este parâmetro seja determinado por meio de correlações com a resistência característica à compressão (f_{ck}). As equações (1.4) a (1.7) apresentam estas correlações.

$$f_{ctm} = 0{,}3 \, . \, f_{ck}^{2/3} \qquad f_{ck} \leq 50 \text{ MPa} \tag{1.4}$$

$$f_{ctm} = 2{,}12 \, . \, ln(1 + 0{,}11 . f_{ck}) \qquad f_{ck} > 50\text{MPa} \tag{1.5}$$

$$f_{ctk,inf} = 0{,}7 . f_{ctm} \tag{1.6}$$

$$f_{ctk,sup} = 1{,}3 \, . \, f_{ctm} \tag{1.7}$$

Assim como a resistência à compressão, a resistência à tração também pode ser estimada em função de expressão temporal. No entanto, a NBR 6118 [6] não faz nenhuma recomendação sobre essas estimativas. Na equação (1.8), o Prof. José Milton Araújo [43] apresenta uma equação para o cálculo da resistência à tração em idades inferiores a 28 dias a partir da resistência à compressão $f_{ck,j}$. Onde f_{ctm} é a resistência características à tração em função do tempo (expressa em MPa).

$$f_{ctm}(t) = 1{,}41\,.\left(\frac{f_{ck,j}(t)}{10}\right)^{2/3} \tag{1.8}$$

Exemplo Resolvido 1.2

Considere que para verificação de uma viga pré-fabricada de concreto armado, em regime de serviço, seja necessária a determinação da resistência à tração do concreto. Sabendo que este tem resistência característica à compressão de 55 MPa qual o valor de f_{ctm}, $f_{ctk,inf}$ e $f_{ctk,sup}$.

Solução

$$f_{ctm} = 2{,}12\,.\,ln(1\ + 0{,}11\,.\,55) = 4{,}14\ MPa$$

$$f_{ctk,inf} = 0{,}7.4{,}14 = 2{,}90\ MPa$$

$$f_{ctk,sup} = 1{,}3\,.4{,}14 = 5{,}38\ MPa$$

1.4.3 Módulo de elasticidade do concreto

O módulo de elasticidade pode ser definido como uma propriedade mecânica do material, com significado físico relacionado à rigidez. Esta propriedade é definida a partir do diagrama de tensão-deformação, como pode-se observar na Figura 1.24. O módulo de elasticidade do concreto é determinado através do ensaio estático descrito na ABNT NBR 8522 Concreto — Determinação do módulo estático de elasticidade à compressão [44]. No projeto de estruturas correntes de concreto armado existem dois tipos de módulo de elasticidade que são utilizados o módulo secante e o módulo tangente inicial. Em termos normativos, o módulo de elasticidade secante é utilizado para avaliação do comportamento de elementos estruturais. Na avaliação do comportamento global da estrutura e para cálculo de perdas de protensão pode ser utilizado o módulo de elasticidade tangente.

Figura 1.24 – Representação do módulo de elasticidade do concreto de acordo com a NBR 8522 [44].

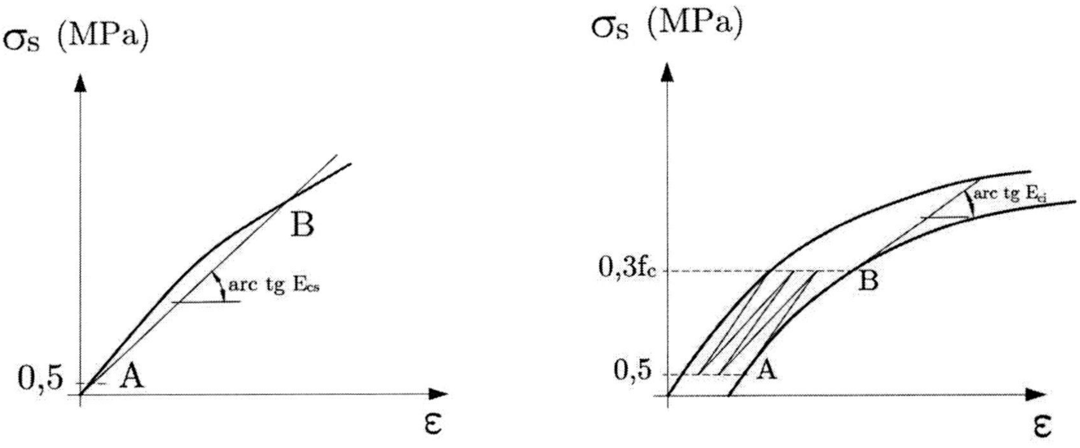

(a) Módulo secante (b) Módulo tangente inicial

O módulo de elasticidade tangente inicial (E_{ci}) é considerado equivalente ao módulo de deformação secante, ou cordal, e é medido através da inclinação da reta entre 0,5 MPa e 30% da resistência última (f_c) para o carregamento máximo estabelecido no método de ensaio (Ver Figura 1.24b).

O módulo de elasticidade secante (E_{cs}) é a propriedade do concreto cujo valor numérico é o coeficiente angular da reta secante ao diagrama tensão- deformação específica, passando pelos pontos A e B (geralmente entre 40% a 50% de f_c), conforme mostrado na Figura 1.24a, que correspondem à tensão de 0,5 MPa e a tensão considerada para o ensaio respectivamente. Geralmente o módulo secante é empregado para avaliar a rigidez da estrutura em situação de serviço.

Em situações projeto em que não seja viável determinar o módulo de elasticidade do material a partir de ensaio laboratorial, pode-se determiná-lo através de correlações com o f_{ck}. A NBR 6118 [6], no item 8.2.8, propõe as equações (1.9) e (1.10) para fazer essas correlações para o módulo de elasticidade tangente e as equações (1.11) e (1.12) para o módulo de elasticidade secante.

a) Para f_{ck} de 20 a 50 MPa

$$E_{ci} = \alpha_E \cdot 5600 \cdot \sqrt{f_{ck}} \tag{1.9}$$

Sendo:

$\alpha_E = 1{,}2$ para basalto e diabásio;

$\alpha_E = 1{,}0$ para granito e gnaisse;

$\alpha_E = 0{,}9$ para calcário;

$\alpha_E = 0{,}7$ para arenito.

b) Para f_{ck} de 55 a 90 MPa

$$E_{ci} = 21{,}5 \cdot 10^3 \cdot \alpha_E \cdot \left(\frac{f_{ck}}{10} + 1{,}25\right)^{1/3} \tag{1.10}$$

Com E_{ci} e f_{ck} em MPa.

O módulo de elasticidade secante normalmente é utilizado nas análises elásticas de projeto, especialmente para determinação de esforços solicitantes e verificação de estados limites de serviço podem ser obtidos pela expressão:

$$E_{cs} = \alpha_i \cdot E_{ci} \quad (1.11)$$

Sendo:

$$\alpha_i = 0{,}8 + 0{,}2 \cdot \frac{f_{ck}}{80} \leq 1{,}0 \quad (1.12)$$

A NBR 6118 [6] apresenta o Quadro 1.7 com os valores estimados do módulo de elasticidade tangente e secante usando como base o agregado tipo granito que tem valor de $\alpha_e = 1{,}00$.

Para situações em que haja outros tipos de agregados basta tomar como referência o valor do Quadro 1.7 e multiplicar o mesmo pelo valor de α_E do agregado que foi tomado como referência no projeto.

Quadro 1.7 – Valores estimados do módulo de elasticidade [6].

Classe de resistência	C20	C25	C30	C35	C40	C45	C50	C60	C70	C80	C90
E_{ci} (GPa)	25	28	31	33	35	38	40	42	43	45	47
E_{cs} (GPa)	21	24	27	29	32	34	37	40	42	45	47
α_i	0,85	0,86	0,88	0,89	0,90	0,91	0,93	0,95	0,98	1,00	1,00

Para situações em que se precise determinar o módulo de elasticidade em idades inferiores a 28 dias, a NBR 6118 [6] estabelece as equações (1.13) e (1.14):

$$E_{ci}(t) = \left[\frac{f_{ckj}}{f_{ck}}\right]^{0,5} \cdot E_{ci} \quad \text{Concretos com } f_{ck} \text{ de 20 MPa a 45 MPa} \quad (1.13)$$

$$E_{ci}(t) = \left[\frac{f_{ckj}}{f_{ck}}\right]^{0,3} \cdot E_{ci} \quad \text{Concretos com } f_{ck} \text{ de 50 MPa a 90 MPa} \quad (1.14)$$

Onde $E_{ci}(t)$ é a estimativa do módulo de elasticidade do concreto em uma idade entre 7 dias e 28 dias.

A importância do cálculo do módulo de elasticidade está na determinação das deformações em uma estrutura de concreto, como nos cálculos de flechas em lajes e vigas. Nos elementos fletidos, como as vigas e as lajes, por exemplo, o conhecimento das flechas máximas é muito importante e é um dos parâmetros básicos utilizados pelo projetista estrutural para garantir o correto desempenho da estrutura em situação de serviço [7].

Exemplo Resolvido 1.3

Utilizando os mesmos critérios estabelecidos no Exemplo Resolvido 1.1 deve-se determinar o valor do módulo de elasticidade secante nessa amostra de concreto considerando a idade de 10 dias.

Solução

Para determinação do módulo secante faz-se necessário a determinação do módulo tangente conforme equação (1.11) e (1.12). Para um concreto com agregado de granito o valor inicialmente calculado é para os 28 dias.

$$E_{ci} = 1{,}0 \cdot 5600 \cdot \sqrt{50} = 39597{,}98\ MPa$$

Para avaliar então na idade de 10 dias deve-se determinar o valor da resistência $f_{ck,j}$ que neste caso é de 43,50 MPa. Portanto, utilizando as equações (1.13) e (1.14) determina-se o módulo de elasticidade tangente inicial para 10 dias.

$$E_{ci}(t = 10) = \left[\frac{43{,}50}{50}\right]^{0{,}3} \cdot 39597{,}98 = 37977{,}71\ MPa$$

$$\alpha_i = 0{,}8 + 0{,}2 \cdot \frac{50}{80} = 0{,}93$$

$E_{cs} = 0{,}93\,.\,37977{,}71 = 35319{,}27\ MPa$ Considerando 10 dias após a concretagem do elemento estrutural.

1.4.4 Coeficiente de Poisson e o módulo de elasticidade transversal

De acordo com a resistência dos materiais, todo sólido ao se deformar longitudinalmente apresenta deformações transversais em seu volume. A relação entre essas duas deformações é chamada de coeficiente Poisson. A NBR 6118 [6] estabelece no item 8.2.9 que para tensões de compressão menores que 0,50.f_c e tensões de tração menores que f_{ct}, o coeficiente de Poisson ν pode ser tomado como igual a 0,20. Seguindo as mesmas recomendações do item 8.2.9, o valor do módulo de elasticidade transversal (G_c) é igual a $E_{cs}/2{,}4$.

1.4.5 Diagrama tensão-deformação

O item 8.2.10 da NBR 6118 [6] apresenta as observações sobre o diagrama de tensão-deformação do concreto nas situações de tração e compressão. Na compressão para tensões de compressão menores que *0,5.*f_c, pode-se admitir uma relação linear entre tensões e deformações, adotando-se para módulo de elasticidade o valor secante dado pela equação (1.11).

O diagrama tensão-deformação idealizado para dimensionamento de peças de concreto é mostrado na Figura 1.25. Esse modelo físico-matemático é proposto na seção 8.2.10.1 da NBR 6118 [6].

Figura 1.25 – Diagrama tensão-deformação do concreto na compressão [7].

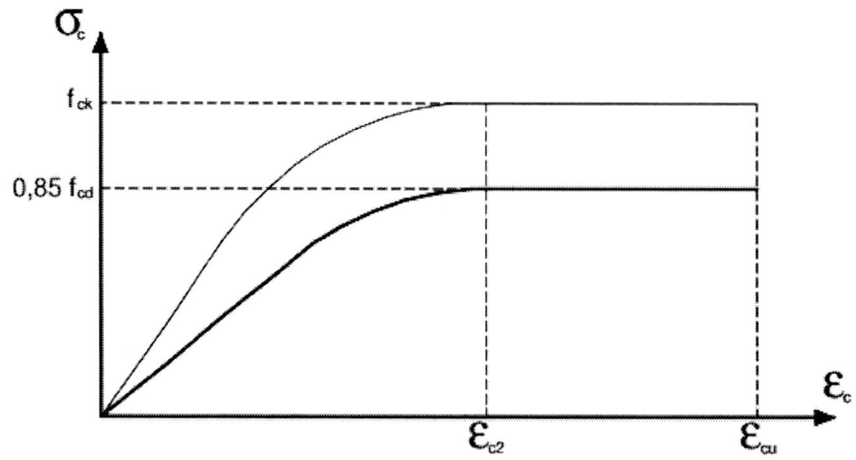

Os valores a serem adotados para os parâmetros $\varepsilon c2$ (deformação específica de encurtamento do concreto no início do patamar plástico) e εcu (deformação específica de encurtamento do concreto na ruptura) são definidos a seguir:

a) Para concretos de classes até C50:

$\varepsilon c2 \;=\; 2{,}0\ ‰;$

$\varepsilon cu \;=\; 3{,}5\ ‰$

b) Para concretos de classes C55 até C90:

$$\varepsilon c2 \;=\; 2{,}0\ ‰ + 0{,}085‰ \cdot (f_{ck} - 50)^{0{,}53} \tag{1.15}$$

$$\varepsilon cu \;=\; 2{,}6\ ‰ + 35‰ \cdot \left[\frac{90 - f_{ck}}{100}\right]^4 \tag{1.16}$$

O comportamento mecânico da Figura 1.25 é descrito pelas equações (1.17) a (1.19):

$$\sigma_c = 0{,}85 \cdot f_{cd}\left[1 - \left(1 - \frac{\varepsilon_c}{\varepsilon_{c2}}\right)^n\right] \qquad \text{Onde } f_{cd} = f_{ck}/1{,}40 \tag{1.17}$$

Visto que:

$$n = 2 \qquad f_{ck} \leq 50\ MPa \tag{1.18}$$

$$n = 1{,}4 + 23{,}40 \cdot \left[\frac{90 - f_{ck}}{100}\right]^4 \qquad f_{ck} > 50\ MPa \tag{1.19}$$

O valor de 0,85 da formulação se deve ao efeito Rüsch [45] que é a redução da resistência do concreto quando se aplica cargas de longa duração (t > 20 minutos) [46]. Esse fator funciona como um fator corretivo, dado que a resistência à compressão de cálculo (f_{cd}) é determinada por meio de ensaios de corpos-de-prova cilíndricos em ensaios de compressão que têm a duração em torno de 2, 3 ou 4 minutos, enquanto que nas estruturas de concreto, o carregamento é aplicado durante toda a vida útil da estrutura, ou seja, durante muitos anos [7].

Figura 1.26 – (a) Diagramas tensão-deformação do concreto com variação no tempo de carregamento do corpo-de-prova [7].

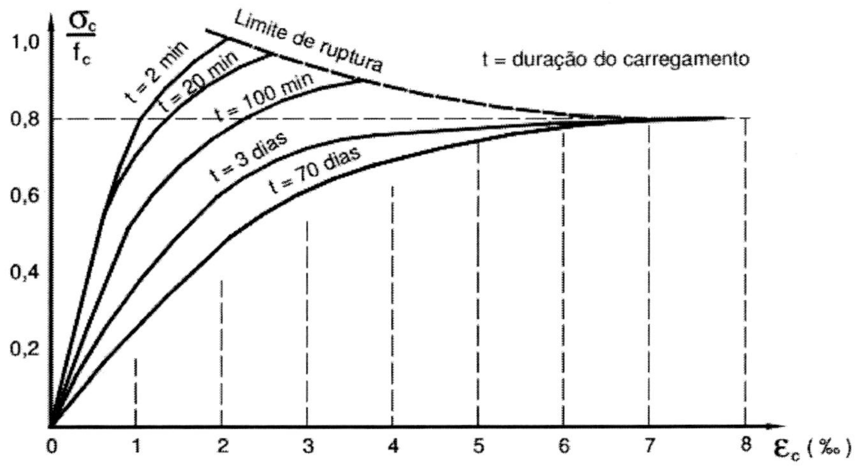

(a)

Exemplo Resolvido 1.4

Dados dois concretos de 30 e 55 MPa de resistência característica à compressão determine o diagrama tensão-deformação desses materiais.

Solução

Para determinação das tensões no concreto devem-se aplicar as equações (1.15) a (1.19). Vamos fazer o exemplo para o concreto de 55 MPa.

$$\varepsilon c2 = 2{,}0\ ‰ + 0{,}085‰ \cdot (55 - 50)^{0{,}53} = 2{,}20‰$$

$$\varepsilon cu = 2{,}6\ ‰ + 35‰ \cdot \left[\frac{90 - 55}{100}\right]^4 = 3{,}13‰$$

$$n = 1{,}4 + 23{,}40 \cdot \left[\frac{90 - 55}{100}\right]^4 = 1{,}75$$

Plotando o gráfico tensão – deformação para os dois tipos de concreto. No caso deste diagrama foi considerada a situação 0,85.σ.

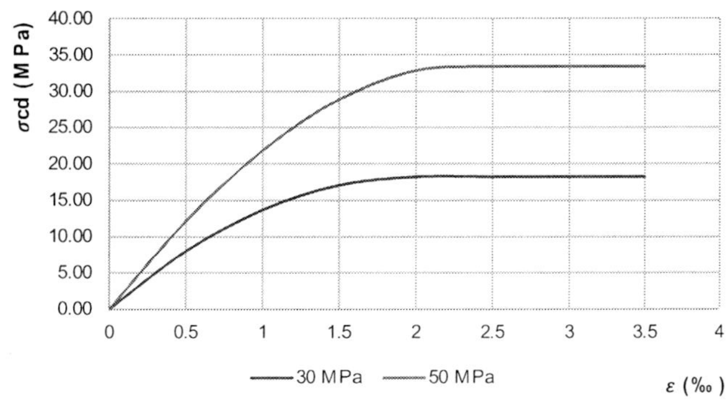

Já no caso da tração para o concreto não fissurado, pode ser adotado o diagrama tensão-deformação bilinear de tração, indicado na Figura 1.27.

Figura 1.27 – Diagrama tensão-deformação do concreto na tração [7].

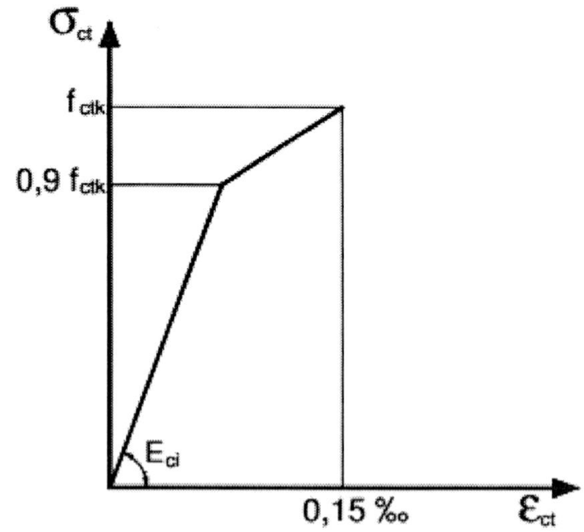

1.4.6 Massa específica

As delimitações sobre massa específica do concreto com fim estrutural são feitas pela NBR 8953 [36]. Serão considerados Concretos Normais (C), aqueles com valores de massa específica seca (γ_{conc}) entre 2000 kg/m^3 e 2800 kg/m^3. Já o Concreto Leve (CL) é assim considerado quando sua massa específica seca for inferior a 2000 kg/m^3. São determinados como Concreto Denso ou Pesado (CD) aqueles com massa específica seca superior a 2800 kg/m^3.

1.4.7 Coeficiente de dilatação térmica

A NBR 6118 [6] trata do valor do coeficiente de dilatação térmica no item 8.2.3. Para temperaturas entre 0 e $150°C$ a normativa recomenda o uso do valor de $1.10^{-5}\ /°C$. Já para estruturas expostas a temperaturas elevadas ou muito baixas, Sussekind [47] propõe que esse coeficiente pode variar de $0{,}60.10^{-5}\ /°C$ a $2{,}20.10^{-5}\ /°C$.

1.4.8 Considerações sobre a reologia do concreto simples

Em se tratando de deformações, conforme Costa Neto [48], é possível notar três tipos de deformações, sendo elas: deformações plásticas, deformações elásticas e deformações em função do tempo.

Em estruturas usuais de concreto armado as deformações normalmente são estudadas de três maneiras: as deformações devido ao carregamento externo, as deformações devido a uma fonte térmica e as deformações que se desenvolvem em função do tempo. As deformações devido ao carregamento externo serão estudadas ao longo desse livro, como é o caso da avaliação da flecha. Nesse sentido essa seção apresenta algumas noções relativas ao comportamento reológico do concreto em situações de retração, fluência e variações de temperatura (que são deformações que não dependem de carregamento externo).

1.4.8.1 *Retração e fluência do concreto*

As primeiras deformações tratadas são as que têm o tempo como uma de suas variáveis de projeto. Essas deformações em função do tempo podem ser divididas em subgrupos, são eles: (a) Retração ou expansão: quando as deformações são independentes do carregamento e são devidas a alguma alteração na umidade no gel do cimento; (b) Deformação lenta: quando as deformações dependem do carregamento e que são devidas à uma variação no volume do gel do cimento ocasionada por carregamento e descarregamento [49].

A NBR 6118 [6], em seu anexo A, estabelece as condições de cálculo para as deformações no concreto. A deformação total do concreto, em condições em não há impedimento à livre deformação do concreto, partindo no tempo inicial t_0, e submetendo-se a uma tensão constante até o tempo t, é dada pela equação (1.20):

$$\varepsilon_c(t) = \varepsilon_c(t_0) + \varepsilon_{cc}(t) + \varepsilon_{cs}(t) \tag{1.20}$$

Sendo: (a) $\varepsilon_c(t_0)$ – Corresponde a deformação imediata, por ocasião do carregamento, com $E_{ci}(t_0)$ dado pela equação (1.9); (b) $\varepsilon_{cc}(t)$ – Corresponde à deformação por fluência, no intervalo de tempo (t, t_0), com E_{ci28} calculado para $j = 28$ dias; e (c) $\varepsilon_{cs}(t)$ – Corresponde à deformação por retração, no intervalo de tempo (t, t_0).

Figura 1.28 – Evolução das deformações no concreto em função do tempo [50].

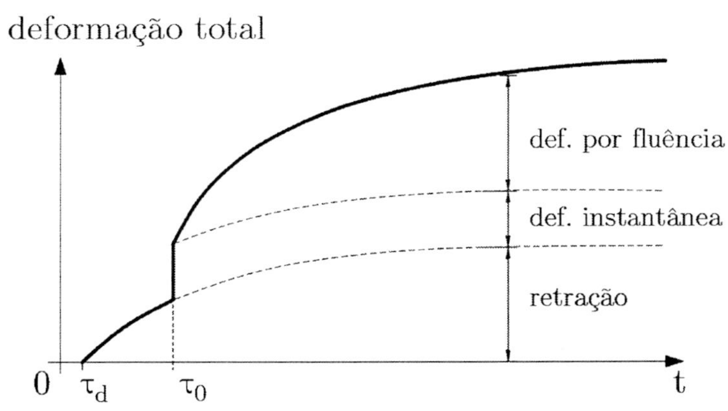

De forma geral, Gilbert & Ranzi[3] (2011) *apud* Souza [50] afirma que as deformações no concreto se desenvolvem conforme a Figura 1.28. No caso apresentado na Figura 1.28 é possível perceber que a deformação por retração tem início após a cura do concreto em $t = \tau_d$, antes da aplicação do carregamento ($t < \tau_0$), mostrando que independente do estado de tensões imposto à peça a deformação ocorrerá [50].

[3] GILBERT, R. I. e RANZI, G., 2011, Time Dependent Behaviour of Concrete Structures, 1ed. USA e Canada, Spon Press

Segundo Leonhardt e Monning [49], a retração é um fenômeno que promove a redução do volume do concreto devido à evaporação de água não consumida na reação química de pega do concreto. A Figura 1.29 apresenta o comportamento das deformações no concreto em relação ao fenômeno da retração.

Figura 1.29 – Efeito de retração ao longo do tempo em uma peça estrutural [19].

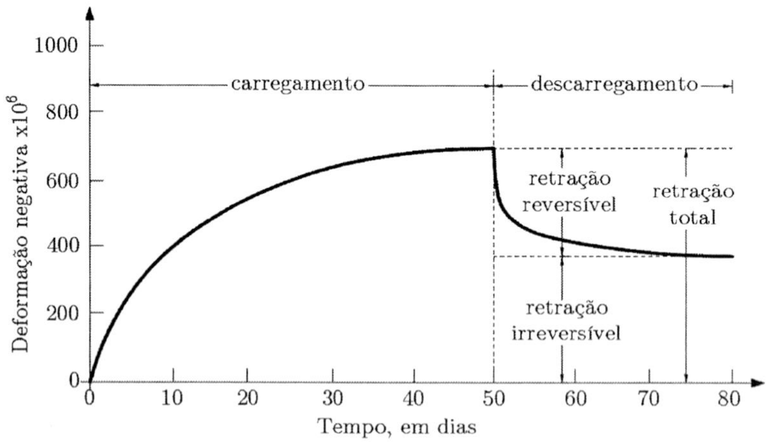

Segundo Leonhardt e Monning [49], há diversos fatores que intensificam a retração em elementos de concreto, sendo os mais importantes:

a) Umidade do ar (pode influenciar no valor e na duração dos efeitos da retração – quanto maior a umidade do ar menor a retração);

b) Idade e grau de maturidade do concreto (em ambientes úmidos, por exemplo, o valor final da retração pode ser diminuído em até 40%);

c) A geometria da seção transversal (quanto mais fina a peça maior a retração);

d) Fator água/cimento (quanto maior mais retração ocorrerá);

e) A temperatura do ar (influencia a secagem do concreto, em consequência, a retração).

A Figura 1.30 mostra o comportamento da deformação por retração em função da umidade relativa do ar sendo possível perceber que a deformação (tipo encurtamento) devido à retração (ε_r) aumentar de maneira inversamente proporcional à umidade relativa do ar.

A retração sempre começa nas superfícies externas das peças estruturais, sendo impedida pelas zonas internas. Essas tensões podem produzir fissuras porque os maiores encurtamentos devidos à retração aparecem no lado externo do concreto novo, que possui uma pequena resistência à tração. Portanto, deve-se prorrogar tanto quanto possível o início dos efeitos da retração, através da proteção do concreto contra secagem (cura) [49].

Figura 1.30 – Efeito da retração em função da umidade relativa do ar [51].

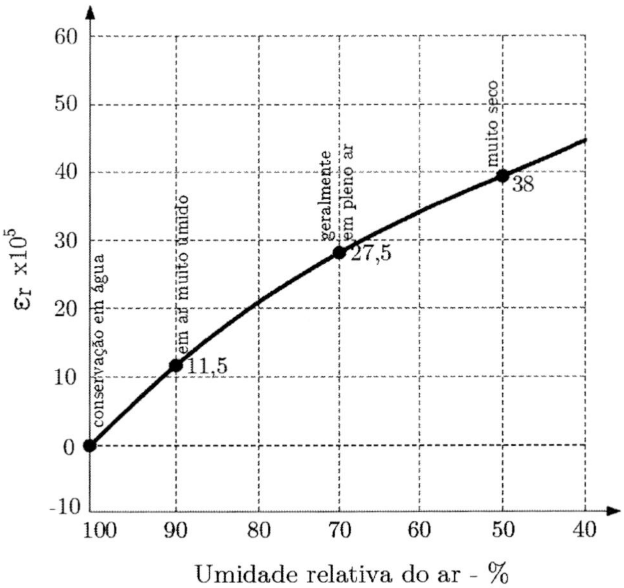

Já o fenômeno de fluência pode ser definido como um processo de deformação reversível ou não em peças submetidas a um estado de tensões permanente. Assim como na retração, esse fenômeno é influenciado também pelas tensões capilares e, especialmente, pelo clima. A fluência, também chamada de deformação lenta, diminui com o passar do tempo, atingindo, após um longo período – como por exemplo, 15 a 20 anos em construções ao ar livre – uma paralização Leonhardt e Monning [49]. A Figura 1.31 apresenta o comportamento da fluência após o estágio de carregamento da estrutura. Leonhardt e Monning [49] afirma que as causas da fluência ou deformação lenta são análogas às da retração.

Figura 1.31 – Efeito da fluência ao longo do tempo em uma peça estrutural [19].

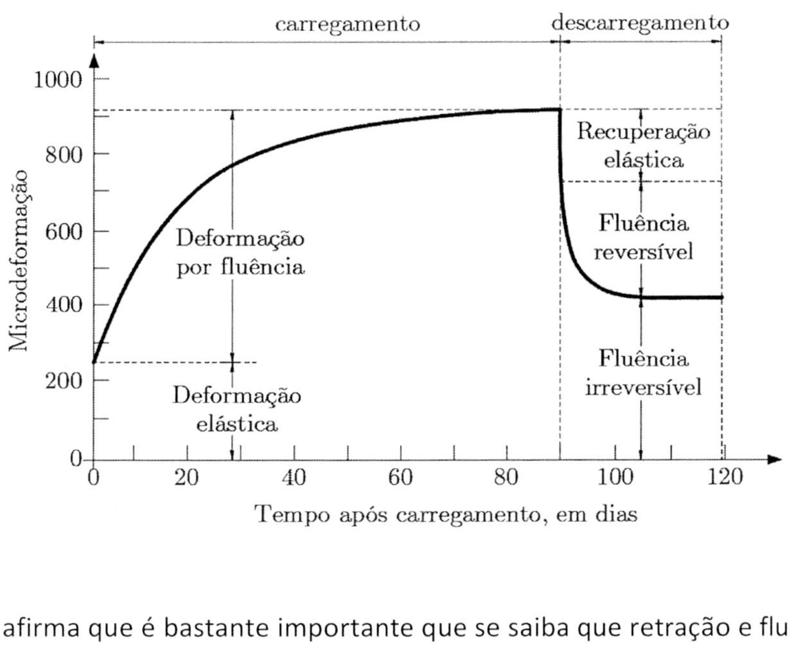

Barbosa [52] afirma que é bastante importante que se saiba que retração e fluência são fenômenos distintos (mesmo que os causadores desses fenômenos sejam similares), tomando como exemplo a perda de água: na fluência, esta perda é promovida por conta da aplicação contínua de uma ação; enquanto na retração, tal perda é promovida por diferença de umidade entre o meio externo e o elemento de concreto.

Você Sabia???

Foi falado que a retração é fortemente influenciada pelo processo de secagem do material. Pois então... Em peças de seção transversal com espessura de 12 cm, por exemplo, o fenômeno da retração já está terminado no intervalo de 2 a 4 anos em um ambiente com umidade relativa do ar constante. Para peças mais espeças com uma dimensão maior que 1 m são precisos 15 anos para que a peça atinja o grau de maturidade completa. A Figura 1.32 mostra uma relação do coeficiente k_e com a espessura fictícia (relação entre a área e perímetro em contato com ar) da peça em cm. É possível perceber que quanto mais espessura fictícia a peça tem, menor o efeito da retração na peça.

Figura 1.32 – Efeito de retração em função espessura fictícia da peça [51].

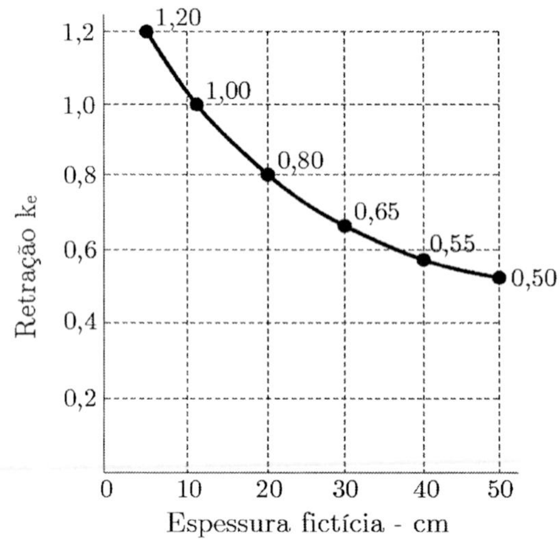

1.4.8.2 Efeitos de temperatura

A NBR 6118 [6] trata dos requisitos relativos às variações de temperatura no seu item 11.4.2. Em linhas gerais, no dimensionamento de peças prediais o projetista deverá ter cuidado com os efeitos de temperatura, principalmente nas fachadas, projetando quando necessário as juntas de dilatação, que consistem em uma separação física da estrutura que permitirá a movimentação da mesma sem criar esforços adicionais à estrutura de concreto armado.

A variação de temperatura em um elemento origina uma variação volumétrica. Caso estas variações não estejam livres (sem apoios) e caso as tensões de tração resultantes ultrapassarem a resistência à tração do concreto, podem surgir fissuras e em casos mais graves, trincas [53].

Para estruturas que apresentam grandes dimensões em planta (acima de 25 m) os esforços internos provocados pela variação volumétrica, devido ao gradiente térmico, passam a ser importantes, o que exige do engenheiro a adoção de juntas de dilatação para separar esta estrutura ou a adotar modelos estruturais que consideram o efeito de dilatação térmica para se calcular o acréscimo de armadura. A Figura 1.33 apresenta um modelo de junta de dilatação usado regularmente em pontes.

Figura 1.33 – Estrutura dividida em juntas de dilatação (tendo-se duas estruturas distintas) [51].

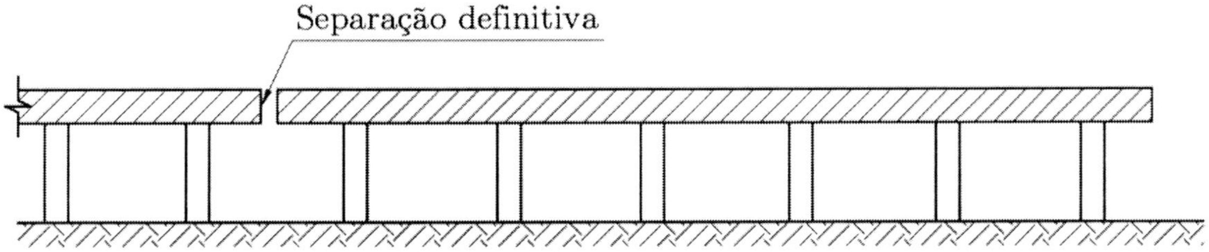

Além da variação da temperatura ambiente, outro fator que deve levar em conta variações de temperatura são as situações de incêndio ou ambientes de frio extremo. Normalmente, no dimensionamento de peças de concreto armado as variações de temperatura são consideradas de maneira uniforme, no entanto, em situações como um incêndio, a estrutura estará sujeita a gradientes térmicos muito elevados, o que leva à necessidade (quando for importante considerar esta situação extrema) de considerar uma variação diferencial de temperatura em relação às fibras inferiores e superiores. Sussekind [51] apresenta outras situações que também são extremas de variação de temperatura: chaminés, altos-fornos, frigoríficos. Este mesmo autor diz que em situações como essas, muitas vezes o engenheiro é obrigado a considerar materiais de revestimento, para proteger o concreto, que são capazes de atenuar o gradiente térmico. Um exemplo de uma situação como esta é o caso de chaminés, em que é mais viável, na maioria dos casos, utilizar tijolos refratários para revestir a estrutura do que considerar o gradiente térmico total, que resultaria em grande acréscimo de esforços na estrutura.

1.5 Aspectos sobre a aderência

A premissa básica para ter concreto armado é a existência de aderência entre o concreto e o aço, quando ambos materiais resistem solidariamente aos esforços a que forem submetidos [54]. Assim, a aderência tem suma importância em relação à capacidade de carga e de serviço das peças de concreto armado. É essencial o conhecimento de seu comportamento para se estabelecerem regras de cálculo de ancoragens e emendas por traspasse das barras de armadura, para cálculo dos deslocamentos considerando a contribuição do concreto tracionado, para controle da abertura das fissuras e, portanto, da quantidade mínima de armadura [54].

Em suma, o fenômeno de aderência envolve dois aspectos básicos: o mecanismo de transferência de força entre a barra de aço e o concreto adjacente e a capacidade do concreto de resistir a essa força [55]. As forças de transmissão podem ser divididas em 3 parcelas: adesão, atrito e aderência mecânica. Brisotto [55] explana sobre essas parcelas da seguinte forma:

a) A aderência por adesão caracteriza-se por uma resistência à separação de dois materiais. Esta parcela provém do processo físico-químico desenvolvido na interface concreto-aço durante as reações de pega do cimento, e seu valor também depende da rugosidade (fator η) e da limpeza da superfície das armaduras;

b) A parcela relativa ao atrito surge quando há tendência de deslocamento relativo entre dois materiais, depois que for rompida a aderência por adesão. Esta parcela depende do coeficiente de atrito entre as superfícies do aço e do concreto, dado em função da rugosidade superficial da barra (fator η), e da existência de forças de compressão transversais à armadura, que pode surgir devido à retração do concreto ou por ações externas;

c) Por fim, a terceira parcela, chamada de aderência mecânica, é devida à conformação superficial das barras. Nas barras de alta aderência, as nervuras criam consoles no concreto, levando ao surgimento de forças concentradas de compressão perpendiculares às faces das nervuras no instante em que a barra é tracionada (ou comprimida) e tende a deslizar. Com o aumento do escorregamento, as forças de atrito presentes sofrem rápida redução, tornando a aderência mecânica a principal responsável pela aderência de barras nervuradas.

Também é apresentado por Brisotto [55] que em barras lisas o mecanismo de aderência é guiado principalmente pela aderência química e aderência por atrito. Os efeitos da aderência mecânica coexistem, porém em menor escala, visto que as barras lisas possuem irregularidades na superfície decorrentes do processo de laminação. Entretanto, Doria *et al.* [56] afirmam que a separação da aderência nessas três partes é apenas esquemática, pois não se pode avaliar isoladamente cada uma delas. A Figura 1.34 mostra de maneira representativa os esforços envolvidos nos modelos típicos de aderência descritos anteriormente.

Figura 1.34 – Esquemas dos mecanismos de resistência da aderência. (a) Mecanismo de adesão; (b) Mecanismo de atrito; (c) Mecanismo de aderência mecânica [57][1].

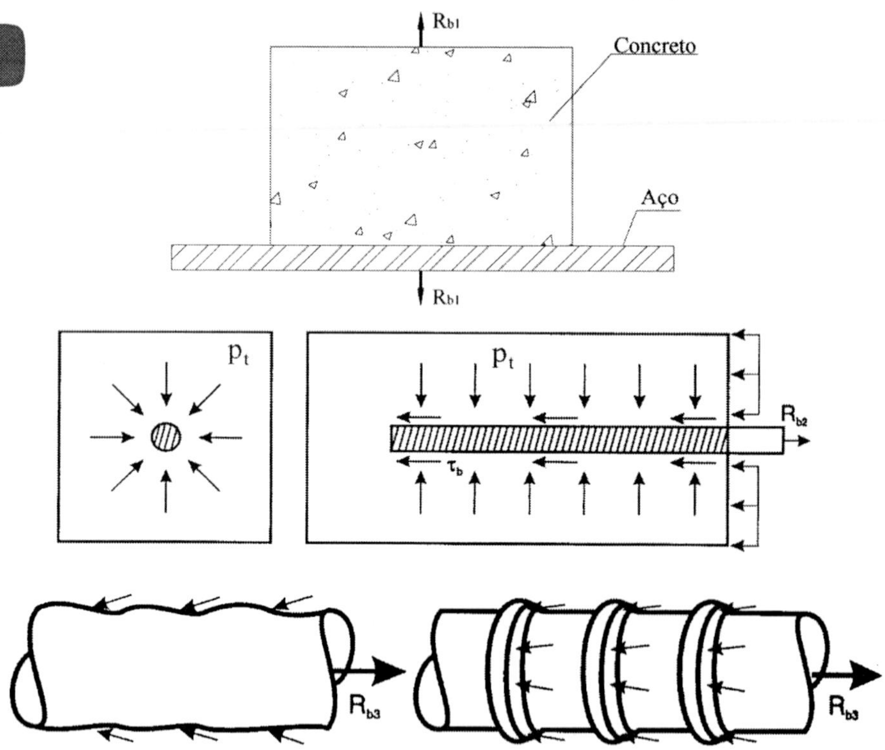

(a)

(b)

(c)

1Vídeo do canal: Victor Dal Bosco

O modelo numérico utilizado pela NBR 6118 [6] para o cálculo da aderência é baseado numa distribuição uniforme de tensões (τ_{bu}) na interface concreto-aço conforme Figura 1.35. Logo, o problema de análise da aderência de uma barra de aço no concreto é baseado em definir o comprimento de ancoragem básico (l_b) conforme equação (1.21) onde a variável ϕ indica o diâmetro nominal da barra de qual se testa a aderência.

Em termos de significado físico, o comprimento de ancoragem básico (l_b) é um comprimento necessário para que uma barra de armadura, passiva no caso do concreto armado, que seja capaz de ancorar uma força total $F_{yd} = A_s.f_{yd}$. Para isso admite-se que a resistência à aderência uniforme é igual a f_{bd}.

Figura 1.35 – Distribuições de tensão na interface concreto-aço em um ensaio de arrancamento [51].

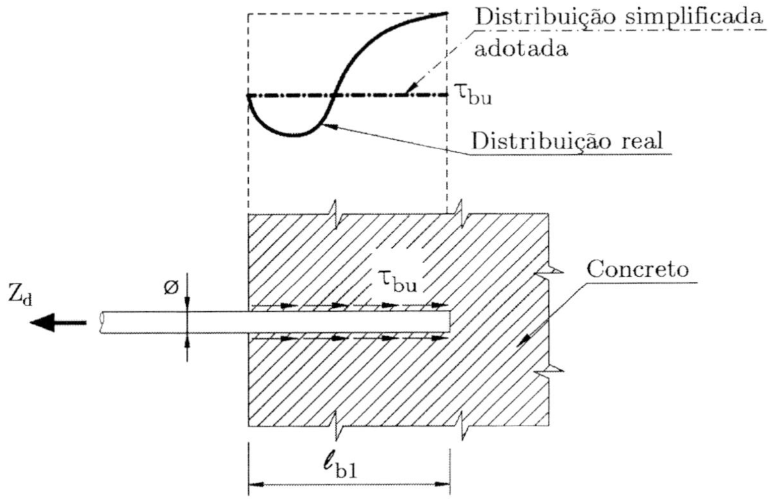

$$l_b = \frac{\phi}{4}.\frac{f_{yd}}{f_{bd}} \geq 25.\phi \tag{1.21}$$

A resistência à aderência é dividida entre armaduras ativa e passiva conforme item 9.3 da NBR 6118 [6]. No caso desse texto só serão abordados os casos de armadura passiva, que são determinados pela equação (1.22).

$$f_{bd} = \eta_1.\eta_2.\eta_3.f_{ctd} \tag{1.22}$$

$$f_{ctd} = \frac{f_{ctk,inf}}{\gamma_c} \tag{1.23}$$

Onde f_{yd} representa a tensão de escoamento de cálculo do aço (f_{yk}/γ_s), f_{bd} a tensão de aderência e f_{ctd} é a resistência à tração de cálculo representado na equação (1.23). Os valores relativos aos coeficientes de aderência são dados na equação (1.24). Os fatores de segurança γ_c e γ_s serão esclarecidos no capítulo 3, porém, para fins didáticos fixaremos o mesmo como 1,40 (γ_c), para o concreto, e 1,15 (γ_s), para o aço, nas análises iniciais. No caso do fator η_3 a variável ϕ corresponde ao diâmetro da barra, em milímetros, a qual deseja-se calcular a tensão de aderência.

$$\eta_1 \begin{cases} 1{,}00 \; para \; barras \; lisas \; CA25 \\ 1{,}40 \; para \; barras \; lisas \; CA60 \\ 2{,}25 \; para \; barras \; nervurada \; CA50 \end{cases}$$

$$\eta_2 \begin{cases} 1{,}00 \; para \; boa \; aderência \\ 0{,}70 \; para \; má \; aderência \end{cases} \tag{1.24}$$

$$\eta_3 \begin{cases} 1{,}00 \; para \; \phi < 32 \; mm \\ \dfrac{132 - \phi}{100} \; para \; \phi > 32 \; mm \end{cases}$$

Segundo Bastos [58], ensaios experimentais realizados mostraram que a resistência de aderência de barras de aço posicionadas na direção vertical é significativamente maior que a resistência de aderência de barras posicionadas na horizontal. Para as barras horizontais, a distância ao fundo ou ao topo da fôrma (superfície de concreto) determina a qualidade da aderência entre o concreto e a barra de aço. Isso ocorre porque durante o adensamento e o endurecimento do concreto, a sedimentação do cimento e principalmente o fenômeno da exsudação, tornam o concreto da camada superior mais poroso, podendo diminuir a aderência à metade daquela das barras verticais.

Em determinadas situações, que dependem basicamente da inclinação e da posição da barra de aço na massa de concreto, a NBR 6118 [6] (item 9.3.1) define situações chamadas "boa" e "má" aderência. Considera-se em boa situação quanto à aderência os trechos das barras que estejam em uma das posições seguintes (Ver Figura 1.36):

a) com inclinação maior que 45º sobre a horizontal;

b) horizontais ou com inclinação menor que 45º sobre a horizontal, desde que: (b.1) para elementos estruturais com $h < 60$ cm, localizados no máximo 30 cm acima da face inferior do elemento ou da junta de concretagem mais próxima; (b.2) para elementos estruturais com $h \geq 60$ cm, localizados no mínimo 30 cm abaixo da face superior do elemento ou da junta de concretagem mais próxima. Os trechos das barras em outras posições, e quando do uso de formas deslizantes, devem ser considerados em má situação quanto à aderência.

Figura 1.36 – Zonas de aderência de acordo com a NBR 6118 [47,58].

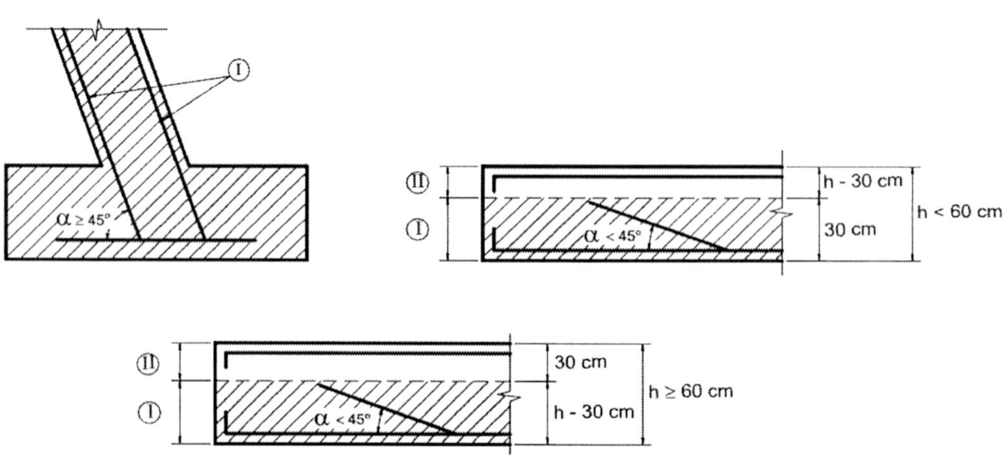

Mais detalhes sobre aderência (como calcular os comprimentos dos ganchos nas barras e traspasses) serão abordados no capítulo eferente ao dimensionamento e detalhamento das estruturas, com aplicações para lajes.

Exemplo Resolvido 1.5

Baseado nos conceitos de aderência apresentados anteriormente, determinar o comprimento de ancoragem básico (l_b) de uma barra de aço de 8,00 mm sujeita a situações de boa e má aderência em uma peça de concreto com f_{ck} = 25 MPa.

Solução

Para avaliarmos o comprimento básico de ancoragem é necessário determinar as incógnitas da equação (1.21). Os termos η podem ser dados como:

η_1 = 2,25, visto que o diâmetro especificado é dado como uma barra nervurada;

$\eta_2 \begin{cases} 1{,}00 \ \textit{para boa aderência} \\ 0{,}70 \ \textit{para má aderência} \end{cases}$ aqui vamos utilizar as duas condições para verificação;

η_3 = 1,00 visto que o diâmetro informado é menor que 32 mm.

Determinando a resistência à tração de cálculo f_{ctd} conforme equação (1.23) chega-se a:

$$f_{ctd} = \frac{0{,}21.\sqrt[3]{25^2}}{1{,}40} = 1{,}28\ MPa$$

Determinando a tensão de aderência para a situação de boa aderência f_{bd}: $f_{bd} = 2{,}25\,.\eta_2.1\,.1{,}28 = 2{,}88.\eta_2$

Avaliando o l_b conforme equação (1.21) e fixando f_{yd} em 434,78 MPa (Aço CA-50 $\therefore$ $500/1{,}15 = 434{,}78\ MPa$).

$$l_b = \frac{8}{4}.\frac{434{,}78}{2{,}88.\eta_2} = \frac{347{,}22}{\eta_2} \geq 25.\phi = 200\ mm$$

Para boa aderência: l_b = 301,93 mm

Para má aderência: l_b = 430,48 mm

1.6 Referências

[1] Dicionário Brasileiro da Língua Portuguesa Michaelis 2020.

[2] Monteiro PJM, Miller SA, Horvath A. Towards sustainable concrete. Nature Mater 2017;16:698–9. https://doi.org/10.1038/nmat4930.

[3] Gan VJL, Wong CL, Tse KT, Cheng JCP, Lo IMC, Chan CM. Parametric modelling and evolutionary optimization for cost-optimal and low-carbon design of high-rise reinforced concrete buildings. Advanced Engineering Informatics 2019;42:100962. https://doi.org/10.1016/j.aei.2019.100962.

[4] Sindicato Nacional da Indústria do Cimento. História do cimento no Brasil, 2009.

[5] Miller SA, Horvath A, Monteiro PJM. Impacts of booming concrete production on water resources worldwide. Nat Sustain 2018;1:69–76. https://doi.org/10.1038/s41893-017-0009-5.

[6] Associação Brasileira de Normas Técnicas. ABNT NBR 6118: Projeto de estruturas de concreto – procedimento. Rio de Janeiro (RJ): ABNT; 2014.

[7] Bastos PS dos S. Fundamentos do concreto armado. Bauru: Unesp; 2019.

[8] Wight JK, MacGregor JG. Reinforced concrete: mechanics and design. 6th ed. Upper Saddle River, N.J: Pearson Prentice Hall; 2012.

[9] Nogueira de Carvalho JD. Sobre as origens e desenvolvimento do concreto. Revista Tecnológica n.d.;17:18.

[10] Isaia GC. Concreto: ensino, pesquisas e realizações. São Paulo, Brasil: IBRACON; 2005.

[11] Cowan HJ. A history of masonry and concrete domes in building construction. Building and Environment 1977;12:1–24. https://doi.org/10.1016/0360-1323(77)90002-6.

[12] Jackson MD, Mulcahy SR, Chen H, Li Y, Li Q, Cappelletti P, et al. Phillipsite and Al-tobermorite mineral cements produced through low-temperature water-rock reactions in Roman marine concrete. American Mineralogist 2017;102:1435–50. https://doi.org/10.2138/am-2017-5993CCBY.

[13] Vasconcelos AC de. O concreto no Brasil: Recorde - Realizações - História. vol. I. 2nd ed. São Paulo, Brazil: Pini Editora; 19.

[14] Gromicko N, Shepard K. The History of Concrete n.d.

[15] Herzog M. Die Tragwirkung der Risorgimentobrücke in Rom. Beton- Und Stahlbetonbau 1995;90:320–3. https://doi.org/10.1002/best.199500520.

[16] Giongo JS. Concreto Armado: Projeto estrutural de edifícios. São Carlos (SP): Universidade de São Paulo; 2007.

[17] Bauer LAF. Materiais de Construção. vol. 1. Edição: 6. LTC; 2019.

[18] Associação Brasileira de Normas Técnicas. ABNT NBR 9935: Agregados - terminologia. Rio de Janeiro (RJ): ABNT; 2011.

[19] Mehta PK, Monteiro PJM. Concrete: microstructure, properties, and materials. Fourth edition. New York: McGraw-Hill Education; 2014.

[20] Sampaio GS, CARLOS MM. Análise da influência da litologia do agregado graúdo nas propriedades de resistência à compressão e resistividade elétrica do concreto. Construindo 2018;10:9.

[21] P. Neto BB, Oliveira DRC, Ramos D. Efeitos do tipo, tamanho e teor de agregado graúdo no módulo de deformação do concreto de alta resistência. Matéria (Rio J) 2011;16:690–702. https://doi.org/10.1590/S1517-70762011000200005.

[22] La Serna HA de, Rezende MM. Agregados para a Construção Civil n.d.:34.

[23] Associação Brasileira de Normas Técnicas. ABNT NBR 7211: Agregados para concreto - especificação. Rio de Janeiro (RJ): ABNT; 2009.

[24] Damo GF. Avaliação do desempenho de diferentes agregados miúdos de britagem em concretos de cimento Portland. Universidade Federal de Santa Catarina (UFSC) - Programa de Pós-Graduação em Engenharia Civil, 2011.

[25] Silva GA. Diagnóstico do setor de agregados para construção civil na região metropolitana de Natal - RN. Universidade Federal de Pernambuco (UFPE) - Programa de Pós-Graduação em Engenharia Mineral, 2012.

[26] Fusco PB. Tecnologia do Concreto Estrutural. Edição: 2ª. Pini; 2012.

[27] Bauer. Materiais de Construção: Novos Materiais Para Construção Civil. vol. 1. Edição: 5. Rio de Janeiro: LTC; 1994.

[28] Centurione SL. A mineralização do clínquer Portland e seus benefícios tecnológicos n.d.:170.

[29] Costa EB da, Nobre TRS, Guerreiro AQ, Mancio M, Kirchheim AP. Clínquer Portland com reduzido impacto ambiental. Ambient constr 2013;13:75–86. https://doi.org/10.1590/S1678-86212013000200007.

[30] Associação Brasileira de Normas Técnicas. ABNT NBR 16697: Cimento Portland - requisitos. Rio de Janeiro (RJ): ABNT; 2018.

[31] Ambrozewicz PHL. Materiais de Construção. Normas, Especificações, Aplicação e Ensaios de Laboratório. Edição: 1ª. Pini; 2012.

[32] Ferraz H. O Aço na Construção Civil. Veredas - Revista Eletrônica de Ciências 2003:1–16.

[33] Pfeil W. Estruturas de Aço Dimensionamento Prático: Dimensionamento Prático de Acordo com a NBR 8800:2008. Edição: 8. LTC; 2008.

[34] Belgo - Grupo Arcelor. Processo de Fabricação Belgo 50 e Belgo 60. --.

[35] Associação Brasileira de Normas Técnicas. ABNT NBR 7480: Aço destinado a armaduras para estruturas de concreto armado - especificação. Rio de Janeiro (RJ): ABNT; 2007.

[36] Associação Brasileira de Normas Técnicas. ABNT NBR 8953: Concreto para fins estruturais. Rio de Janeiro (RJ): ABNT; 2015.

[37] Medeiros R, Pereira BA, Sipp G, Delfino T. Investigation of the influence of different surface regularization methods for cylindrical concrete specimens in axial compression tests. Rev IBRACON Estrut Mater 2017;10:568–91. https://doi.org/10.1590/s1983-41952017000300003.

[38] Rauecker JCN, Pereira Junior WM, Pituba JJ de C, Araújo D de L. Uma abordagem experimental e numérica para determinação de curvas de compressão para concreto simples e reforçados com fibras de aço. Matéria (Rio J) 2019;24:e12476. https://doi.org/10.1590/s1517-707620190003.0758.

[39] Associação Brasileira de Normas Técnicas. ABNT NBR 5739: Concreto - Ensaio de compressão de corpos-de-prova cilíndricos. Rio de Janeiro (RJ): ABNT; 1994.

[40] Associação Brasileira de Normas Técnicas. ABNT NBR 5738: Concreto - Procedimento para moldagem e cura de corpos de prova. Rio de Janeiro (RJ): ABNT; 2015.

[41] Carvalho RC, Filho JRDF. Cálculo e Detalhamento de Estruturas Usuais de Concreto Armado: Segundo a NBR 6118:2014. Edição: 4. Edufscar; 2014.

[42] Pinheiro LM, Muzardo CD, Santos SP. Fundamentos do concreto e projeto de edifícios - Capítulo 2. 2003.

[43] Araújo JM de. Curso de concreto armado. vol. 1. Dunas; 2014.

[44] Associação Brasileira de Normas Técnicas. ABNT NBR 8522: Concreto - Determinação dos módulos estáticos de elasticidade e de deformação à compressão. Rio de Janeiro (RJ): ABNT; 2017.

[45] Rusch H. Researches Toward a General Flexural Theory for Structural Concrete. JP 1960;57. https://doi.org/10.14359/8009.

[46] Couto D, Carvalho M, Cintra A, Helene P. Concrete structures. Contribution to the safety assessment of existing structures. Rev IBRACON Estrut Mater 2015;8:365–89. https://doi.org/10.1590/S1983-41952015000300007.

[47] Sussekind JC. Curso de concreto: concreto armado. vol. 1. Globo; 1989.

[48] Neto RCDFC. Estudo experimental sobre os efeitos da fluência do concreto em pilares esbeltos. Mestre em ciências de Engenharia Civil. Pontifícia Universidade Católica do Rio de Janeiro, 2004. https://doi.org/10.17771/PUCRio.acad.6627.

[49] Leonhardt F, Monning E. Construções de Concreto: Princípios básicos do dimensionamento de estruturas de concreto armado. vol. 1. Edição: 1ª. Interciência; 1977.

[50] Souza MLM de. Estudo de fluência e retração na análise de um tabuleiro em vigas múltiplas de uma ponte rodoviária. Bacharelado em Engenharia Civil. Universidade Federal do Rio de Janeiro (UFRJ), 2014.

[51] Sussekind JC. Curso de concreto: concreto armado. vol. 1. Globo; 1989.

[52] Barbosa MD de A. Análise de flechas em vigas de concreto armado. Universidade Federal do Ceará, 2010.

[53] Monteiro QAB. Avaliação da necessidade de juntas de dilatação em estruturas porticadas de betão armado. Mestre em Engenharia Civil. Universidade do Porto, 2008.

[54] Castro CM de. Concreto de alto desempenho: estudo da aderência com a armadura sob ações repetidas. Mestrado em Estruturas. Universidade de São Paulo, 2016. https://doi.org/10.11606/D.18.2016.tde-31032016-143003.

[55] Brisotto D de S. Um modelo elasto-plástico para a análise da aderência em peças de concreto armado. Doutor em Engenharia. Universidade Federal do Rio Grande do Sul (UFRGS), 2011.

[56] Doria MR, Sales ATC, Andrade NF de A. Bond strength between stell-concrete and between concretes with different ages in structural rehabilitation. Rev IBRACON Estrut Mater 2015;8:604–24. https://doi.org/10.1590/S1983-41952015000500004.

[57] Fusco PB. Técnica de Armar as Estruturas de Concreto. Edição: 2ª. Pini; 2013.

[58] Bastos PS dos S. Ancoragem e emenda de armaduras. Bauru: Unesp; 2018.

2

ANÁLISE E CONCEPÇÃO DO SISTEMA ESTRUTURAL

Esta seção aborda os conceitos necessários para a escolha de um sistema estrutural adequado bem como as principais abordagens empregadas para pré-dimensionamento dos elementos estruturais. Em suma, a abordagem desse capítulo é voltada a apresentação de modelos para lançamento de estruturas usuais em concreto armado.

2.1 Concepção do sistema estrutural

Se comparássemos com o corpo humano, o sistema estrutural seria similar ao esqueleto, cuja função é fornecer a sustentação necessária para os demais sistemas presentes em uma edificação. Portanto, em termos técnicos, uma estrutura se caracteriza por ser a "parte mais resistente de uma construção", o que proporciona estabilidade à edificação como um todo. Essa estrutura é responsável por absorver e transmitir os esforços solicitantes, sendo essa essencial para a manutenção da segurança e da solidez de uma edificação [1].

Dentro de um sistema estrutural é importante avaliar vários fatores, destacando-se quatro elementos básicos:

a) Elementos estruturais;

b) Ações sobre os elementos estruturais;

c) Materiais que compõem os elementos da estrutura;

d) Métodos de dimensionamento do sistema estrutura.

A Figura 2.1 apresenta alguns dos mais diversos tipos de sistemas estruturais que podem ser utilizados em construções. No primeiro caso é possível observar um sistema em concreto para edifícios de múltiplos pavimentos e no segundo caso um sistema misto aço-concreto, que é muito comum em pontes.

Figura 2.1 - Modelos de sistemas estruturais para construção civil. (a) Disponível em: https://www.novesengenharia.com.br/tipos-de-sistemas-estruturais/#:~:text=As%20estruturas%20de%20retenção%20são,as%20construções%20pneumáticas%20são%20promissoras.; (b) Disponível em: https://www.inovacivil.com.br/pontes-conheca-os-principais-tipos/

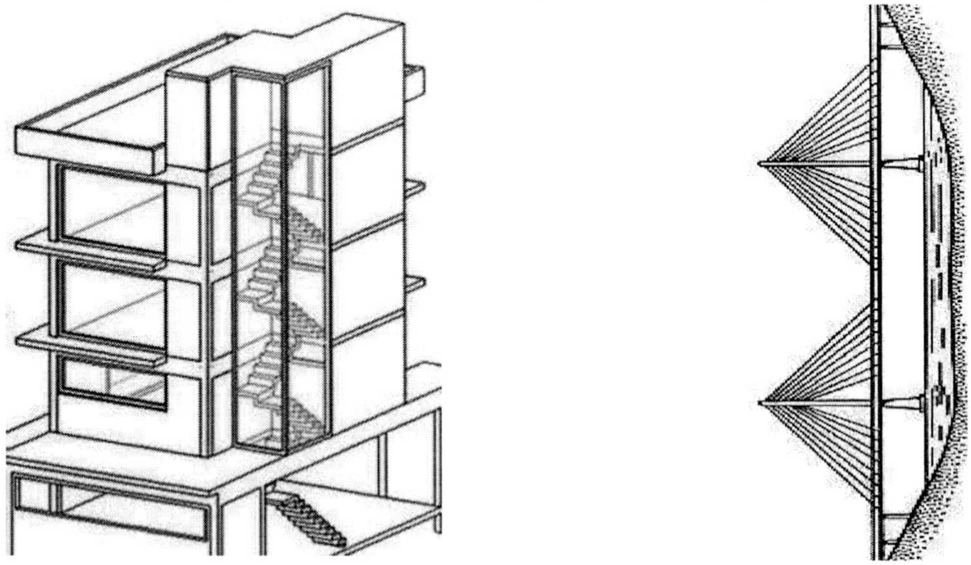

(a) Sistema estrutural predial de múltiplos pavimentos (a) Ponte em estrutura mista

A Figura 2.2 apresenta os mais variados tipos de elementos que compõem um sistema estrutural de múltiplos pavimentos em concreto armado. É possível perceber tanto os elementos de infraestrutura (fundações) quanto os elementos de superestrutura (acima das fundações).

Figura 2.2 - Perspectiva de parte do edifício: principais elementos estruturais [2] e concepção arquitetônica de um edifício residencial de múltiplos pavimentos[1].

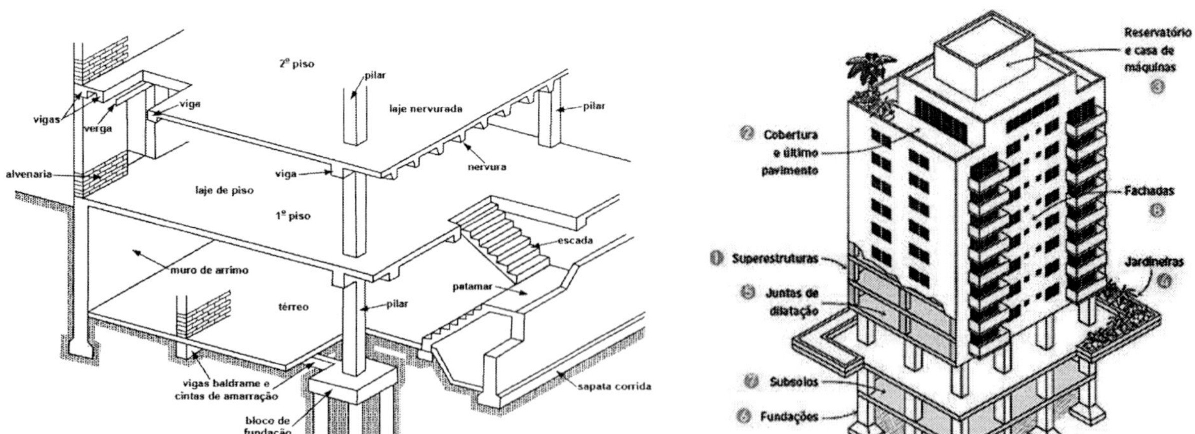

Esses elementos estruturais devem ter resistência mecânica, estabilidade, rigidez, resistência à fissuração e deslocamentos excessivos para poderem contribuir de modo efetivo na resistência global do

[1] Téchne (20--) – Revista técnica das grandes áreas da Engenharia Civil.

edifício [3] de modo que os componentes do sistema estrutural garantam os requisitos impostos pela NBR 6118 [4].

Diante disso, você deve estar na cadeira se perguntando como será idealizada essa estrutura com tantas condições a serem respeitadas?! Então... normalmente a concepção estrutural é baseada em um projeto modelo ou projeto base, sendo muito comum a utilização do projeto arquitetônico para tal finalidade. Como diriam os professores Daiçon Silva e André Souto [5], "essa interface desperta as facetas mais perversas em engenheiros e arquitetos".

De forma mais ampla (aspecto global), uma estrutura deverá, sob ponto de visto morfológico, respeitar fatores funcionais (uso da estrutura), técnicos (o cálculo estrutural) e estéticos (geometria do ponto de vista do usuário) [5]. Barbosa [6] afirma que há um conjunto de observações que deve ser considerado no que tange à concepção de uma estrutura, tais como:

a) O arranjo deve atender, tanto quanto possível, as condições impostas pelo arquiteto, respeitando a forma e a estética idealizada;

b) Posicionar os elementos estruturais, tais como pilares, vigas, de maneira que estes fiquem embutidos nas paredes de alvenaria e vedação, promovendo assim, melhores parâmetros estéticos;

c) Ter conhecimento do comportamento dos elementos estruturais e posicioná-los baseando-se nisso;

d) A transmissão das cargas deve ser feita de forma mais direta possível, pelo caminho mais curto. Deve-se evitar, sempre que possível, transmitir as cargas de vigas importantes sobre outras vigas (apoios indiretos), e apoio de pilares sobre vigas (chamadas vigas de transição);

e) As dimensões da estrutura em planta devem ser limitadas (geralmente a 30 m no máximo), a fim de diminuir os efeitos da retração e da variação de temperatura, principalmente. Isso pode ser obtido pela especificação de juntas de separação (também chamadas juntas de dilatação), que resultam em blocos de estruturas independentes, que não interagem entre si;

f) Em edifícios de múltiplos pavimentos a verificação da estabilidade global da estrutura assume grande importância, porque a ação horizontal do vento alcança valores significativos. A especificação da seção transversal das vigas, e principalmente dos pilares, deve ser feita de maneira muito criteriosa e a estrutura de contraventamento, parte ou todo da estrutura responsável por resistir a essas ações, deve ser avaliada cuidadosamente;

g) Em edifícios com garagens, o posicionamento dos pilares deve ser feito cuidadosamente a fim de possibilitar o maior número possível de vagas e facilitar o fluxo dos veículos.

Para além dos projetos arquitetônicos convencionais que predefinem os ambientes internos de maneira permanente, Barbosa [6] afirma que uma tendência de modernização é a utilização de um Layout flexível que permita o usuário organizar o espaço conforme sua preferência, portanto, o projetista de estruturas juntamente com o arquiteto deverão idealizar formas estruturais que permitam esse tipo de liberdade.

Você Sabia ???

As técnicas de desenho arquitetônico (como a perspectiva) que utilizamos nos tempos atuais tiveram origem no renascimento (século XIV até o século XVII). Tais técnicas permitem trazer maior clareza e exatidão nas informações do objeto arquitetônico projetado. Porém, o registro de desenhos ou plantas relacionadas a construção podem ser encontrados em épocas mais antigas. Civilizações como o Egito e a Mesopotâmia já utilizavam desenhos de plantas para planejarem a construção de edificações.

Figura 2.3 – Estátua de Gudea (Governante Sumério da província de Lagash) e desenho da planta do palácio contido na estátua [7].

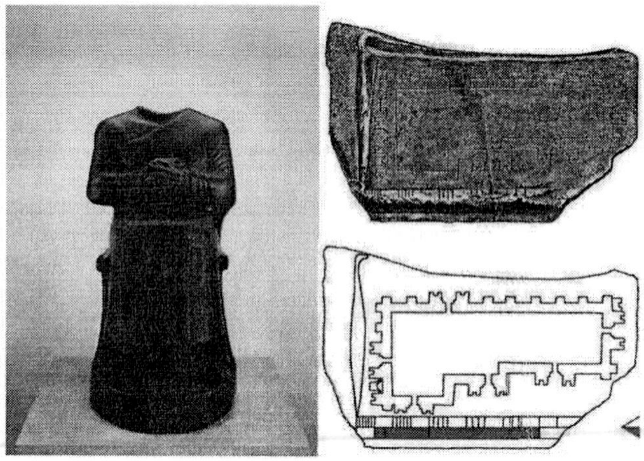

Figura 2.4 – Planta de uma edificação em Tellho, Babilônia [7].

Figura 2.5 – Planta baixa da cidade de Roma [7].

Outro aspecto importante de se levar em conta no momento do lançamento estrutural está relacionado ao custo do sistema estrutural. Giongo [3] apresenta o Quadro 2.1 com valores percentuais do custo para construção de edifícios de múltiplos pavimentos em concreto armado.

Quadro 2.1 - Custo de um sistema estrutural em concreto armado [3].

Item	**Porcentagem sobre o custo total (%)**	**Observações**
Fundações	4,48	Considera o caso de fundações diretas, ou seja, sapatas independentes ou, em alguns casos vinculadas.
Estrutura resistente (sem fundações)	20,13	Compreende: lajes, vigas pilares e paredes de contraventamento

É válido salientar que os valores acima são variáveis em cada tipo de projeto, porém, na maioria dos sistemas de estruturas usuais em concreto armado esses valores tendem a ser uma boa estimativa. Outro autor, Silva [8], analisou a influência de modelos estruturais diferentes no custo da estrutura em concreto armado. Silva [8] notou que em média as fôrmas representam 30% do custo da estrutura, o aço cerca de 25% e o concreto cerca de 45%. Logicamente esses números variam para cada modelo estrutural, porém como um ponto de partida orçamentário são valores válidos.

Independente do modelo escolhido para o projeto, é possível identificar que as fôrmas representam um custo considerável de uma estrutura em concreto armado, podendo corresponder a cerca de 1/3. Devido a essa expressividade, a escolha da geometria da peça é uma decisão muito importante, uma vez que esta geometria irá influenciar consideravelmente a fatores relacionados a custo além de tempo de execução da edificação.

Definidos todos os elementos do sistema, será no projeto estrutural que o engenheiro deverá informar as condições gerais a respeito da concepção, como por exemplo: (a) Posicionamento das peças, (b) Características e nome dos elementos estruturais; (c) As armaduras utilizadas e seus detalhes; e (d) Além do quantitativo de materiais necessários para construção. As características a respeito de geometria e posição das peças são apresentadas nas plantas de fôrma. Já as armaduras e suas posições são apresentadas nas plantas de armação. A Figura 2.6 e Figura 2.7 apresentam exemplos desses tipos de projetos.

Figura 2.6 - Exemplo de uma planta de fôrma em concreto armado.

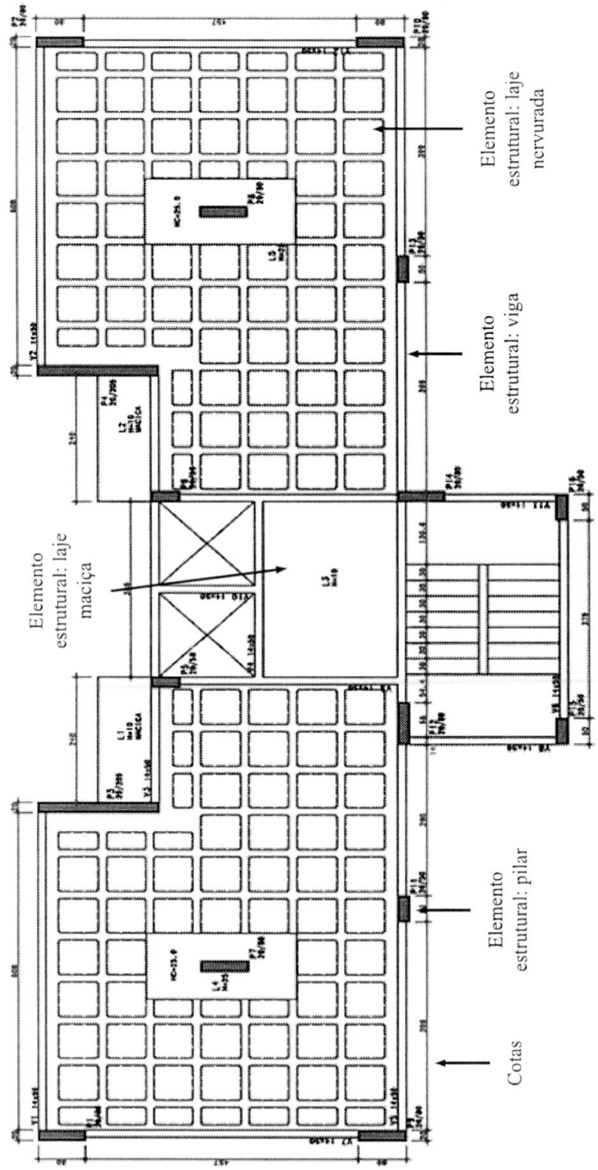

Figura 2.7 - Exemplo do detalhe de uma armação de viga faixa em um projeto de concreto armado [8].

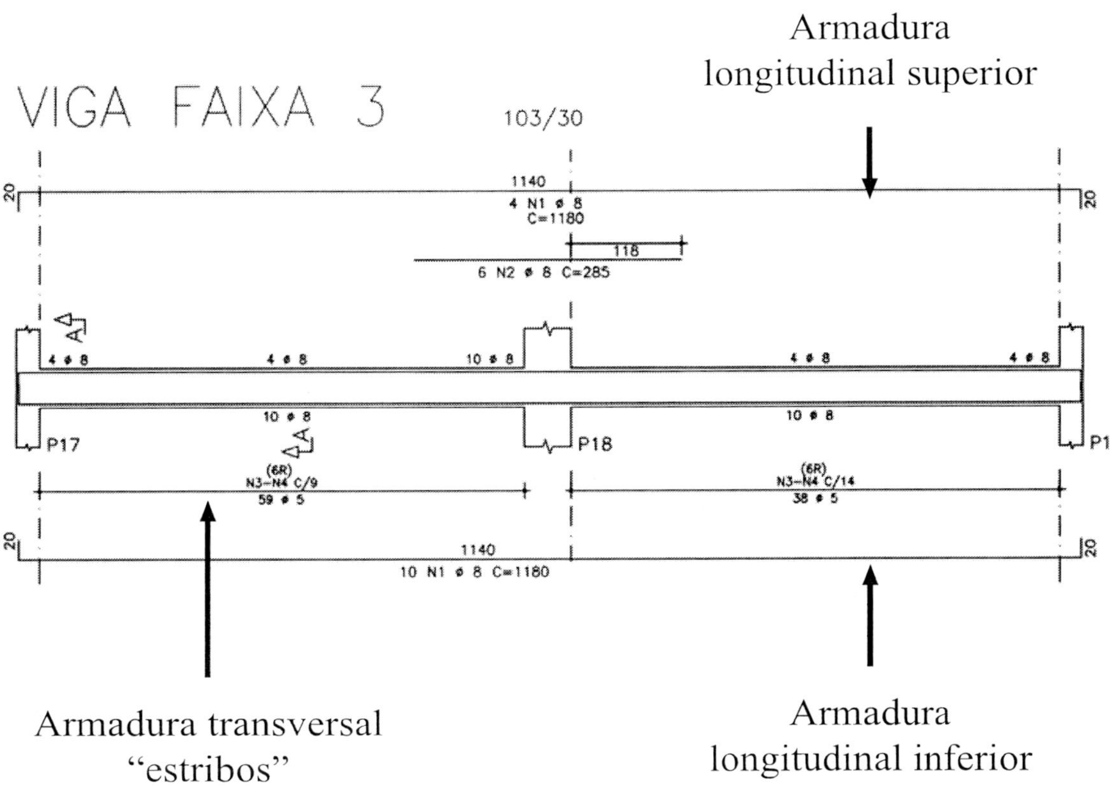

Conforme Alva [9], é sabido que a geometria dos elementos estruturais é estabelecida em função dos esforços que tal estrutura está sendo submetida. Todavia, os esforços só são realmente conhecidos após a definição da geometria dos elementos, o que acaba tornando um problema no que tange o dimensionamento do sistema estrutural. Segundo este mesmo autor, isso pode ser solucionado baseando-se no pré-dimensionamento dos elementos estruturais, tomando-os como uma análise preliminar, e dessa forma, é possível realizar os devidos ajustes e correções a fim de comporem a geometria final do sistema estrutural bem como o carregamento real que tal sistema estará submetido. De forma geral, uma análise preliminar a respeito da estrutura pode ser realizada conforme os seguintes passos:

a) Lançamento preliminar do posicionamento das peças no projeto arquitetônico verificando as interferências. Também chamado de projeto de fôrma básico;

b) Pré-dimensionamento das lajes;

c) Pré-dimensionamento das vigas;

d) Estimativa do carregamento vertical do pavimento tipo e dos demais pavimentos;

e) Pré-dimensionamento de pilares;

f) Determinação aproximada da flecha dos elementos que compõem o sistema estrutural do edifício sob ações de serviço (em caso de edifícios de múltiplos pavimentos, o vento deve ser levado em consideração);

g) Verificação da estabilidade global utilizando os parâmetros α ou coeficiente γ_z;

h) Correção das dimensões das peças segundo os critérios de pré-dimensionamento e elaboração da planta de fôrma executiva.

Com essas estimativas iniciais a respeito da geometria dos elementos, estes poderão ser dimensionados e verificados para todas as possibilidades de ações de projeto de forma a detectar se o arranjo estrutural cumpre o desempenho desejado como também se está dentro de todos os limites normativos impostos.

Porém, antes de começar de fato o processo de definição da geometria dos elementos estruturais faz-se necessário o seu posicionamento em planta conforme descrito anteriormente. O "ritual" de lançamento estrutural varia de acordo com o projetista e não há uma receita de bolo padrão para que seja feito tal processo. Aqui será utilizado um exemplo simplificado de uma edificação conforme proposto em Alva[9].

Figura 2.8 - Planta arquitetônica do pavimento tipo [9].

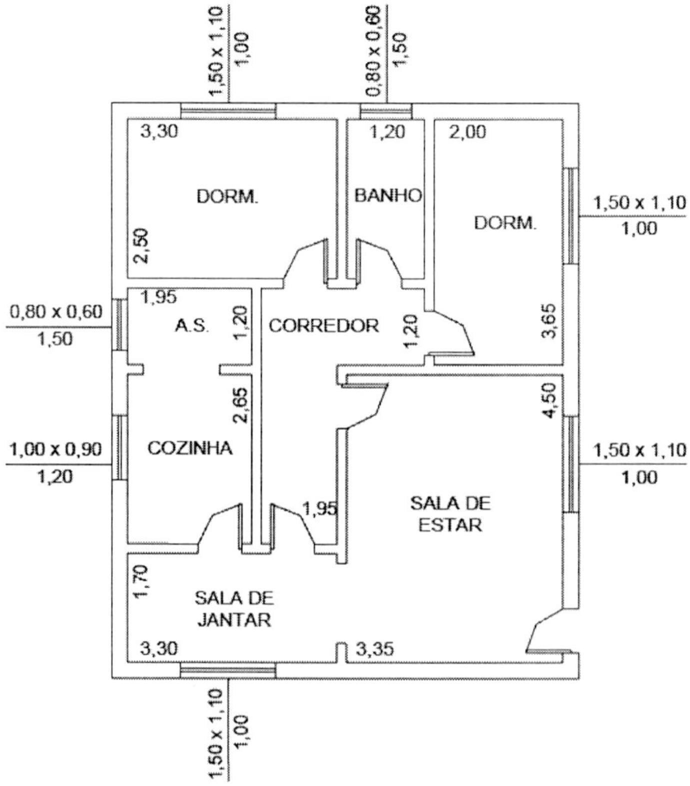

A Figura 2.8 apresenta uma edificação de um único pavimento e sobre ela será realizado um lançamento estrutural básico. Nesse caso lajes, vigas e pilares serão lançados de forma a atender as condições para uma edificação residencial. Nesse momento deixamos claro ao leitor que não importará a geometria, pois essa será estabelecida no pré-dimensionamento estrutural.

Rebello [10] afirma que o lançamento de uma estrutura pode ser iniciado por qualquer nível, porém a experiência mostra que começando por níveis intermediários (ou tipos, em se tratando de edifícios com repetição de pavimentos) pode-se chegar mais rápido à solução mais adequada. Usando o pavimento intermediário, têm-se mais domínio sobre a solução proposta interfere nos pavimentos inferiores e superiores.

Para nosso exemplo começaremos em um primeiro momento pela locação das vigas na mesma posição das alvenarias de vedação (Ver Figura 2.9). Do ponto de vista do desempenho do sistema esse fato é interessante pois a viga é um elemento de maior rigidez à flexão que a laje, logo, posicionar o elemento de viga no mesmo eixo da alvenaria tona-se um fator interessante pela ótica do deslocamento dos elementos e possível surgimento de fissuras na alvenaria.

Figura 2.9 - Posicionamento das paredes e de vigas e lajes do pavimento tipo [9].

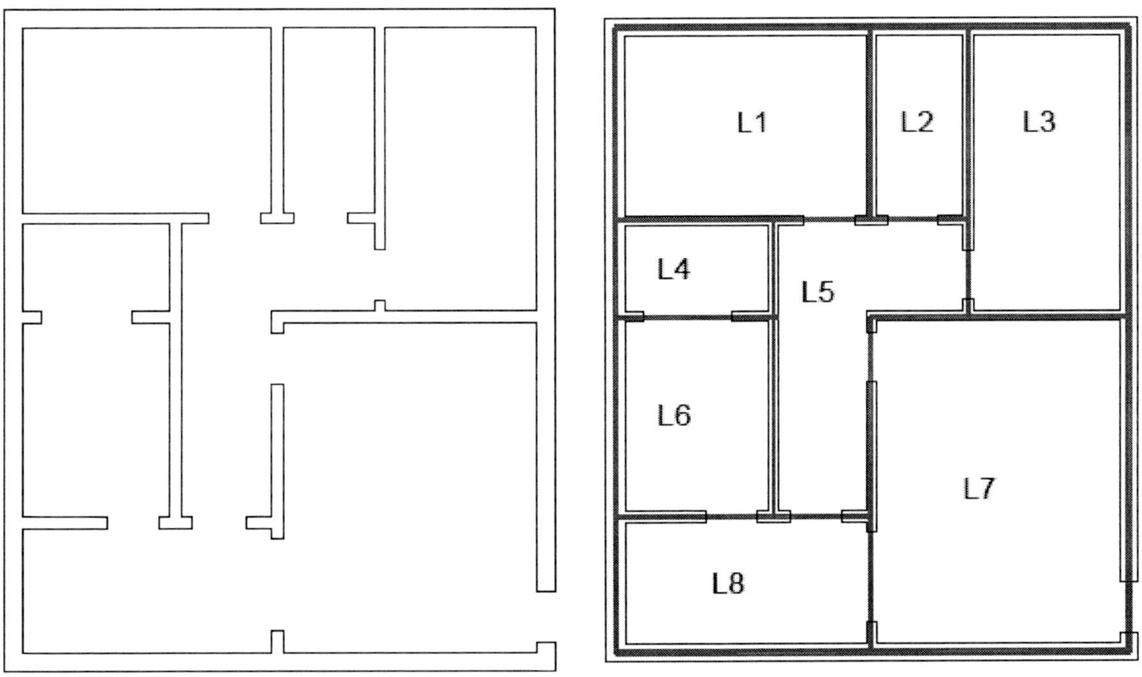

(a) Paredes isoladas. (b) Posicionamento inicial do vigamento.

Agora vamos mostrar algumas situações que se não forem previstas o engenheiro poderá ter problemas durante o uso da edificação. A primeira situação diz respeito ao posicionamento de uma alvenaria fora do eixo de uma viga.

Observemos na Figura 2.10 que a falta de uma viga poderá ocasionar um mau funcionamento do sistema de lajes que agora apresenta uma situação de tração não prevista no modelo de cálculo e isso implicará em fissuras e possíveis danos ao sistema. Deixemos claro aqui que tal prática, de posicionar alvenarias em região de laje, não é errada, porém, deve ser feita de maneira correta para que todos os esforços nessa situação sejam considerados.

Figura 2.10 - Comportamento do sistema estrutural e efeitos na alvenaria [10].

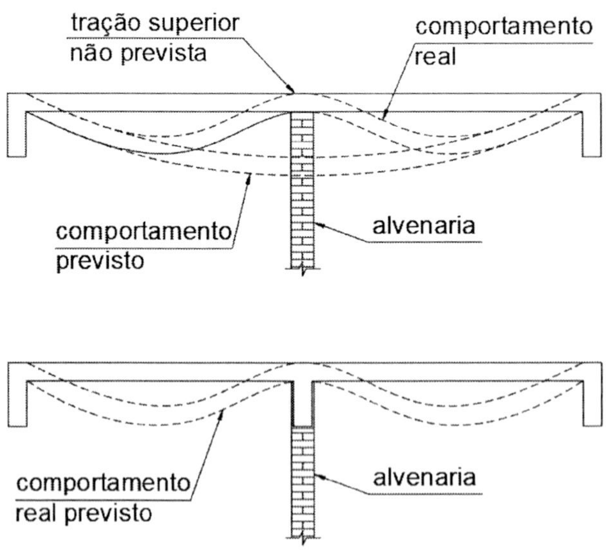

Retornando ao exemplo, é possível perceber que a solução adotada inicialmente (Ver Figura 2.9) tem algumas desvantagens, pois, conforme Alva [9], tal situação acarretaria em um consumo maior de madeira na produção das fôrmas visto a grande quantidade de elementos no sistema, falta de padronização e provocando até mesmo um comportamento inadequado do sistema estrutural, através do levantamento de lajes de menor dimensão, como no caso das vigas que delimitam as Lajes L1 e L2 (Figura 2.11). Logo, tal situação estaria subestimando o potencial do sistema estrutural além de usá-lo de maneira inadequada.

Figura 2.11 - Esquema de deslocamento do sistema estrutura de lajes no exemplo adotado [10].

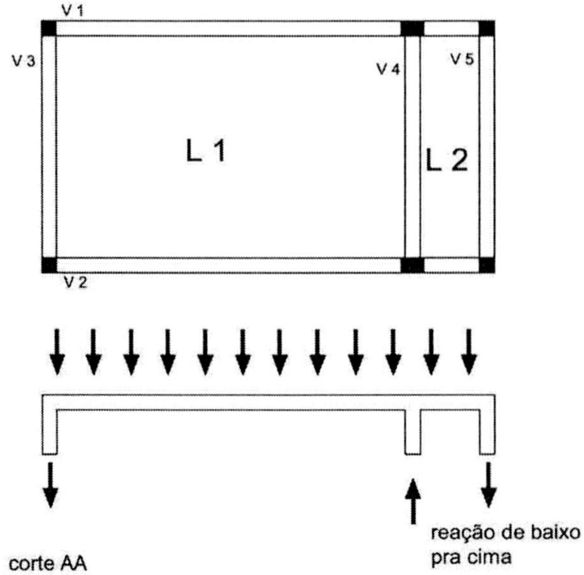

Você Sabia ???

Além dos esforços não previstos citados, fica aqui uma boa prática da construção em relação à execução da alvenaria de vedação. Tal prática diz respeito à execução do encunhamento da alvenaria (Ver Figura 2.12), que nada mais é do que a ligação entre sistema de vedação e o sistema estrutura. O encunhamento tem a função de permitir que a estrutura deforme sem comprimir a alvenaria, fato que, caso ocorra, fará com que a alvenaria de vedação tenha problemas relacionados à fissuração. Vale aqui indicar a leitura da ABNT NBR 8545 "Execução de alvenaria sem função estrutural de tijolos e blocos cerâmicos – procedimento" [11] que trata com mais detalhes da execução do sistema de alvenaria de vedação sem fins estruturais.

A NBR 8545 [11] recomenda que o processo de encunhamento seja iniciado após 7 dias da execução da alvenaria em caso de edificações com apenas um pavimento e em caso de edificações com mais de um pavimento, o encunhamento do pavimento inferior só deverá ser executado após a alvenaria do pavimento imediatamente superior estar levantada até uma altura igual ao pavimento de referência, atendendo ao mesmo prazo de 7 dias após levantar esta parede do pavimento superior.

Figura 2.12 – Encunhamento da alvenaria utilizando espuma/argamassa expansiva [12].

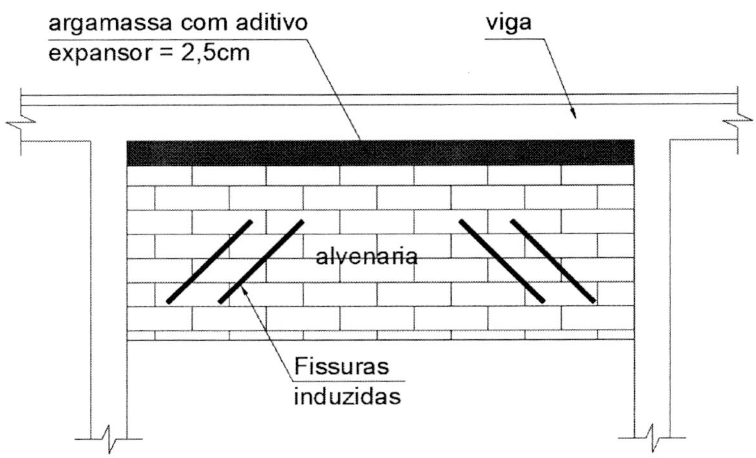

Diante de todas essas ponderações, é necessária uma segunda análise, de forma a otimizar o posicionamento das peças estruturais. Busca-se, então, um refinamento na escolha de lajes e vigas com dimensões mais significativas tornando assim o sistema mais "sustentável". Após a aplicação dessa segunda análise é fornecido uma nova planta de forma (Ver Figura 2.11), com rearranjo de vigas e lajes do sistema.

Figura 2.13 - Novo posicionamento de vigas e lajes [9].

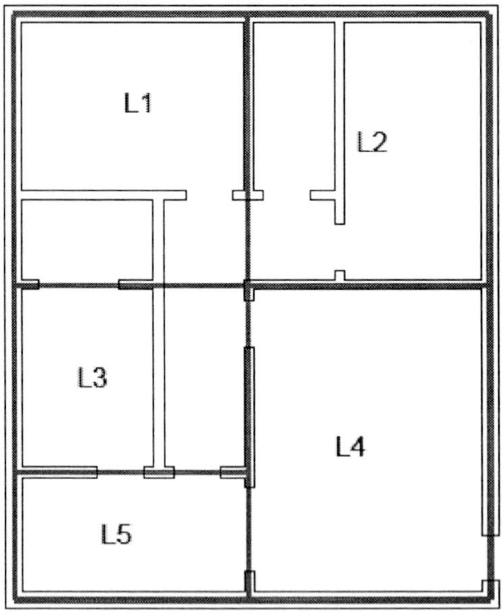

Neste novo sistema as duas premissas utilizadas para otimização foram: (a) o uso viga contínua; e (b) a padronização das lajes do sistema estrutural. É importante sempre ter em mente que mesmo em uma arquitetura sem simetria deve-se tentar a padronização dos elementos estruturais, tanto em seção transversal quanto em distribuição no pavimento. Albuquerque [13], por exemplo, afirma que a construtora ENCOL recomendava a padronização por pavimento conforme os parâmetros estabelecidos no Quadro 2.2.

Quadro 2.2 - Número de seções transversais por pavimento para vigas e lajes de concreto [13].

Índice qualitativo	**Nº de alturas de lajes por pavimento**	**Nº de seções de vigas por pavimento**
Ótimo	1	2
Bom	2	3
Desaconselhável	> 2	> 3

Após a marcação definitiva das vigas faz-se a definição da posição dos pilares de sustentação do pavimento (Marcação retangular na Figura 2.14). São recomendáveis posicionamento de pilares entre 3 a 6 metros, sempre nos cantos da edificação e na conexão de vigas, de forma a evitar balanços e apoios indiretos (ligação viga com viga).

Outra condição importante na escolha da posição dos pilares é que sempre que possível é sugerido a formação de pórticos na estrutura, o que irá contribuir para maior rigidez do sistema estrutural [10] quando solicitado por ações horizontais de vento, por exemplo.

Rebello [10] observa que os pilares devem ser, sempre que possível, contínuos da fundação à cobertura do edifício, evitando, assim, a criação de vigas de transição (vigas que suportam pilares), que podem encarecer muito a estrutura de concreto armado, além de ser um elemento com grandes esforços atuantes, o que resulta em pontos de análises especiais (aplicações de modelo de bielas e tirantes, por exemplo).

Figura 2.14 – Posicionamento final de vigas, lajes e pilares [9].

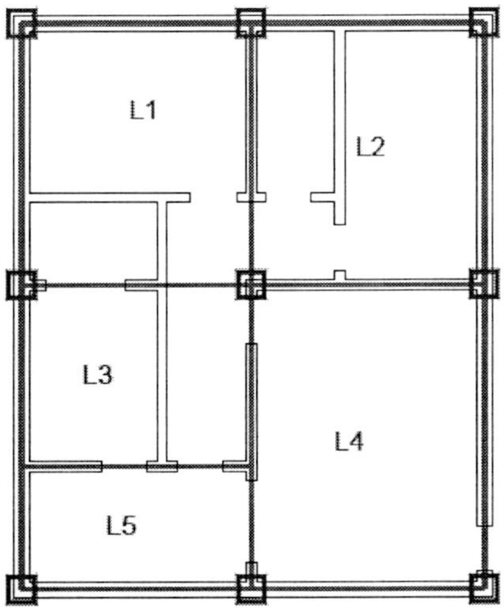

Outra informação salutar é que, se possível, deve-se dispor os pilares com a maior dimensão da seção paralela à menor dimensão em planta da edificação, proporcionando assim maior rigidez às ações horizontais [14]. Isso pode ser visto na planta de forma em análise apresentada na Figura 2.15.

Figura 2.15 – Distribuição dos pilares em um edifício de múltiplos pavimentos.

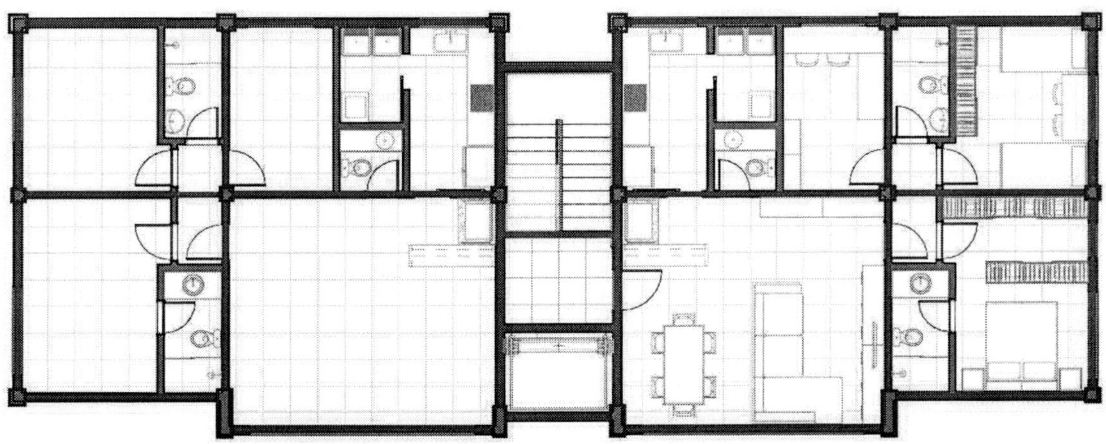

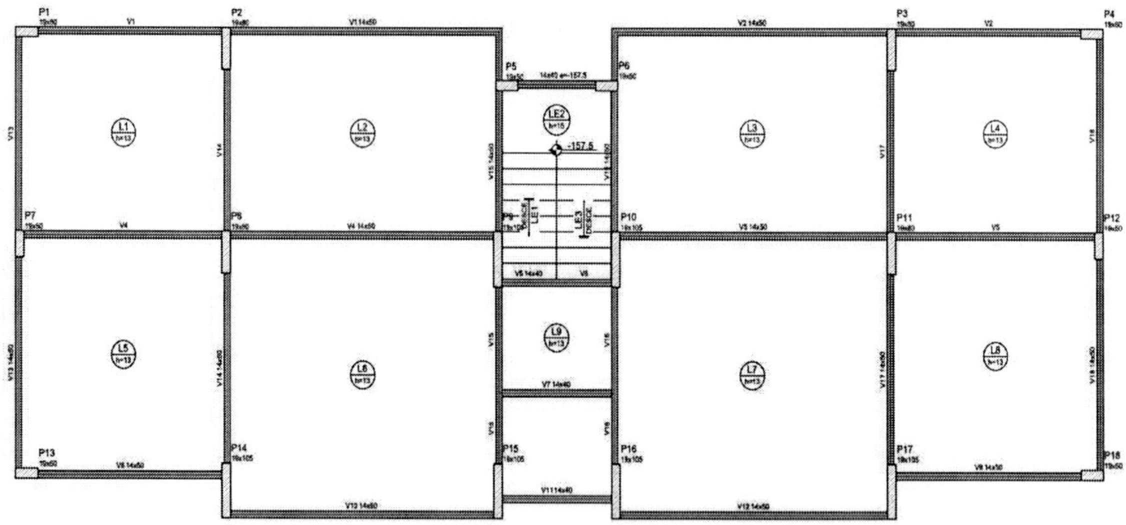

Obviamente essa "espécie de receita" apresentada traz apenas alguns pontos que são comuns em projetos estruturais usuais de concreto, é válido que ressaltar que o lançamento estrutural é uma das etapas mais importantes no projeto e deve ser feita com bastante atenção de forma a evitar erros e mau funcionamento do sistema. Para o nosso exemplo, após a aplicação dos conceitos descritos, o lançamento final culminou na seguinte planta de fôrmas disponível na Figura 2.16.

Figura 2.16 – Solução final da planta de forma de pilares, vigas e lajes para arquitetura proposta por Alva [9].

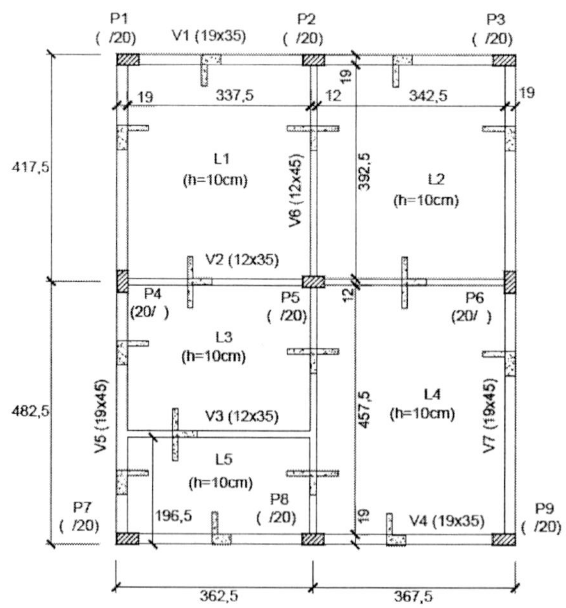

Neste ponto vamos apresentar algumas mudanças no direcionamento do lançamento estrutural em função de situações de projeto que podem ocorrer em edificações de grande porte, por exemplo. Nas edificações de múltiplos pavimentos, o efeito do vento é determinante e deve ser considerado no projeto sistemas ou subsistemas que permitam o contraventamento do sistema global da edificação, impedindo um deslocamento lateral excessivo. Para isso, podem ser adotadas soluções como: (a) Pilares paredes; (b) Paredes estruturais; (c) Núcleos de rigidez; e (d) Pórticos treliçados de concreto. A Figura 2.18 e Figura 2.17 apresentam algum desses possíveis modelos.

Rebello [10] também fala sobre a necessidade da criação de uma simetria da distribuição de rigidez da edificação, evitando sempre que um lado do edifício seja mais rígido que o outro. Quando isso não é observado, podem-se introduzir novos esforços na estrutura, como o de tendência de rotação da edificação conforme apresentado na Figura 2.19. Tal ocorrência poderá produzir esforços internos de torção não previstos no projeto inicial.

Figura 2.17 – Um sistema de contraventamento em planta direção y [15].

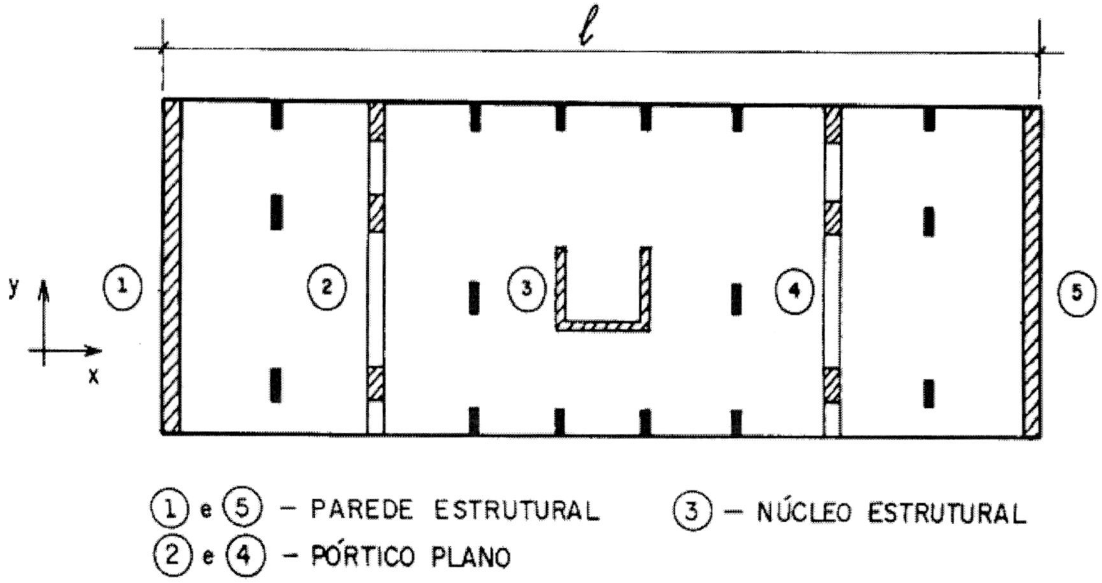

Figura 2.18 – Principais mecanismos para reforço a deslocamentos horizontais de uma estrutura. (1) Pórtico contínuo; (2) Sistema treliçado; (3) Sistema de placas estruturais; e (4) Sistema de paredes contínuas de cisalhamento [16].

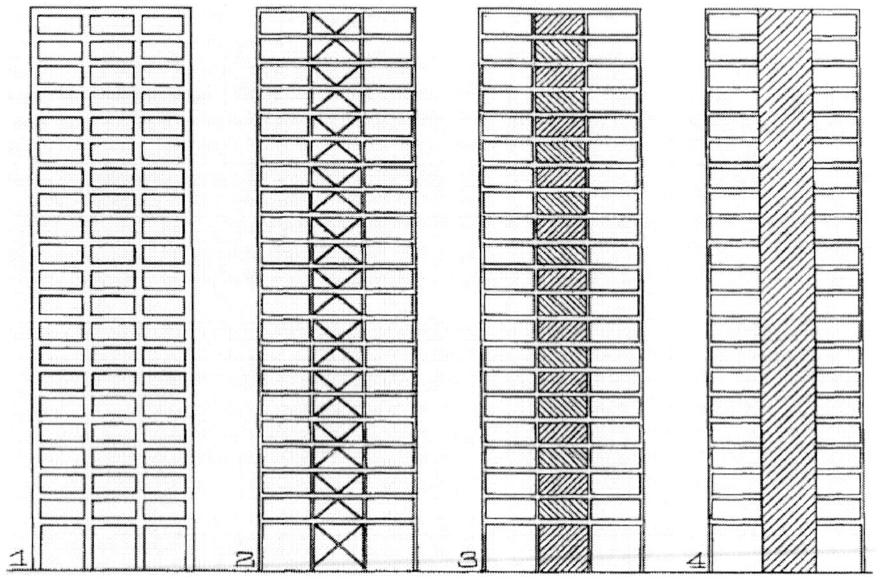

Figura 2.19 – Situação de rotação da edificação para uma carga de vento [10].

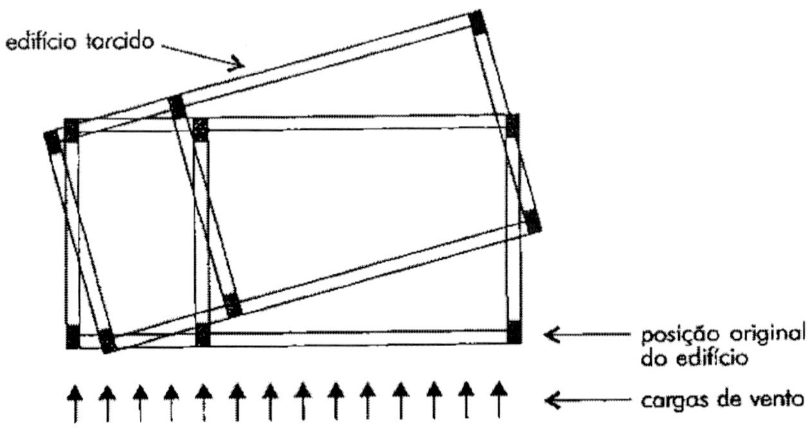

Outro fator interessante, no aspecto de projetos, que pode auxiliar no lançamento das peças estruturais é estabelecer visualmente o caminho das cargas pelo sistema. O autor Heino Engel [16] faz uma série de modelo de distribuição de carga nas peças estruturais de forma a apresentar possíveis lançamentos. O primeiro exemplo trata de um sistema de lajes e vigas, conforme Figura 2.20, onde as setas indicam o caminho das cargas até as vigas.

Figura 2.20 – Posicionamento de vigas para distribuição da carga de painéis [15].

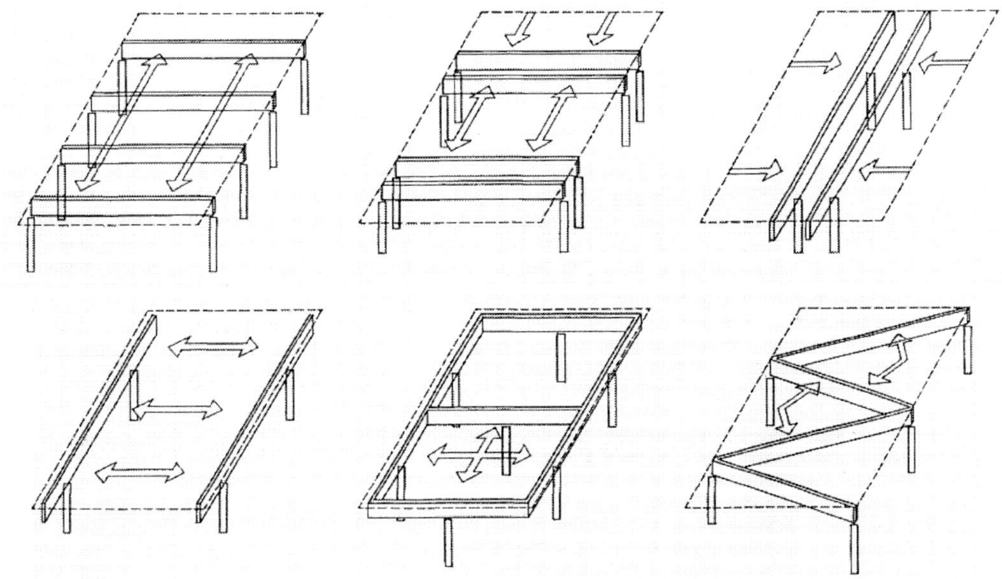

Na Figura 2.21, Engel [16] apresenta uma possibilidade de junção de vigas em formato de grelha para distribuição do carregamento de maneira que todo o sistema estrutural possa contribuir no "dueto" resistência-rigidez. Tal situação pode ser uma solução bem interessante em se tratando de uma tentativa de redução da flecha total do sistema estrutural.

Figura 2.21 – Exemplo da criação de um sistema de grelha para melhoria da resistência do sistema estrutural [16].

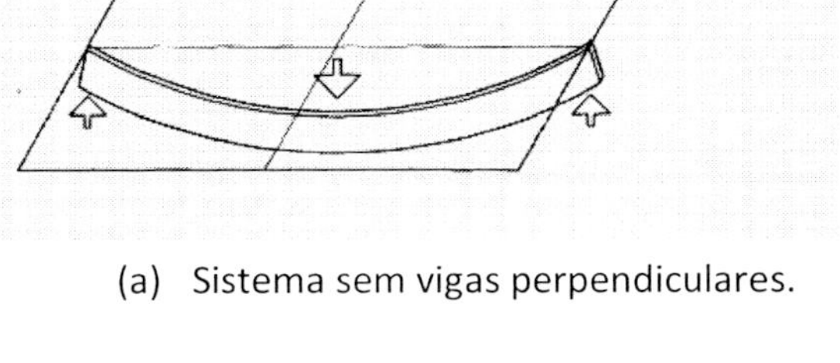

(a) Sistema sem vigas perpendiculares.

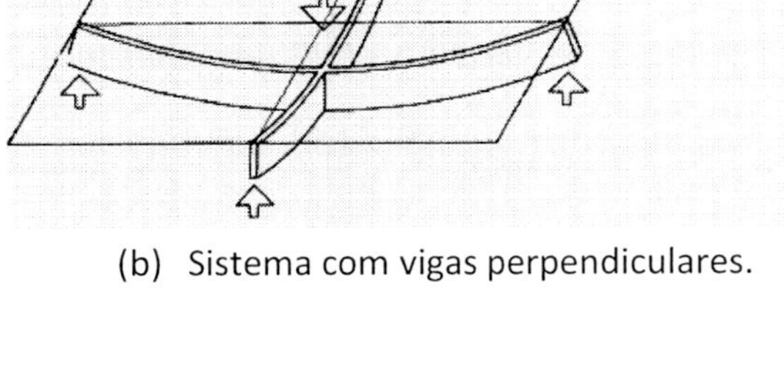

(b) Sistema com vigas perpendiculares.

Além do sistema de vigas, é interessante também checar o caminho das cargas para os pilares. Engel [16] faz a apresentação dessa distribuição de carregamento em função da posição do pilar em um módulo carregado, conforme Figura 2.22. A imagem apresenta diversas situações de carregamento e um esboço da possível divisão de carregamento à medida que esses módulos crescem formando um painel estruturado de lajes e vigas, por exemplo.

Figura 2.22 – Distribuição de cargas em pilares para módulos carregados [16]. (a) Módulo unitário com um e dois pilares; (b) Esboço da distribuição do carregamento nos módulos; (c) Módulo com quatro pilares; (d) Distribuição do carregamento no módulo de quatro pilares.

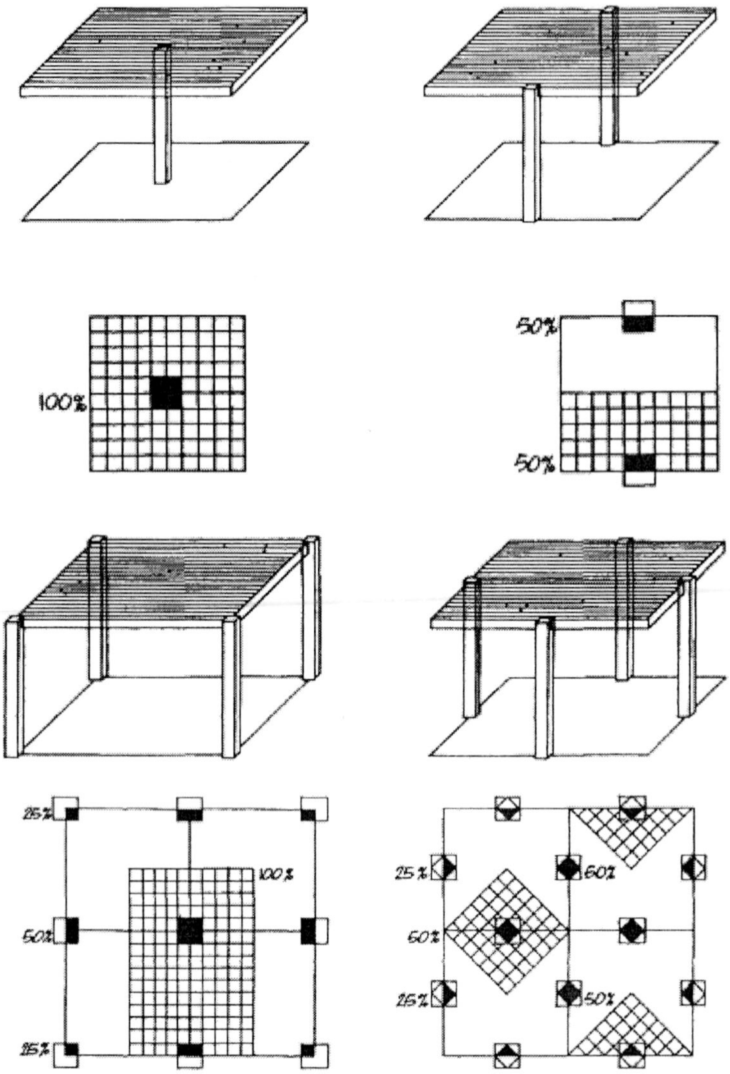

(a)

(b)

(c)

(d)

Você Sabia ???

O caminho das cargas é um fator muito importante na escolha do sistema estrutural. A adoção de como cada unidade estrutural irá receber e repassar o carregamento é uma tarefa complexa e deve ser feita com muita atenção. Em edifícios de múltiplos pavimentos, tal tarefa se torna crucial visto que o projetista definindo o caminho dessas cargas, essas poderão influenciar inclusive na escolha de uma fundação adequada. Na Figura 2.23 Engel [16] apresenta diferentes sistemas estruturais e o caminho do carregamento até as suas respectivas fundações.

Figura 2.23 – Caminho das cargas em edifícios verticais de múltiplos pavimentos [16].

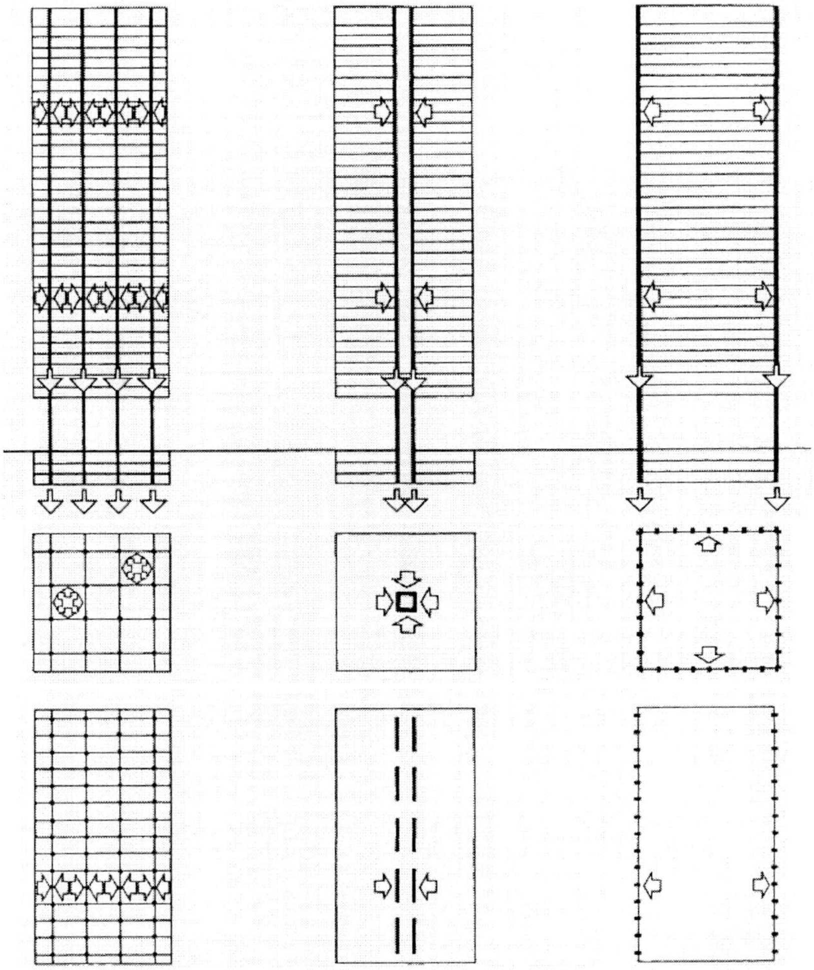

2.2 Os detalhes da prancha de um projeto de concreto armado

Uma importante etapa do projeto de estruturas é a correta representação do detalhamento das peças estruturais de forma a permitir uma correta interpretação por parte da equipe técnica como também da equipe de produção. Para isso, é importante que o engenheiro de estruturas apresente os projetos de detalhamento da estrutura de forma organizada e sequencial. Para ajudar nesse entendimento, faremos aqui algumas indicações das informações básicas necessárias para concepção do modelo estrutural em formato de prancha. Em relação à planta de fôrma podem-se observar as recomendações[2] na Figura 2.24:

[2] http://ifc.edu.br/wp-content/uploads/2014/05/Instru%C3%A7%C3%A3o-Normativa-Projeto-Estrutural.pdf

Figura 2.24 – Planta de fôrma de uma pequena edificação [10].

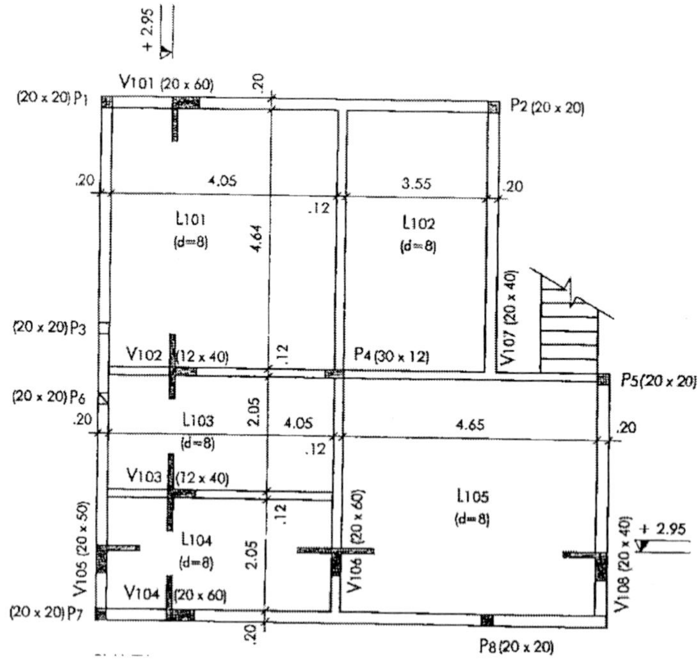

a) Cotas de todas as dimensões necessárias à execução da estrutura em uma prancha de fôrma (normalmente em escala 1:50);

b) Numeração de todos os elementos estruturais sendo essa feita da esquerda para direita e de cima para baixo (identificar por pavimento ou por numeração sequencial, exemplo: pavimento tipo 01 a 99 e pavimento cobertura 100 a 199);

c) Numeração isolada para cada elemento estrutural. Por exemplo: lajes L01 a L99, vigas V01 a V99;

d) Indicação da seção transversal das peças estruturais;

e) Quando houver mudança de seção transversal do pilar em determinado pavimento deverão ser indicadas as duas seções junto ao nome do pilar, a que morre e a que continua;

f) Indicação de aberturas e rebaixos de lajes;

g) Indicação para situações em que as vigas forem invertidas;

h) Indicação de valor e localização de contra-flecha em vigas e lajes;

i) Os pilares sempre são numerados e sequencialmente e a sua locação deverá ser feita pelo eixo;

j) Na planta de fôrma deve ser colocada uma legenda identificando os pilares que nascem, os que seguem e os que morrem.

k)

Figura 2.25 – Detalhe da planta de fôrma [10].

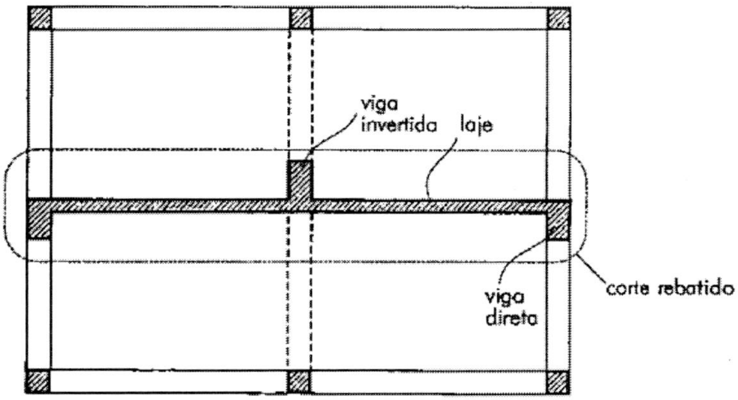

Uma outra observação importante feita por Rebello [10] é a respeito das vigas invertidas e com diferentes seções. A Figura 2.25 apresenta o detalhe em corte de uma viga invertida (Veja a seção pontilhada na imagem, pois esta representa o sistema invertido) e a Figura 2.26 onde são apresentados os detalhes relativos a vigas de diferentes seções.

Figura 2.26 – Vigas de diferentes seções transversais [10].

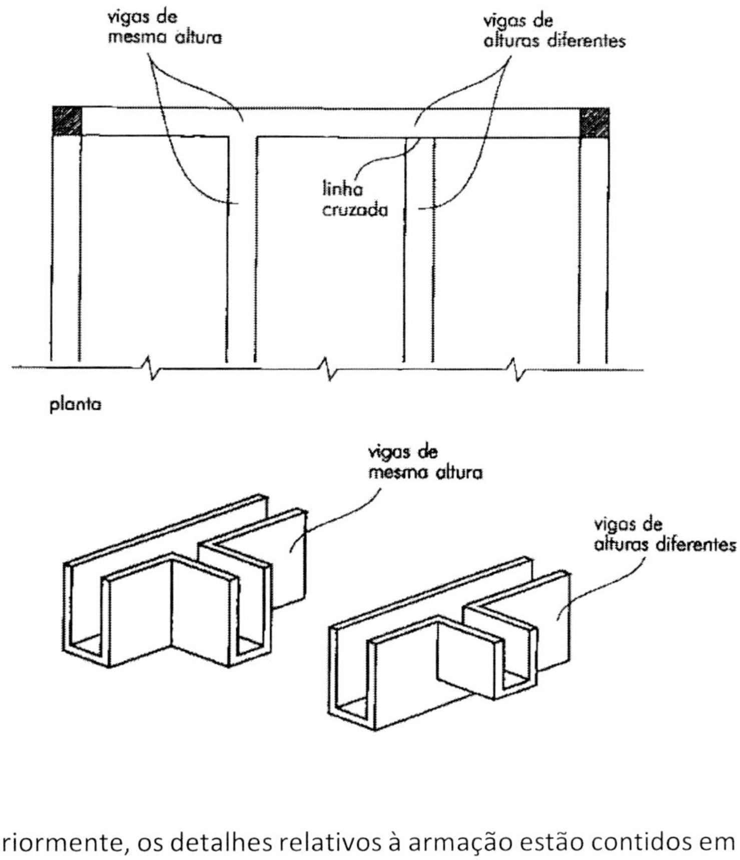

Como dito anteriormente, os detalhes relativos à armação estão contidos em uma prancha separada. Para essas pranchas são necessárias algumas indicações, são elas:

a) Seção longitudinal de todas as peças, mostrando a posição, a quantidade, o diâmetro e o comprimento de todas as armaduras longitudinais, em escala adequada;

b) Detalhe dos estribos em situações em que há a necessidade deste tipo de armadura, caso que pode ocorrer em situações de lajes nervuradas com esforços elevados de força cortante, em escala 1:20 ou 1:25;

c) Detalhe em escala adequada das armaduras para as lajes que possuam pequena dimensão, de forma a facilitar a leitura da descrição das armadas (exemplo: lajes em balanço com pequenas dimensões – como o caso de beirais);

d) Quando o detalhe das armaduras exigir comprimento das barras superiores ao existente no mercado (12 metros), deverão ser detalhados os tipos de emendas;

e) No caso de aberturas e furos em elementos estruturais, deverão ser apresentados os detalhes das armaduras de reforço nestas regiões;

f) Nas lajes nervuradas deve ser indicado, juntamente com as armaduras, o posicionamento dos moldes e das zonas maciças, quando estas forem necessárias;

g) Consumo de materiais (volume de concreto, área de forma e quadro resumo de armação) e resistência característica à compressão do concreto (f_{ck}).

Rebello [10] faz a apresentação das informações necessárias para detalhamento da armadura em um projeto de armação (Ver Figura 2.27). A Figura 2.28, Figura 2.29 e Figura 2.30 apresentam esses detalhes gerais. As Figuras 2.27 a 2.29 apresentam detalhes em cores no projeto de armação. Essa prática, em nossa opinião, facilita a leitura dos projetos, apesar de que o modelo mais tradicional encontrado são projetos em escalas de preto e cinza.

Figura 2.27 – Leitura das informações que devem ser disponibilizadas em uma barra de aço detalhada na planta de armação [10].

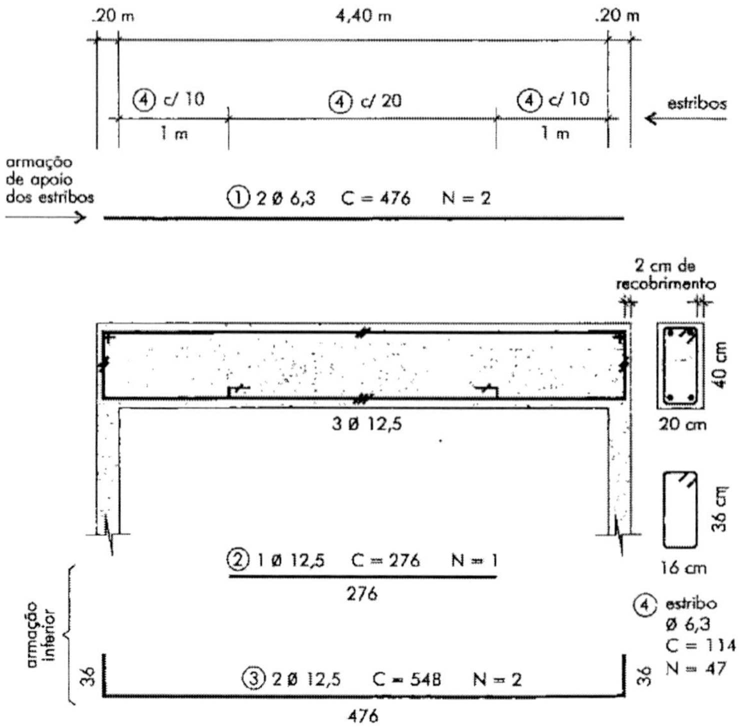

Figura 2.28 – Detalhe da armação de uma viga em concreto armado.

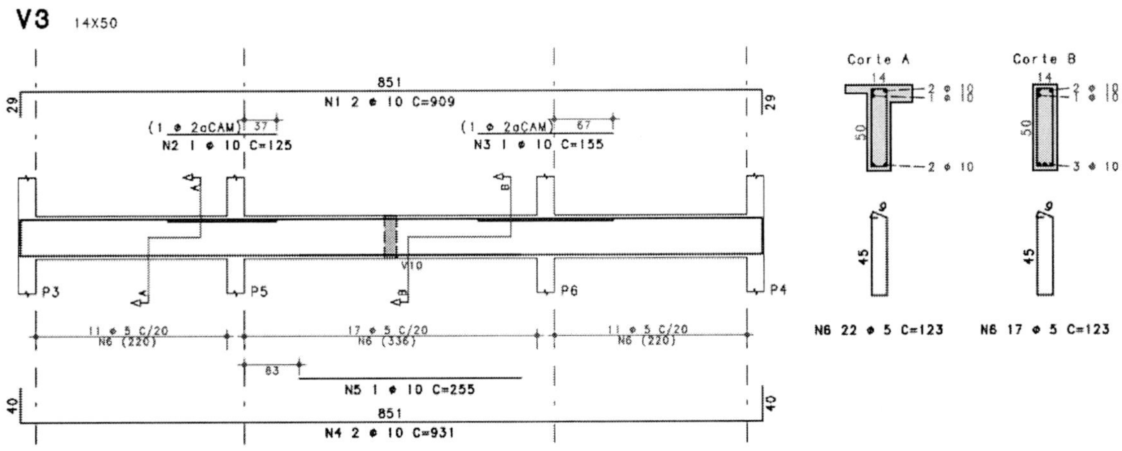

Figura 2.29 – Detalhe da armação de um lance de pilar em concreto armado.

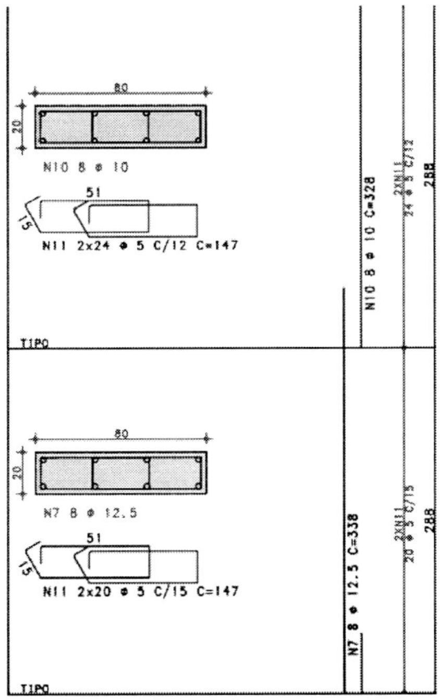

Figura 2.30 – Detalhe da armação de lajes nervuradas em concreto armado.

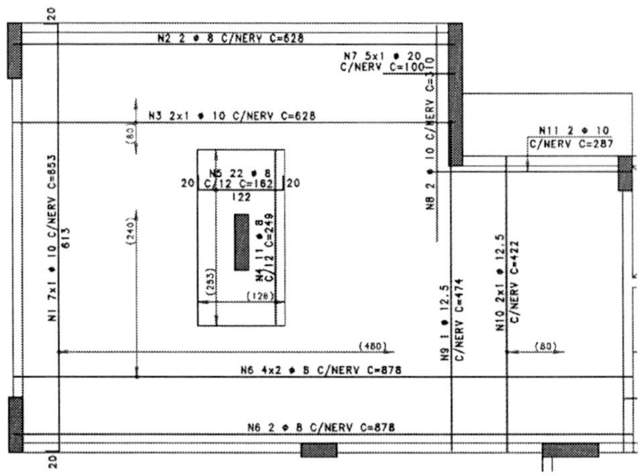

Ainda sobre as pranchas de fôrma e armação, é imprescindível a apresentação das quantidades de material que são utilizadas no projeto, portanto, aqui, são mostradas as equações necessárias para levantamento da fôrma de madeira, concreto e aço em um projeto estrutural.

Para levantamento da armadura de aço utilizada no projeto é necessário a determinação do comprimento total de cada diâmetro utilizado, sendo que o total apresentado em prancha é o resumo em peso para cada diâmetro. O Quadro 2.3 e o Quadro 2.4 apresentam exemplos de listas de material referentes às armaduras para uma peça estrutural em concreto armado.

Quadro 2.3 - Lista de armaduras para apresentação de quantitativos em uma peça estrutural.

Peça	N	ϕ (mm)	Quant.	Comprimento (cm)	
				Unit.	Total
P1	1	12.5	48	338	16224
	2	12.5	2	286	572
	3	5	23	31	713

Nesse caso a denominação P1 indica a peça de Pilar P1 que está sendo detalhada com dois tipos de armadura (ϕ = 12,5 mm e ϕ = 5,0 mm). Após esse detalhamento é necessária a apresentação do resumo conforme descrito anteriormente.

Lembrando que esse resumo normalmente é apresentado em uma coluna com o peso total considerando 10% da perda relativa à atividade de corte e dobra das barras e fios. Todavia, em situações que o projeto for encaminhado para centrais de corte e dobra, não havendo estas atividades no canteiro de obras, deve-se trabalhar sem este percentual (não há perdas neste tipo de produção).

Quadro 2.4 - Resumo do exemplo para apresentação de quantitativos em uma prancha de armação.

Tipo armadura	ϕ (mm)	Comprimento (m)	Peso (kg)	Peso + 10% (kg)
CA 60	5	3430	528	581
CA 50	8	353	139	153

É fato que as observações acima se aplicam a diversos tipos de projeto, porém algumas exceções podem ser citadas de forma a complementar o quadro de recomendações. Por exemplo, em caso de projeto de lajes-pré-fabricadas devem ser indicadas as posições das vigotas, sentido da armação e espessura da capa, e as características do elemento de enchimento, como informações mínimas.

A respeito dos cortes estruturais, a prática de escritórios é se adotar no mínimo dois, um em cada direção principal do projeto estrutural, sendo que esses cortes devem contemplar todos os pavimentos da edificação, sempre que possível. Em caso de estruturas complexas com diferentes alturas e número de pavimentos faz-se necessário o recurso de separação desses cortes em função da sensibilidade do projetista a respeito da organização das informações, de forma que essas não fiquem confusas.

Outros dados importantes são referentes à contabilização dos eixos e níveis estruturais de acordo com as indicações arquitetônicas, visto que essas informações auxiliam na interpretação das informações estruturais e sua junção com a arquitetura.

2.3 Elementos do sistema estrutural e seu pré-dimensionamento

Cada sistema estrutural dependerá dos seus vários elementos formadores, sendo possível, de maneira geral, classificá-lo em função da geometria em três grupos básicos: (a) elementos lineares; (b) elementos de superfície; e (c) elementos tridimensionais.

Os elementos lineares são aqueles em que uma de suas dimensões é bastante preponderante sobre as demais (L3 >> L1, L2) ou, segundo a disposição do item 14.4.1 da NBR 6118 [4], sua maior dimensão deve ser no mínimo três vezes maior que a maior dimensão da seção transversal. A NBR 6118 [4] coloca como representantes desse grupo as vigas, pilares, tirantes e arcos (maiores detalhes nos itens 14.4.1.1 a 14.4.1.4 da respectiva norma).

Os elementos de superfície são definidos pelo item 14.4.2 da NBR 6118 [4], em que uma dimensão, usualmente chamada de espessura, é relativamente pequena em face das demais (L2 << L1, L3). Os itens 14.4.2.1 a 14.4.2.4 da NBR 6118 [4] classificam esses elementos em subdivisões: (a) Placas; (b) Chapas; e (c) Cascas.

O grupo dos elementos tridimensionais é composto por aqueles em que as três dimensões têm a mesma ordem de grandeza. São exemplos desse grupo os elementos de fundação como blocos, sapatas e tubulões (Figura 2.31).

Figura 2.31 – Representação dos elementos do sistema estrutural.

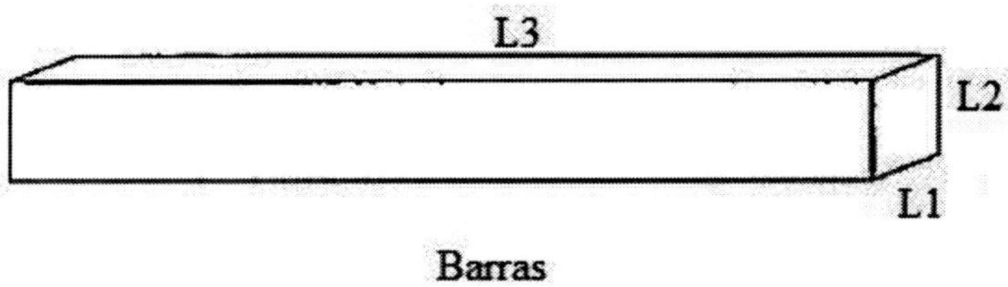

(a) Elemento linear

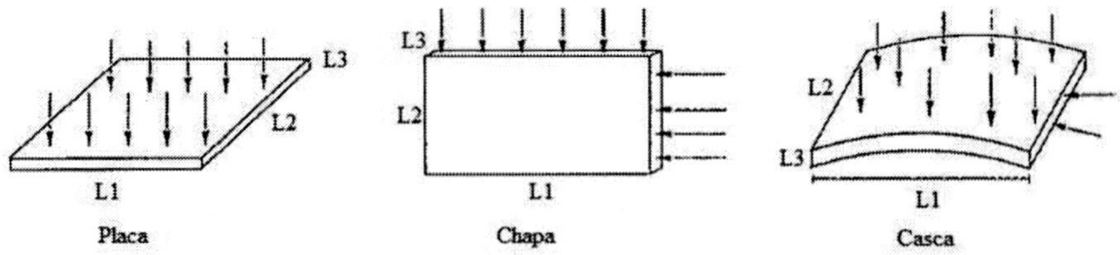

(b) Elementos de superfície

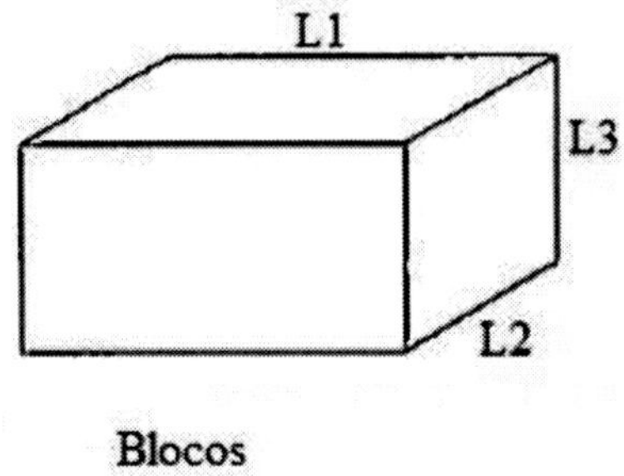

(c) Elemento de volume

Associando os conceitos acima para dentro da temática dos edifícios em concreto armado, pode-se destacar três elementos que são bastantes comuns em um projeto estrutural, são eles:

a) Vigas (elementos lineares): O item 14.4.1.1 da NBR 6118 [4] define viga como um elemento linear em que a flexão é preponderante;

b) Pilares (elementos lineares): O item 14.4.1.2 da NBR 6118 [4] define pilar como um elemento linear de eixo reto, usualmente dispostos na vertical, em que as forças normais de compressão são preponderantes;

c) Lajes (elemento de superfície): O item 14.4.2.1 da NBR 6118 [4] define laje como um elemento de superfície plana, sujeitos principalmente a ações normais a seu plano.

A seguir serão apresentados alguns conceitos relativos à tomada de decisão em relação a escolhas das dimensões iniciais desses elementos em um projeto de estruturas.

2.3.1 Características sobre a geometria de vigas de concreto

Segundo a NBR 6118 [4], a seção transversal das vigas não pode apresentar largura inferior a 12 cm e em uma viga parede a largura não deve ser inferior a 15 cm. Estes limites podem ser reduzidos, respeitando-se um mínimo absoluto de 10 cm em casos excepcionais, sendo obrigatoriamente respeitadas as seguintes condições:

a) Alojamento das armaduras e suas interferências com as armaduras de outros elementos estruturais, respeitando os espaçamentos e cobrimentos estabelecidos nesta Norma;

b) Lançamento e vibração do concreto de acordo com a NBR 14931 "Execução de estruturas de concreto – procedimento" [17];

Em relação a essas dimensões o projetista tem total liberdade para escolha da seção e suas particularidades, porém, algumas boas práticas são recomendadas para que se evitem situações indesejáveis no período de construção. A primeira premissa básica diz respeito aos limites de largura das vigas que nesse caso serão de no máximo a largura das paredes (b_{par}). Vale ressaltar que essa indicação não é uma regra e sim uma boa prática de projeto no sentido de evitar saliências internas da estrutura em relação ao elemento de vedação.

Para situações onde a relação entre vão e altura (L/h) for inferior a 2 em sistemas bi apoiados e inferior a 3 em sistemas de viga contínua, define-se que esse elemento é tido como viga-parede.

No momento do dimensionamento, é necessário determinar o valor do vão efetivo para a peça estrutural, nesse caso o vão da viga. A Figura 2.32 apresenta o modelo padrão para se analisar o vão efetivo e as equações (2.1) e (2.2) são utilizadas para determinação desse vão.

Figura 2.32 – Vão efetivo para vigas e lajes de concreto [4].

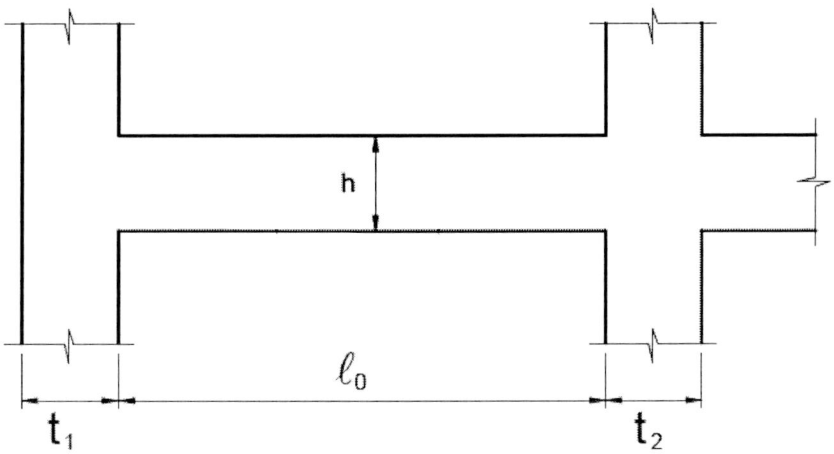

$$l_{ef} = l_0 + a_1 + a_2 \tag{2.1}$$

e:

$$a_1, a_2 \leq \begin{cases} t_1/2, t_2/2 \\ 0{,}30.h \end{cases} \tag{2.2}$$

Onde a_1, a_2 representam o comprimento a se acrescentar ao vão l_0 para que possa se tomar como referência para os demais procedimentos de cálculo um vão efetivo l_{ef}. t_1 e t_2 representam a largura do elemento que servirá de apoio, seja ele intermediário ou externo. Já h representa a própria altura do elemento em estudo.

Sobre a geometria da seção de uma viga, é usual a utilização de seções retangulares, porém, tal situação não é uma regra. Para exemplificar modelos de geometrias típicas de vigas, é possível observar a Figura 2.33.

Figura 2.33 – Seções transversais de vigas e concreto armado.

A NBR 6118 [4] também faz algumas ressalvas sobre a largura no item 15.10, a mesma afirma que a segurança à instabilidade lateral de vigas deve ser garantida através de procedimentos apropriados. Logo, a norma adota critérios para se estabelecer uma largura para vigas de concreto, com armaduras passivas ou ativas, sujeitas à flambagem lateral. As condições impostas são descritas nas equações (2.3) e (2.4):

$$b \geq l_0/50 \tag{2.3}$$

$$b \geq \beta_{fl}.h \tag{2.4}$$

Onde b é a largura da zona comprimida, h é a altura total da viga, l_0 é dado como o comprimento do flange comprimido, medido entre suportes que garantam o contraventamento lateral e finalmente β_{fl} dado como o coeficiente que depende da forma da viga, conforme o Quadro 2.5.

Quadro 2.5 - Coeficiente β_{fl} para seções de viga [4].

Tipologia da viga[1]	Valores de β_{fl}
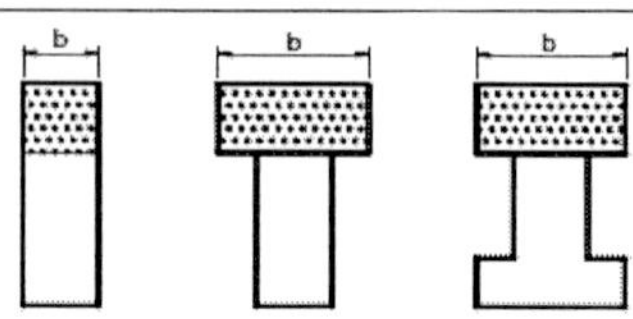	0,40
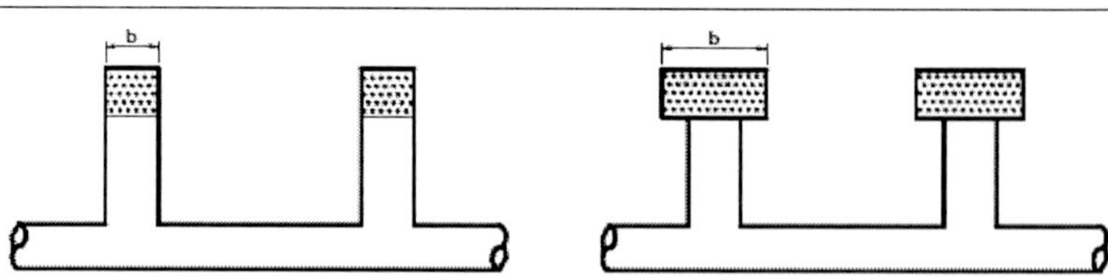	0,50

[1]As hachuras indicam a zona comprimida da seção transversal.

É muito comum que os sistemas de vigas sejam contornados em toda sua extensão por sistemas de lajes, o que dispensa esta verificação de estabilidade lateral. Porém, em situações onde a viga não possuir tal travamento lateral a largura deverá ser verificada por essa formulação.

A Figura 2.34 apresenta a seção de uma viga de concreto armado com as possíveis disposições de armadura.

Figura 2.34 – Seção típica de uma viga de concreto armado.

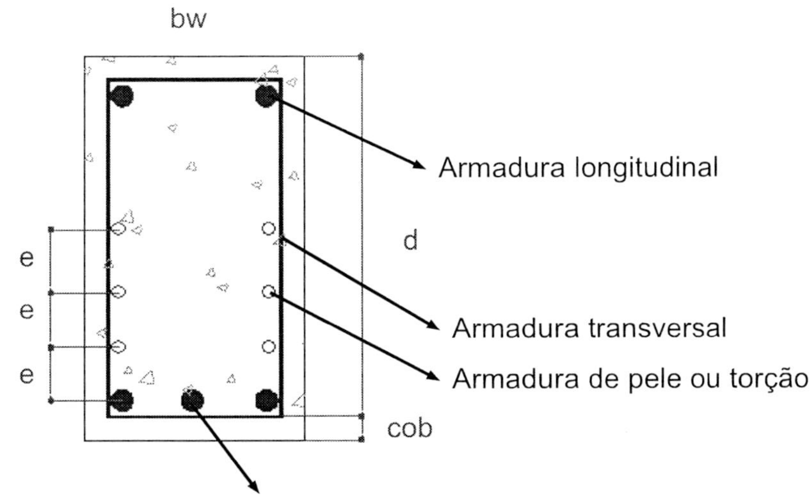

A seção típica contém os seguintes elementos de aço:

a) Armadura de pele para questões construtivas (Somente para altura $h > 60\ cm$) e armadura para torção em caso de vigas com esse tipo de esforço;

b) Armaduras longitudinais (Compressão, tração e construtiva);

c) Armaduras transversais, comumente chamadas de estribos.

O valor e representa o espaçamento entre as barras de aço longitudinal e b_w a largura da viga. Portanto, o valor da altura h é uma relação entre os demais termos conforme a equação (2.5):

$$h = d + cob + \emptyset_e + \frac{\emptyset_l}{2} \tag{2.5}$$

O parâmetro d é denominado como altura útil da armadura (distância entre o centro geométrico de $\emptyset_l$ até ao bordo mais comprimido da peça), cob é o cobrimento das armaduras (mais detalhes sobre o cobrimento serão apresentados no capítulo 4 desse livro), $\emptyset_l$ é o diâmetro da armadura longitudinal e $\emptyset_e$ é o diâmetro da armadura de cisalhamento, também conhecido como estribo.

O pré-dimensionamento das vigas pode ser feito pelo uso de uma relação que envolve o vão efetivo da peça. As equações (2.6) a (2.8) apresentam esse critério que estabelece a altura em função do vão efetivo das peças.

a) Tramos internos de vigas contínuas:

$$h = \frac{l_{ef}}{12} \tag{2.6}$$

b) Tramos externos ou vigas biapoiadas:

$$h = \frac{l_{ef}}{10} \tag{2.7}$$

c) Balanços:

$$h = \frac{l_{ef}}{5} \tag{2.8}$$

Exemplo Resolvido 2.1

A figura abaixo mostra a vista longitudinal de um pórtico de concreto. Determine a altura da viga de concreto em questão utilizando as formulações apresentadas anteriormente.

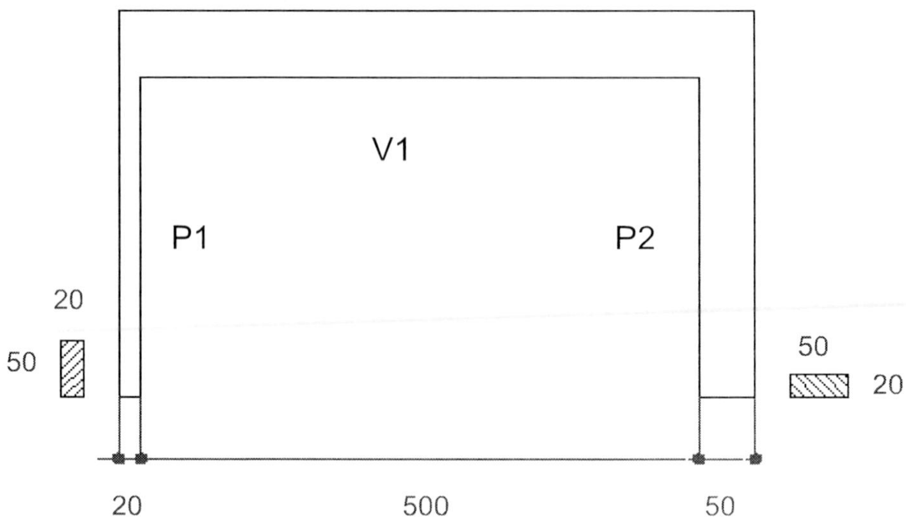

Solução

Em caso de uma situação onde não se conheça a altura da peça estrutural (no caso a viga) recomenda-se o uso das medianas dos elementos de apoio para estimar o vão efetivo da peça.

$$l_{ef} = l_0 + a_1 + a_2 = 500 + 10 + 25 = 535\ cm$$

$$h = \frac{l_{ef}}{10} = \frac{535}{10} 53{,}5 \cong 55\ cm$$

Logo, a altura adotada para a peça seria de 55 cm. Veja que a altura foi alterada intencionalmente de 53,5 cm para 55 cm, uma vez que é recomendável que a altura de uma viga seja preferencialmente modulada de 5 em 5 cm, ou de 10 em 10 cm. A altura mínima indicada é de 25 cm. Vigas contínuas devem ter a altura dos vãos obedecendo uma certa padronização, a fim de evitar várias alturas diferentes [18].

Após essa determinação de altura prévia deve-se avaliar o vão efetivo de acordo com a abordagem normativa dado a seguir, onde a_1 representa a distância a ser acrescida no pilar P1 e a_2 a distância a ser acrescida ao pilar P2.

$$a_1 \leq \begin{cases} {}^{t_1}/_2 = {}^{20}/_2 = 10\ cm \\ 0{,}30.h = 0{,}30.55 = 16{,}5\ cm \end{cases} \qquad a_2 \leq \begin{cases} {}^{t_2}/_2 = {}^{50}/_2 = 25\ cm \\ 0{,}30.h = 0{,}30.55 = 16{,}5\ cm \end{cases}$$

Logo, o vão efetivo da peça é de 526,50 cm. No caso esse valor será utilizado no ato de dimensionamento da estrutura. O programa de cálculo estrutural ou no procedimento manual o vão para a viga em questão será de 526,50 cm.

$$l_{ef} = l_0 + a_1 + a_2 = 500 + 10 + 16{,}5 = 526{,}50 \text{ cm}$$

Não existe uma recomendação padrão sobre o uso de vigas e, como dito anteriormente, essas devem ser utilizadas como elementos de suporte de cargas e de transmissão do carregamento do subsistema horizontal (sistema de lajes) de um edifício. Diversos autores recomendam o uso dessas peças em concreto armado para vãos até de 6 ou 7 metros e que acima disso a utilização de técnicas como a de protensão minimizariam problemas relativos a esforços de grande magnitude e flecha.

2.3.2 Características sobre a geometria de lajes de concreto

Nessa seção o foco será voltado à determinação da geometria de uma laje, podendo essa possuir diversas tipologias como visto nas vigas. No caso do material aqui denominado concreto armado as tipologias estudadas para dimensionamento e detalhamento são as lajes maciças e nervuradas (moldadas *in loco* e treliçadas).

A diferença entre esses dois tipos de laje se dá, basicamente, quanto ao formato na parte inferior, em que nas lajes maciças têm uma superfície contínua, sem variação da seção, enquanto nas lajes nervuradas têm a presença de descontinuidades (nervuras), que podem ser preenchidos com material de enchimento ou não. As características da geometria de uma seção maciça e nervurada podem ser vistas na Figura 2.35. A nomenclatura dos itens da geometria continua a mesma com exceção da variável l_{0c} (ver figura 2.35b) que indica a distância entre o centro geométrico das nervuras de largura b_w.

A NBR 6118 [4], no item 14.7.7, define laje nervurada como as lajes moldadas no local ou com nervuras pré-moldadas, cuja zona de tração para momentos positivos esteja localizada nas nervuras entre as quais pode ser colocado material inerte (ou fôrma reaproveitável), sendo que este último material não faz parte do sistema que resiste aos esforços do elemento estrutural.

Figura 2.35 – Seção típica de lajes maciças e nervuradas. (a) Laje maciça; (b) Laje nervurada genérica [19].

(a)

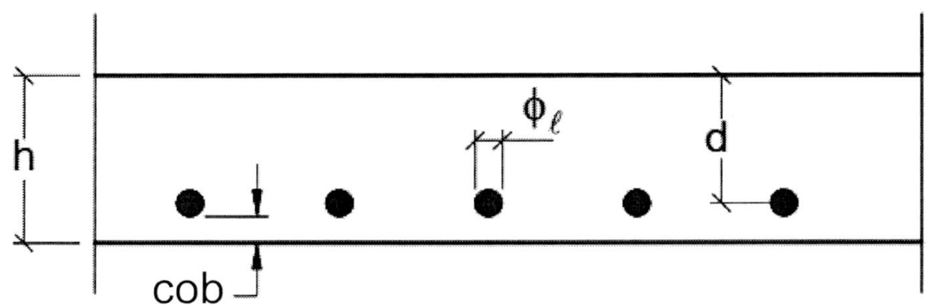

(b)

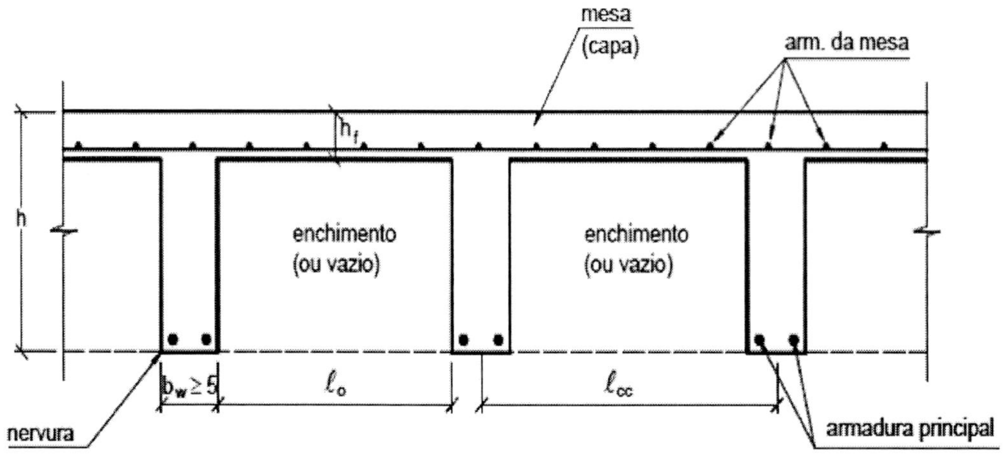

As lajes normalmente são formadas por malhas de aço, sejam elas no sistema maciça como um todo ou na capa de lajes nervuradas. Essas armaduras podem ser construtivas ou não e nesse momento não faremos essa distinção. A altura total da peça será dada pela equação (2.9) sendo que essas estruturas não contêm armadura transversal, como as vigas, nos casos mais usuais.

$$h = d + cob + \frac{\emptyset_l}{2} \tag{2.9}$$

A NBR 6118 [4], no item 13.2.4.1, propõe limites mínimos quanto à altura para as lajes maciças de concreto armado, conforme listado a seguir: as dimensões mínimas de altura de uma laje maciça de concreto armado. A seguir são listados os limites da normativa:

a) 7 cm para cobertura não em balanço;

b) 8 cm para lajes de piso não em balanço;

c) 10 cm para lajes em balanço;

d) 10 cm para lajes que suportem veículos de peso total menor ou igual a 30 kN;

e) 12 cm para lajes que suportem veículos de peso total maior que 30 kN;

f) 15 cm para lajes com protensão apoiadas em vigas, com o mínimo de L/42 para lajes de piso biapoiadas e L/50 para lajes de piso contínuas;

g) 16 cm para lajes lisas e 14 cm para lajes-cogumelo, fora do capitel.

Já para as lajes nervuradas a NBR 6118 [4] faz as seguintes recomendações:

a) A espessura da mesa, quando não existirem tubulações horizontais embutidas, deve ser maior ou igual a 1/15 da distância entre as faces das nervuras (l_0) e não menor que 4 cm;

b) O valor mínimo absoluto da espessura da mesa deve ser 5 cm, quando existirem tubulações embutidas de diâmetro menor ou igual a 10 mm. Para tubulações com diâmetro Φ maior que 10 mm, a mesa deve ter a espessura mínima de 4 cm + Φ (Diâmetro nominal da tubulação), ou 4 cm + 2.Φ no caso de haver cruzamento destas tubulações;

c) A espessura das nervuras não pode ser inferior a 5 cm;

d) Nervuras com espessura menores que 8 cm não podem conter armadura de compressão.

Sobre o mercado da construção civil as lajes nervuradas podem ser divididas em dois grandes grupos, sendo as lajes nervuradas pré-moldadas; e as lajes nervuradas moldadas *in loco*.

Figura 2.36 – Diversos tipos de lajes nervuradas moldadas *in loco* Disponível em: https://www.flickr.com/photos/atex[1].

Antes da concretagem

Após a concretagem

Sistema completo

[1]Vídeo do canal: Atex Brasil

Figura 2.37 – Diversos tipos de lajes nervuradas pré-moldadas. Disponível em: https://www.youtube.com/watch?v=F4-n_610nWg.[1]

Antes da concretagem

Após a concretagem

[1]Vídeo do canal: Dutram construção

Segundo Junior e Giongo [20], a evolução das lajes nervuradas moldadas *in loco* permitiu a introdução de elementos pré-moldados nesse subsistema horizontal. No caso das lajes, parte das nervuras (as inferiores) passaram a ser pré-moldadas, facilitando o processo construtivo. O processo de pré-fabricação desse elemento pode ser no próprio canteiro ou em fábrica. As nervuras são posteriormente transportadas para o canteiro e posicionadas sobre as formas das vigas e os apoios intermediários temporários (cimbramentos). O autor ainda afirma que alguns modelos de lajes nervuradas possuem materiais de enchimento do tipo: (a) Cerâmica; (b) Isopor; (c) Concreto celular. Tal situação permite principalmente a redução do peso próprio e menor consumo de materiais.

A ABNT NBR 14859 Lajes pré-fabricadas de concreto [21] estabelece alguns parâmetros relativos aos elementos de laje pré-moldada. No Quadro 2.6 ficam estabelecidas as dimensões mínimas dos elementos da estrutura de laje unidirecional, por exemplo, como também os elementos de enchimento.

Quadro 2.6 - Dimensões mínimas dos elementos da laje pré-moldada.

Altura total da laje (cm)	Altura total de enchimento (cm)	Capa mínima (cm)
Até 12,0	Maciço	-
13,0 ; 14,0	7,0	3,0 ; 4,0
15,0 ; 16,0	8,0	4,0 ; 5,0
17,0 ; 18,0	10,0	4,0 ; 5,0
19,0 ; 20,0	12,0	4,0 ; 5,0
23,0 ; 24,0	16,0	4,0 ; 5,0
27,0 ; 28,0	20,0	4,0 ; 5,0
32,0 ; 33,0	24,0	5,0 ; 6,0
37,0 ; 38,0	29,0	5,0 ; 6,0

Por se tratar de um elemento de superfície, a laje em concreto terá duas dimensões em planta denominadas de l_x (Menor dimensão), l_y (Maior dimensão) e uma terceira que é a altura (ou espessura) denominada aqui nesse texto como h. Para definição dos valores das dimensões em planta, o procedimento é similar ao processo utilizado nas vigas conforme descrito no item 14.6.2.4 da NBR 6118 [4] ou na seção 2.3.1 deste material. Portanto, as equações (2.1) e (2.2) são válidas para o cálculo do vão efetivo de uma laje. Lembrando que para as lajes o vão efetivo deverá ser avaliado para a maior e menor dimensão da peça (l_x e l_y).

Como o material aborda o dimensionamento de lajes maciças e nervuradas em concreto armado, serão apresentados os procedimentos para determinação da altura de pré-dimensionamento estrutural.

Para aplicar esse conceito de pré-dimensionamento é necessário classificar as lajes como armadas em uma direção ou duas direções. Essa classificação pode ser feita pela consideração do fator $\lambda = l_y/l_x$, sendo essa uma classificação geométrica do elemento em função da disposição da armadura na peça. Tais situações são descritas a seguir:

a) $\lambda > 2$: Laje armada em uma direção: As barras para suprimir os esforços de tração são dispostas sempre em l_x e barras construtivas são dispostas em l_y. Um exemplo de uma laje armadura em uma direção é representado na Figura 2.38.

Figura 2.38 – Modelo estrutural para laje armada em uma direção [10].

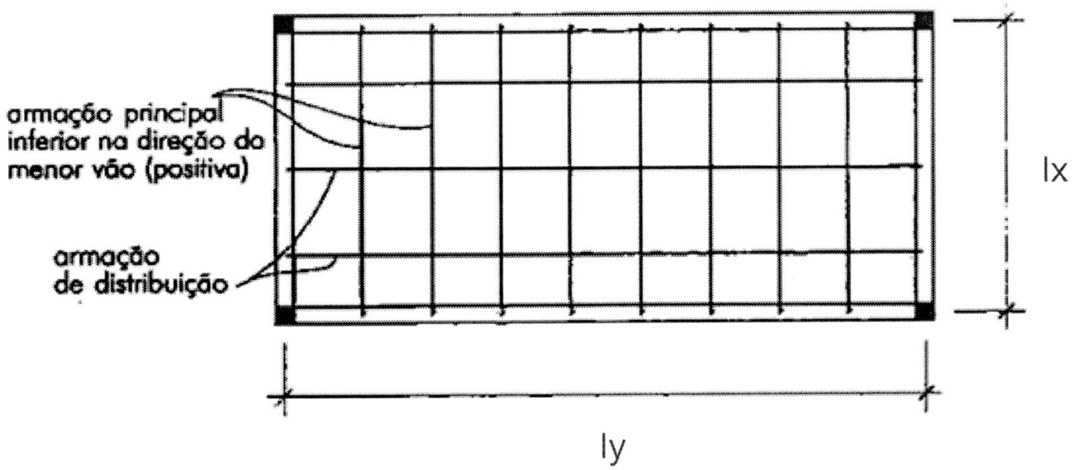

b) $\lambda \leq 2$: Laje armada em duas direções: As barras para suprimir os esforços de tração são dispostas sempre nas duas direções em planta l_x e l_y. Um exemplo de uma laje armadura em duas direções é representada na Figura 2.39.

Figura 2.39 – Modelo estrutural para laje armada em duas direções [10].

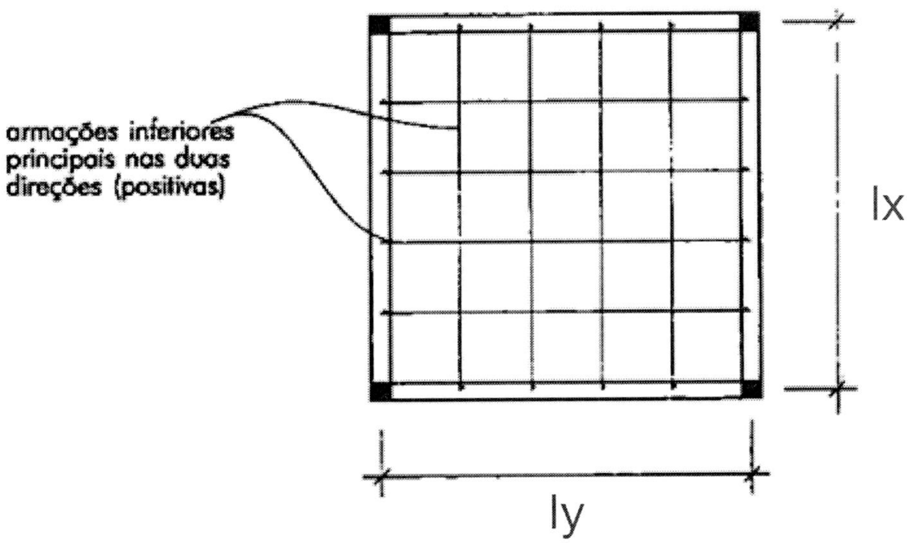

Você Sabia ???

Segundo Rebello [10] as classificações em função do parâmetro λ (visto na Figura 2.38 e Figura 2.39) também são válidas para lajes nervuradas, porém, essa laje não pode ser entendida como uma série de vigas dispostas em uma ou duas direções. No caso desse sistema, o funcionamento de nervuras e capa fazem com que a estrutura funcione concomitantemente. O resultado disso é um sistema estrutural com espessura média menor quando comparada a um sistema de laje apoiada em vigas. A Figura 2.40 apresenta um corte de uma seção de viga e laje nervurada de forma a mostrar a contribuição da capa no conjunto estrutural.

Figura 2.40 – Esboço do funcionamento de um sistema laje nervurada [10]. (a) Sistema de laje nervurada com capa + nervura; (b) Sistema único com uma viga em formato Tê

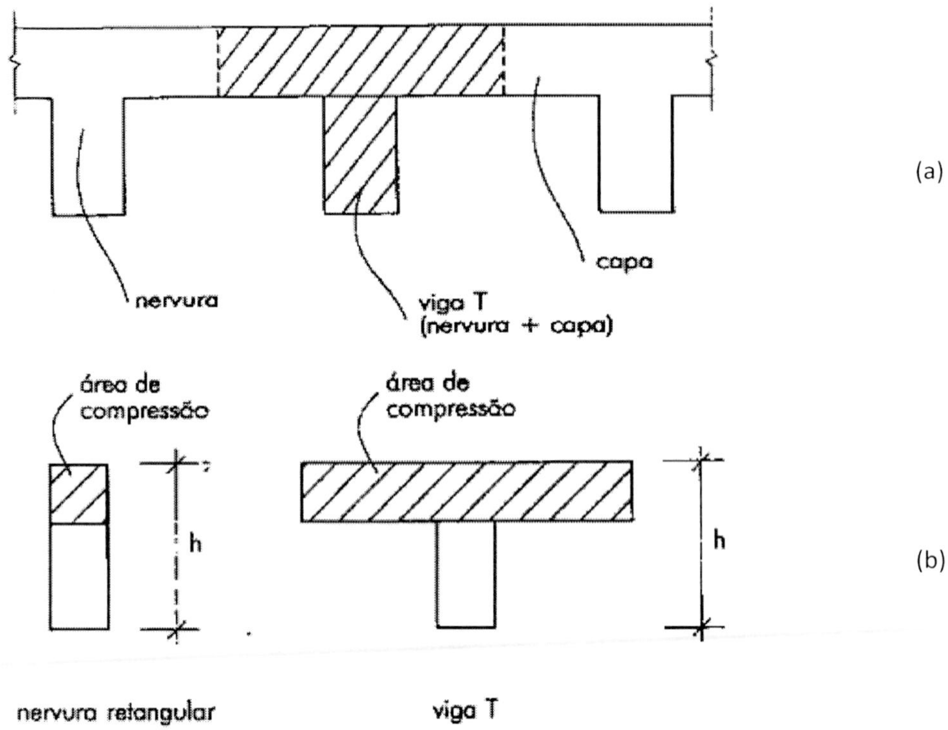

De forma geral, Melo [14] e outros autores apresentam diversos procedimentos para determinação da geometria da forma em lajes maciças e nervuradas, nesse livro o foco adotado será o trabalho de Rebello [10]. Para lajes maciças em concreto armado, Rebello [10] estabelece os seguintes critérios:

a) Laje armada em duas direções:

$$h = 2\%.\frac{l_y + l_x}{2} \tag{2.10}$$

b) Laje armada em uma direção:

$$h = 2\%.\, l_x \tag{2.11}$$

c) Lajes em balanço:

$$h = 4\%.\, l_x \tag{2.12}$$

Em relação às lajes nervuradas, salientamos que além da altura total, o tamanho das nervuras do elemento (b_w) e espessura da capa (h_f) também deverão ser previstos. Como essas lajes se dividem em diversos grupos, vamos adotar critérios para lajes moldadas *in loco* e as lajes pré-moldadas. Para as lajes moldadas *in loco* unidirecionais Rebello [10] recomenda a seguinte situação de pré-dimensionamento:

a) Laje armada em uma direção moldada *in loco* e nervuradas:

$$h = 4\%.\frac{l_x}{2}$$ Para espaçamento de 100 cm entre nervuras (2.13)

$$h = 3\%.\frac{l_x}{2}$$ Para espaçamento de 50 cm entre nervuras (2.14)

b) Largura da nervura (b_w):

$$b_w = \frac{1}{4}.h\ a\ \frac{1}{3}.h \quad (2.15)$$

c) Altura da capa (h_f):

O autor Rebello [10] afirma que para estruturas usuais em concreto esse valor poderá variar de 4 a 7 cm, porém, em uma estimativa prévia pode-se definir como valor inicial a equação (2.16) onde a indica a distância entre nervuras. Lembrando que devem ser respeitados os limites mínimos estabelecidos pela NBR 6118 [4].

$$h_f = \frac{a - b_w}{12} \quad (2.16)$$

Para as lajes nervuradas unidirecionais e pré-moldadas o mais comum é a utilização de tabela de fabricantes do produto. Um exemplo desses catálogos pode ser visto no Quadro 2.7.

Quadro 2.7 - Altura total das lajes pré-moldadas unidirecionais em função do vão e carga [22][1].

Altura total da laje (cm)	**Peso próprio (kN/m²)**	$p < 1{,}0$ **kN/m² (forro)**	**2,0 kN/m²** $< p <$ **5,0 kN/m²**
10	1,10	3,5 m	-
12	1,41	5,0 m	4,5 m
14	1,50	6,0 m	5,5 m
16 ou maior	$> 1{,}61$	-	$> 5{,}5$ m

[1]Valores de peso próprio estimados para intereixos de 50 cm, capa de 3 cm, material de enchimento cerâmico.

Para as lajes em grelha ou armadas em duas direções que estão na ótica de lajes nervuradas, Rebello [10] prescreve as equações (2.17) a (2.20);

a) Laje armada em duas direções moldada *in loco* e nervurada:

$$h = 4\%.\frac{l_y + l_x}{2} \quad (2.17)$$

b) Largura da nervura (b_w):

$$b_w = \frac{1}{4}.h\ a\ \frac{1}{3}.h \quad (2.18)$$

c) Altura da capa (h_f):

$$h_f = \frac{a - b_w}{12} \tag{2.19}$$

$$a = 1{,}5.h \text{ à } a = 2{,}0.h \tag{2.20}$$

A lajes se caracterizam como um dos principais subsistemas horizontais de um edifício de múltiplos pavimentos. Será o principal elemento por receber a carga de uso da edificação e distribuir para os outros elementos. Em termos de critérios de uso, as lajes maciças vão conseguir cobrir vãos de até 6 ou 7 metros, acima disso outras tecnologias podem ser utilizadas, como por exemplo, as lajes nervuradas moldadas *in loco* bidirecional que se tornam economicamente viáveis para vãos a partir de 7 metros [10].

Já os painéis de lajes unidirecionais pré-moldados (comumente chamados de laje treliçada) são economicamente "imbatíveis" [10] para uso em estruturas prediais de pequena altura e vãos de até 7 metros. A economia de materiais gerada além da agilidade no processo construtivo tornam esse sistema um dos mais interessantes para uso em pequenas edificações. Em edifícios de múltiplos pavimentos seu uso fica inviabilizado devido à dificuldade de transporte vertical das peças.

Exemplo Resolvido 2.2

A figura a seguir mostra uma planta de lajes maciças com as distâncias efetivas (l_{ef}) do sistema estrutural. Determinar a altura das lajes L1 a L4. Para tal atividade utilize a formulação proposta na seção 2.3.2. Considere que as lajes têm destinação para piso residencial.

Planta unifilar de lajes com distância até o eixo dos apoios [23][1].

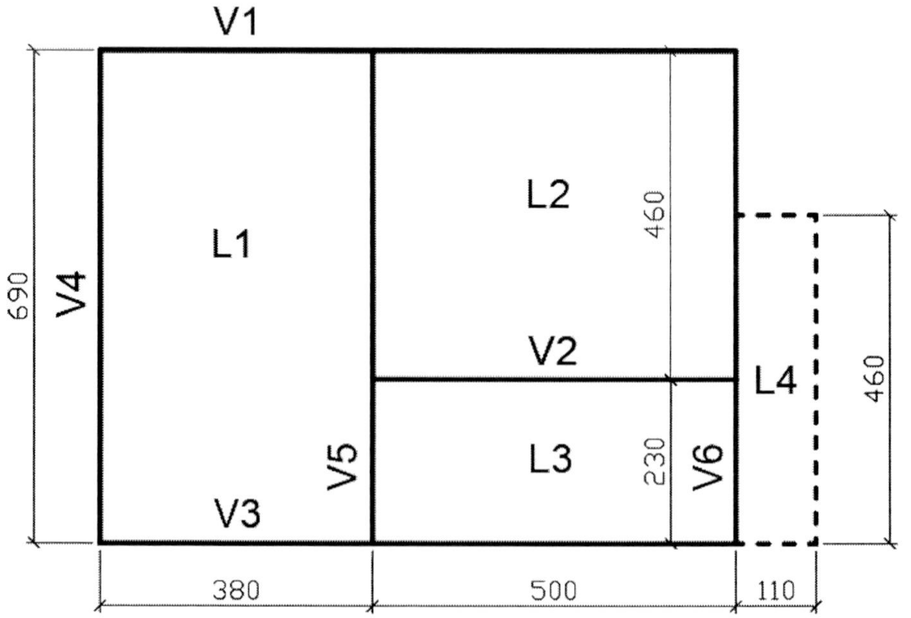

[1]Linha contínua indica a situação de lajes apoiadas e linha tracejada indica laje sem apoio nos contornos.

Solução

Como todas as lajes são maciças, as formulações aplicadas correspondem às equações (2.10) a (2.12). As lajes L1 e L2 são lajes armadas em duas direções com os valores de λ menor que 2. Já as lajes L3 e L4 são lajes armadas em uma direção sendo que a laje L4 deverá ser considerada como uma laje em balanço, visto que seu apoio se dá apenas nos bordos da laje L2 e L3.

Laje	$\lambda = l_y/l_x$	***h*** **(cm)**	h_{final} **(cm)**
L1	1,82	$h = 2\%.\dfrac{690+380}{2} = 10{,}70\ cm$	11
L2	1,09	$h = 2\%.\dfrac{500+460}{2} = 9{,}60\ cm$	11
L3	2,17	$h = 2\%.230 = 4{,}60\ cm$	11
L4	4,18	$h = 4\%.110 = 4{,}40cm$	11

Veja que a altura final foi padronizada para 11 cm seguindo um padrão conforme foi feito no Exemplo Resolvido 2.1 referente às vigas. Como essas lajes têm destinação residencial pode-se considerar que o menor valor possível seria 8 cm para as lajes de piso e 10 cm para a laje de balanço. Logo considerando 11 cm atenderíamos todos os critérios estabelecidos por norma.

2.3.3 Características sobre a geometria de pilares de concreto

Os pilares de edifícios em concreto armado têm, em geral, seções transversais constantes de piso a piso, com seções transversais quadrada, circular, retangular, ou com formatos em L, T e U.

Já as dimensões mínimas da seção transversal de pilares são fixadas no item 13.2.3 da NBR 6118 [4]. Conforme este item, a seção transversal de pilares não deve apresentar dimensão menor (b) que 19 cm. Em casos especiais, permitem dimensões menores que 19, até um mínimo de 14 cm, desde que se multipliquem as ações a serem consideradas no dimensionamento por um coeficiente de segurança adicional. A norma delimita também a seção mínima em termos de área sendo que um pilar deverá ter área superior a 360 cm^2.

Da mesma forma que para lajes e vigas, o elemento de pilar também exige o cálculo de uma dimensão de altura equivalente, dado pela equação (2.21) onde: l_0 é a distância entre as faces internas dos elementos estruturais que vinculam o pilar; h é a largura da seção transversal do pilar na seção analisada e l é a distância entre os eixos dos elementos estruturais aos quais o pilar está vinculado. A Figura 2.41 apresenta o comprimento equivalente da peça de pilar.

$$l_e \leq \begin{cases} l_0 + h \\ l \end{cases} \tag{2.21}$$

O pré-dimensionamento de pilares normalmente é feito com base no uso de uma área de influência que o pilar pode absorver de carregamento. Normalmente esse dimensionamento é feito com o uso do critério de compressão centrada e correções em função da posição do pilar em planta. Portanto, quais seriam essas posições em planta?!

Figura 2.41 – Seção longitudinal de um pilar de concreto armado.

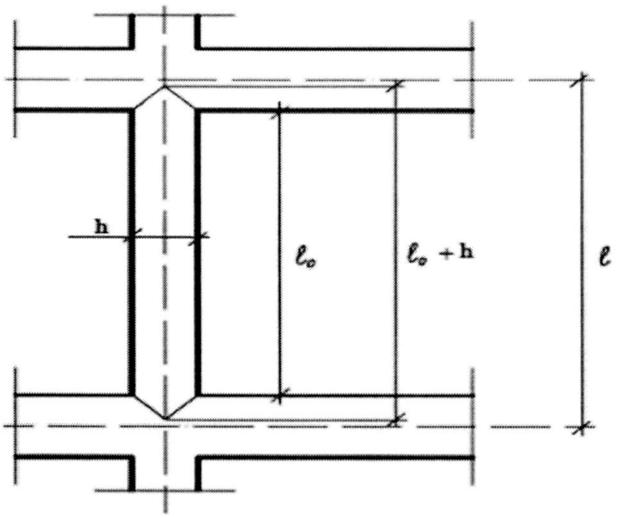

Os pilares de um edifício são comumente classificados de três formas, são elas: (a) Pilar de canto; (b) Pilar de extremidade; ou (c) Pilar intermediário. A Figura 2.42 indica um esboço desses pilares:

Figura 2.42 – Tipos de pilares em função de sua posição em planta (a) Pilar Intermediário; (b) Pilar de Extremidade; e (c) Pilar de Canto [24].

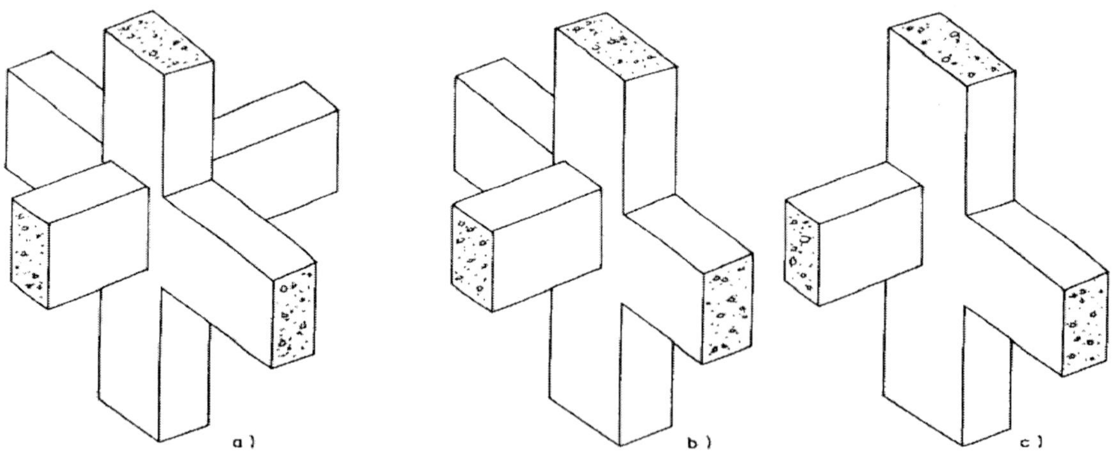

O estabelecimento de uma área de influência seguirá o critério proposto por Bacarji [24], tal critério é amplamente difundido e utilizado para essa determinação da prévia de carregamento nos pilares. O critério é bastante simples e se baseia na divisão dos pavimentos em áreas, chamadas aqui de área de influência, conforme apresentado na Figura 2.43.

Figura 2.43 – Planta de estimativa da área de influência de um pilar de concreto armado [24].

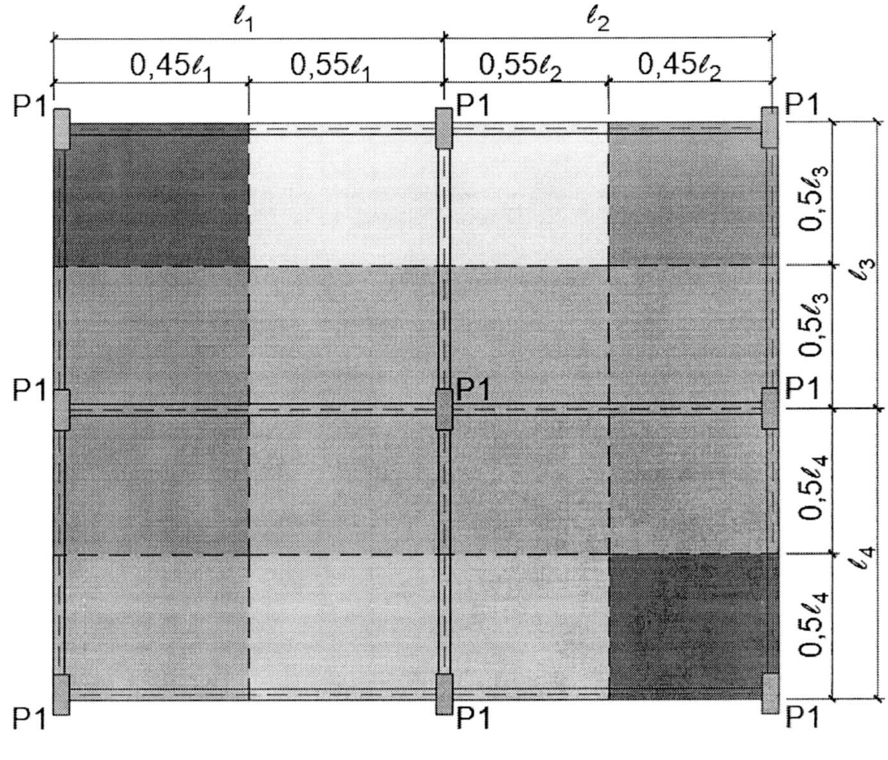

Bacarji [24] orienta a divisão da seguinte forma:

a) $0{,}45.\,l$: Pilar de extremidade ou pilar de canto na direção da menor dimensão do pilar (b);

b) $0{,}50.\,l$: Pilar de extremidade ou pilar de canto na direção da maior dimensão do pilar (h);

c) $0{,}55.\,l$: Complemento dos casos anteriores.

A condição de carregamento que atua sobre essa área será estimada para critérios de pré-dimensionamento, sendo que a soma de todos os carregamentos atuantes em um pavimento com uso residencial ou comercial gira em torno de Q_{tot} = 10 kN/m² a 12 kN/m². Já para uma cobertura, esse valor gira em torno de Q_{tot} = 6 kN/m² a 8 kN/m² [10].

Após a determinação da área de influência e carregamento estimado no pavimento para obter a seção de um pilar de concreto pode-se utilizar a equação (2.22), onde A_c é área da seção transversal do pilar (cm²); $N_d{}^*$ é a força normal de cálculo para pré-dimensionamento (kN); f_{cd} ($f_{ck}/1{,}40$) é a resistência à compressão de cálculo do concreto (kN/cm²); $.\sigma_{s,\varepsilon=0{,}2\%}$ é a tensão no aço correspondente a uma deformação de 0,20% e que para o aço CA-50 tem valor de 420 MPa (Figura 1.21 cap. 1); e ρ é a taxa de armadura possível para o pilar sendo que um valor intermediário recomendado por da Costa [25] é de 2% (o valor de ρ não deve ser inserido em taxa percentual, exemplo: $\rho = 2\%$ na eq. (2.22) fica 2/100).

$$A_c = \frac{N_d{}^*}{0{,}85.\,f_{cd} + \rho.\,\sigma_{s,\varepsilon=0{,}2\%}} \tag{2.22}$$

Para determinar a carga atuante para pré-dimensionamento utilizam-se as equações (2.23) a (2.26):

$$N_k^* = Q_{tot}.A_i \quad (2.23)$$

$$N_k^* = n_{tipo}.N_k^{tipo} + n_{cob}.N_k^{cob} \quad (2.24)$$

$$N_d^* = \alpha.N_k^* \quad (2.25)$$

$\alpha = 1{,}8$ – Pilares intermediários

$\alpha = 2{,}2$ – Pilares de extremidade (2.26)

$\alpha = 2{,}5$ – Pilares de canto

Onde N_k^* é a carga de característica para pré-dimensionamento; Q_{tot} é a carga total no pavimento; A_i é dada como a área de influência do pilar i analisado; N_k^{tipo} é a carga em um pilar de pavimento tipo; n_{tipo} é o número de pavimentos tipo acima do nível calculado; N_k^{cob} é a carga em um pilar de pavimento de cobertura; n_{cob} é o número de pavimentos cobertura acima do nível calculado; e α é dado como um coeficiente de majoração desse carregamento de pré-dimensionamento sendo função desse considerar as ações de flexão que não estão sendo levadas em conta no ato de pré-dimensionar.

Exemplo Resolvido 2.3

Considerando a planta de forma apresentada a seguir, determine a seção dos pilares P1 a P3, que ligam o térreo ao 1º piso. Considerar para esse exemplo que o concreto para a estrutural possui f_{ck} de 30 MPa e corresponde ao piso do 2º pavimento de um edifício modelo com um total de 4 pavimentos (Térreo, 1º piso, 2º piso e cobertura). Considere que todos os pavimentos tipo estão carregados com uma carga total de 25 kN/m² (Valor hipotético para esse exercício) e que o pavimento cobertura possui uma carga total de 15 kN/m².

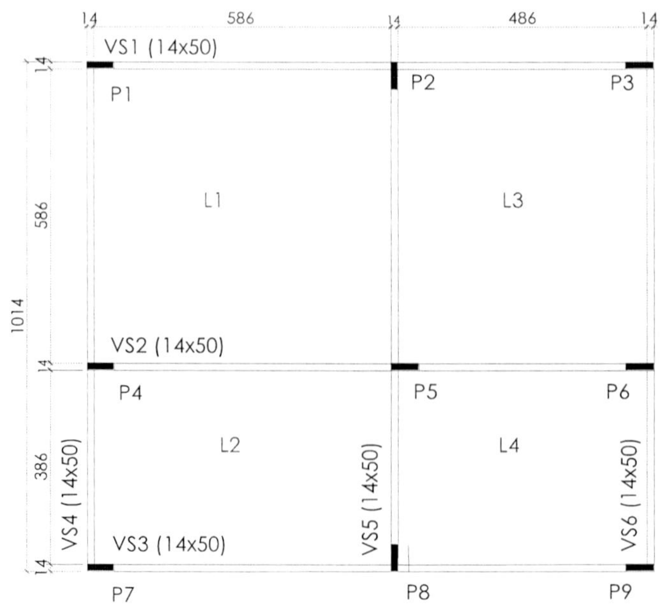

Solução

Considera-se primeiramente os tipos de pilares existentes na planta. No caso desse exemplo:

- Pilares de extremidade: P2, P4, P6 e P8;
- Pilares intermediários: P5;
- Pilares de canto: P1, P3, P7 e P9.

No dessa planta imagine-se que apenas um lançamento inicial da posição foi efetuado, portanto, não se sabe a dimensão h e b (dimensões em planta, h - maior dimensão e b – menor dimensão) dos pilares.

Utilizando o conceito de área de influência da Figura 2.43 deve-se avaliar a área de influência de cada pilar utilizando as proporções de 0,45, 0,55 e 0,50 do vão adjacente e perpendicular. Exemplificando o cálculo do Pilar P1 que é um pilar de canto e sua maior direção (h) está na direção da viga VS1, logo nessa direção a proporção empregada é de $0{,}50.\,l$ para a direção perpendicular adota-se o valor proporcional de $0{,}45.\,l$.

Deve-se salientar que ao efetuar o cálculo das dimensões de distribuição deve-se considerar o valor integral da planta de fôrma, visto que toda a área contribui no processo de somatório das cargas.

- Valor do vão tramo 1 viga VS1: $l = 586 + 14 + 7 = 607\ cm$
- Valor do vão tramo 2 viga VS1: $l = 486 + 14 + 7 = 507\ cm$
- Valor do vão tramo 2 viga VS4: $l = 586 + 14 + 7 = 607\ cm$

O valor de 7 cm que aparece na formulação é dado desta forma visto que para os pilares P2, P5 e P8 têm interface com outros trechos de laje. Portanto, é uma prática adotada apenas para facilitar a divisão dos trechos de área de influência.

Tramo 1 da viga VS1 e tramo 2 da viga VS4:

$$0{,}50.\,l = 0{,}50.607 = 303{,}50\ cm = 3{,}04\ m$$

$$0{,}45.\,l = 0{,}45.607 = 273{,}15\ cm = 2{,}73\ m$$

Tramo 2 da viga VS1:

$$0{,}50.l = 0{,}50.507 = 253{,}50\ cm = 2{,}54\ m$$

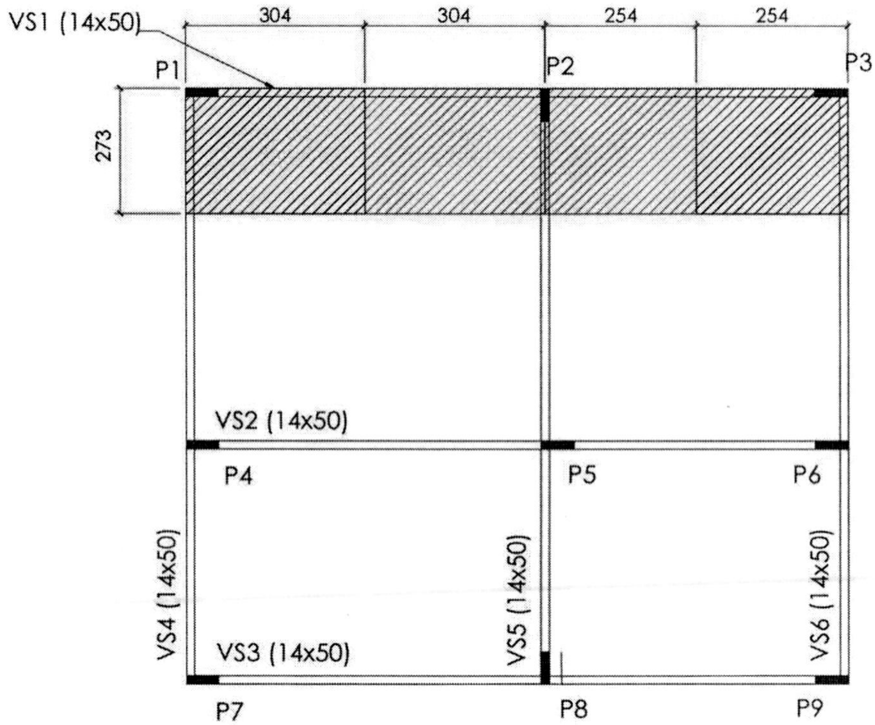

Portanto, é possível montar a área de influência de cada um dos pilares apresentados no exemplo.

Pilar	A_i (m²)	N_k^{tipo} (kN/m²)	n_{tipo}	N_k^{cob} (kN/m²)	n_{cob}	N_k^* (kN/m²)	α	N_d^*
P1	8,27	25	2	15	1	537,55	2,50	1343,88
P2	16,60		2		1	1079,00	2,20	2373,80
P3	6,93		2		1	450,45	2,50	1126,13

Portanto, o cálculo da área de concreto da seção para o pré-dimensionamento ficará conforme eq. (2.22):

$$A_{c,P1} = \frac{1343{,}88}{0{,}85.\frac{3}{1{,}4} + \frac{2}{100}.42} = 504{,}92\ cm^2$$

$$A_{c,P2} = \frac{2373{,}80}{0{,}85.\frac{3}{1{,}4} + \frac{2}{100}.42} = 891{,}89\ cm^2$$

$$A_{c,P3} = \frac{1126{,}13}{0{,}85.\frac{3}{1{,}4} + \frac{2}{100}.42} = 423{,}11\ cm^2$$

Já, para obter as dimensões, basta aplicar a área de um retângulo. Por exemplo é tenta-se inicialmente manter o pilar com a mesma largura da viga de forma a evitar "dentes" ou saliências na forma. Estes dentes geram um aumento do número de requadros que em uma situação de reboco acaba dificultando o serviço de acabamento da edificação, além de não ser "nada estético".

Em uma tentativa de utilizar a menor dimensão (b) os pilares teriam dimensões h de:

$$\mathrm{h}_{\mathrm{p1}} = \frac{504{,}92}{14} = 36{,}07 \cong 40\ cm$$

$$h_{p2} = \frac{891{,}89}{14} = 63{,}71 \cong 65\ cm$$

$$h_{P3} = \frac{423{,}11}{14} = 30{,}22 \cong 35\ cm$$

Portanto, em um primeiro momento de estipulação das seções, os pilares P1 a P3 possuiriam as seguintes seções:

- P1: 14/40;
- P2: 14/65;
- P3: 14/35.

2.4 Outras questões sobre a fôrma estrutural

Em relação ao projeto de edifícios foi possível ver nesse capítulo os fatores que devem ser levados em conta no momento do pré-dimensionamento e estabelecimento das dimensões das peças estruturais.

Com a evolução das normas, outras situações devem ser levadas a cabo no momento de concepção de uma estrutura. Situações como vibrações, incêndio e contribuição da alvenaria são fatores que podem ser levados para o ambiente de escritório de projeto. Dos casos citados anteriormente, os fatores de contribuição do sistema de vedação e incêndio já possuem normativas específicas que permitem ao engenheiro projetista considerar tal tipo de ocorrência.

2.5 Referências

[1] Souza MFSM de, Rodrigues RB, Mascia NT. Sistemas estruturais de edificações e exemplos. Campinas: Unicamp; 2008.

[2] Wight JK, MacGregor JG. Reinforced concrete: mechanics and design. 6th ed. Upper Saddle River, N.J: Pearson Prentice Hall; 2012.

[3] Giongo JS. Concreto Armado: Projeto estrutural de edifícios. São Carlos (SP): Universidade de São Paulo; 2007.

[4] Associação Brasileira de Normas Técnicas. ABNT NBR 6118: Projeto de estruturas de concreto – procedimento. Rio de Janeiro (RJ): ABNT; 2014.

[5] Silva DM, Souto AK. Estruturas: Uma abordagem arquitetônica. Porto Alegre: UniRitter; 2015.

[6] Barboza MR. Concepção e análise de estruturas de edifícios em concreto armado. Bauru: Universidade Estadual Paulista; 2008.

[7] Motta SRF. Simulação estrutural e modelagem de formas arquitetônicas complexas: A interação entre forma e estrutura através de ferramentas digitais. Tese (Doutorado). Universidade Federal de Minas Gerais (UFMG), 2014.

[8] Silva AR da. Análise comparativa de custos de sistemas estruturais para pavimentos de concreto armado. Dissertação (Mestrado). Universidade Federal de Minas Gerais (UFMG), 2002.

[9] Alva GMS. Concepção estrutural de edifícios em concreto armado. Santa Maria: Universidade Federal de Santa Maria; 2007.

[10] Rebello YCP. Bases Para Projeto Estrutural na Arquitetura. 2°. Zigurate; 2007.

[11] Associação Brasileira de Normas Técnicas. ABNT NBR 8545: Execução de alvenaria sem função estrutural de tijolos e blocos cerâmicos – procedimento. Rio de Janeiro (RJ): ABNT; 1984.

[12] Costa A, Brayner M, Marques PR. Enchumaneto de alvenaria de vedação análise de soluções práticas 20--.

[13] Albuquerque AT de. Análise de alternativas estruturais para edifícios em concreto armado. Mestrado em Estruturas. Universidade de São Paulo, 1999. https://doi.org/10.11606/D.18.2017.tde-23112017-143521.

[14] Melo PRD. Pré-dimensionamento de estruturas de madeira, de aço e de concreto para auxílio à concepção de projetos arquitetônicos. Mestre em Engenharia Civil. Universidade Federal de Uberlândia, 2013.

[15] Bacarji E. Análise de estruturas de edifícios: projeto de pilares. Mestre em engenharia de estruturas. Escola de Engenharia de São Carlos - Universidade de São Paulo, 1993.

[16] Engel H. Sistemas estruturais. Barcelona: Gustavo Gili; 2003.

[17] ABNT NBR 14931: Execução de Estruturas de Concreto - procedimento. Rio de Janeiro (RJ): ABNT; 2004.

[18] Bastos PS dos S. Vigas de concreto armado. Bauru: Unesp; 2017.

[19] Bastos PS dos S. Lajes de concreto armado. Bauru: Unesp; 2020.

[20] Junior CFB, Giongo JS. Concreto armado: Projeto e construção de lajes nervuradas. São Carlos: 2007.

[21] Associação Brasileira de Normas Técnicas. ABNT NBR 14859: Lajes pré-fabricadas de concreto. Rio de Janeiro (RJ): ABNT; 2016.

[22] Carvalho RC, Filho JRDF. Cálculo e Detalhamento de Estruturas Usuais de Concreto Armado: Segundo a NBR 6118:2014. Edição: 4. Edufscar; 2014.

[23] Pinheiro LM, Muzardo CD, Santos SP, Moreira MVN, Catoia T, Catoia B. Fundamentos do concreto e projeto de edifícios - Capítulo 12. 2003.

[24] Bacarji E. Análise de estruturas de edifícios: projeto de pilares. Mestre em engenharia de estruturas. Escola de Engenharia de São Carlos - Universidade de São Paulo, 1993.

[25] da Costa JB. Estruturas de Concreto Armado 2. Goiânia: PUC GO; 2010.

3

MÉTODOS DE DIMENSIONAMENTO E CONSIDERAÇÕES DAS AÇÕES

Esta seção trata sobre os métodos de dimensionamento e das considerações de ações nos sistemas estruturais de acordo com as normativas brasileiras. Primeiramente, são apresentados os conceitos que envolvem a segurança estrutural. Em seguida, são estabelecidas as condições de resistência de cálculo para que se proceda o dimensionamento estrutural de acordo com o método dos estados limites. Por fim, são descritas as diferentes ações que podem atuar nos sistemas mais usuais para concreto armado.

3.1 Introdução à segurança estrutural

Conceitualmente, segurança estrutural pode ser dada como a distância entre uma situação de ruína e uma situação de uso, sendo que ao longo da vida útil dessa estrutura a segurança permitirá a ela suportar as ações mais desfavoráveis que podem vir a ocorrer. Segundo Carvalho e Figueiredo Filho [1] o cálculo, ou dimensionamento, de uma estrutura deve garantir que ela suporte, de forma segura, estável e sem deformações excessivas, todas as solicitações a que estará submetida durante sua execução e vida útil.

Assim, a necessidade dessa margem de segurança entre ruína e o uso (também chamada de serviço) é dada pelo fato da existência de incertezas relacionadas ao processo de elaboração da estrutura (Projeto e construção).

Beck [2] afirma que as incertezas são inerentes a qualquer sistema de engenharia e que quando essas incertezas são parametrizadas na entrada do sistema ela se manifesta para a resposta. O presente autor também faz uma ilustração (Figura 3.1) conceitual do efeito das incertezas sobre um dado sistema de engenharia hipotético. Nessa ilustração é possível ver de forma simplificada a definição variável risco (r), dada pelo produto da probabilidade de falha (p_f) e do custo de falha (c_f).

Figura 3.1 - Resposta de um sistema de engenharia sujeito a incertezas [2].

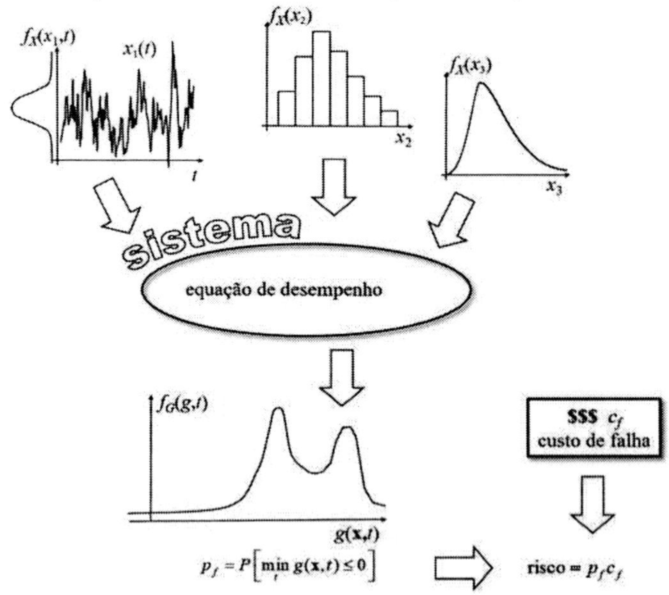

As incertezas podem ser divididas em dois grupos: (a) Incerteza intrínseca (natural); e (b) Incerteza epistêmica. A incerteza intrínseca faz parte do processo, e mesmo que este seja modificado ou sofisticado a mesma não poderá ser eliminada. A incerteza epistêmica pode ser reduzida ou eliminada. Para sua redução podem ser adotadas como opções a melhora na coleta de dados ou até mesmo melhoria do modelo utilizado. Os critérios citados anteriormente ainda podem ser subdivididos em categorias específicas. Para incertezas intrínsecas podem existir os seguintes subgrupos: (a) Natureza física; (b) Natureza de previsão; (c) Natureza fenomenológica. Já para a incerteza epistêmica são válidos os seguintes subgrupos: (a) Natureza estatística. (b) Natureza de decisão; (c) Natureza do modelo. O Quadro 3.1 exemplifica alguns desses casos:

Quadro 3.1 - Caracterização das incertezas de um sistema estrutural [3].

Situação	Caracterização	Subgrupo	Observação
Flutuação natural do carregamento ambiental	intrínseca	física	Coleta de dados reduz a incerteza, mas não elimina
Variação da resistência dos materiais	intrínseca	física	Controle de qualidade diminui a incerteza, mas não elimina
Dimensões do componente estrutural	intrínseca	física	Controle de qualidade diminui a incerteza, mas não elimina
Erro na previsão dos carregamentos ao longo da vida útil da estrutura	intrínseca	previsão	
As informações sobre um evento referem-se a um período de tempo menor que o tempo de vida útil de projeto	intrínseca	previsão	

Colapso da ponte Tacoma Narrows, no Japão, em 1940, devido a fenômenos dinâmicos ainda não compreendidos	intrínseca	fenomenológica	
Colapso do Word Trade Center, nos EUA, em 2001, devido ao incêndio de proporções inimagináveis após o choque dos aviões	intrínseca	fenomenológica	
Quando o valor de uma variável é determinado pela média dos dados de uma amostra, a variância é uma incerteza estatística da amostra	epistêmica	estatística	
Estados limites de serviço não apresentam fronteira bem definida, pois não existe a certeza por completa da ocorrência de um evento	epistêmica	decisão	
Determinação da resistência de um elemento de concreto armado em função da resistência do aço e do concreto, sendo essa uma representação simplificada do comportamento estrutural	epistêmica	modelo	

Portanto, com o intuito de garantir essa segurança e estabilidade estrutural, surgiram os métodos de dimensionamento das peças estruturais, sejam elas de aço, madeira ou concreto. Tais métodos ou filosofias de dimensionamento podem ser divididos em dois grandes grupos, são eles:

a) Métodos Clássicos ou Método das Tensões Admissíveis;

b) Método dos Estados Limites.

Até o século XIX a concepção e execução de obras na Engenharia Civil era realizada de forma empírica, isto é, a segurança dependia da experiência e da intuição dos construtores. Com o aparecimento da construção metálica e o desenvolvimento da teoria da resistência dos materiais apareceram as primeiras regras de avaliação da segurança com base científica: o método das tensões admissíveis. O princípio adaptado consistia em assegurar que, nas zonas críticas, as tensões máximas não ultrapassassem a resistência dos materiais quando esta fosse dividida por um coeficiente de segurança fixado de forma convencional. Este critério de segurança manteve-se válido para as diferentes estruturas durante cerca de um século. Neste período, os progressos relativos ao conhecimento mais aperfeiçoado da mecânica estrutural e das cargas aplicadas, em simultâneo com o melhoramento das técnicas de produção dos materiais, resultaram unicamente numa diminuição e diversificação do coeficiente de segurança [4].

A insuficiência deste conceito e a necessidade de controlar de uma forma racional o risco associado a este tipo de problemas, conduziu à necessidade de desenvolver a noção da segurança sob uma perspectiva probabilística. Desta forma, surgiu o conceito de probabilidade de ruptura associado à definição dos níveis de riscos identificados com as diferentes situações a evitar [4].

Com a evolução desses métodos até os dias atuais é possível classificar de maneira genérica o nível de segurança em projetos estruturais. Vaz[1] *apud* Pantoja [5] classifica da seguinte forma:

---

[1] VAZ, L. E. **Análise de Confiabilidade – DME**. Notas de Aula, Escola Politécnica da UFRJ, Universidade Federal do Rio de Janeiro, Rio de Janeiro, Rio de Janeiro, 2011.

a) Nível 0 – Método das Tensões Admissíveis: este método consiste em usar apenas os valores médios das resistências como dado estatístico. Não envolve a determinação da probabilidade de falha;

b) Nível 1 – Método Semi-probablísticos: neste método são utilizados os valores médios e os desvios-padrão para definição dos valores característicos das variáveis aleatórias e coeficientes parciais de segurança para obter valores de cálculo a partir dos valores característicos. O nível de segurança é maior do que no método de Nível 0, mas também não permite a determinação da probabilidade de falha;

c) Nível 2 – Método Baseado em Confiabilidade: neste método são utilizados dados estatísticos completos das variáveis aleatórias e controla a probabilidade de falha;

d) Nível 3 – Projeto Ótimo Semi-probablísticos: O nível de segurança é o mesmo do método de Nível 1, mas a economia no projeto é maior;

e) Nível 4 – Projeto Ótimo Baseado em Confiabilidade: Combina o controle da probabilidade de falha do Nível 2 com a economia do método de Nível 3;

f) Nível 5 – Projeto Ótimo Baseado em Risco: Fornece o projeto de risco total mínimo. O risco total é definido como o custo da construção + o custo de operação + o custo associado a cada modo de falha.

Castro [6] apresentou um estudo (Quadro 3.2) sobre a evolução nos coeficientes de segurança em estruturas do aço, mostrando que a sofisticação dos processos de cálculo influenciou na queda/adequação de valores. Deve-se salientar que essa evolução não pode ser creditada apenas aos métodos, mas, também, a melhoria contínua dos processos de produção dos materiais que permitiam maior qualidade no produto final.

Quadro 3.2 - Fatores básicos de segurança em cem anos de evolução em cálculo de estruturas de aço [6].

Professor Dubois em 1890	2,00
Manual Ketchum em 1918	1,72
AISC 1923-1936	1,83
AISC 1936-1963	1,65
AISC 1963 em diante	1,67

3.2 Métodos das Tenções Admissíveis (ASD - *Allowable Stress Desing*)

O método das tensões admissíveis surgiu durante a revolução industrial juntamente com a evolução dos conceitos da teoria da elasticidade e foi utilizado de forma efetiva até a década de 1970 quando foi substituído pelos métodos de cunho semi-probablísticos, os quais serão abordados logo em sequência.

Tal procedimento é baseado na limitação das tensões atuantes na estrutura a uma fração desta resistência, garantindo assim a segurança do conjunto. Com isso, a tensão admissível é uma fração de alguma tensão limitante, tal como a tensão de escoamento ou a tensão crítica de flambagem.

A técnica de tensões admissíveis é caracterizada como um método determinístico, ou seja, todas as variáveis do problema são fixas, tanto resistência quanto solicitações. Desta forma o mesmo pode ser equacionado de acordo com as equações (3.1) e (3.2):

$$\sigma_r \geq \sigma_n \quad (3.1)$$

$$\sigma_r = \frac{\sigma_{lim}}{\gamma} \quad (3.2)$$

Sendo $\gamma \geq 1$ e denominado como o fator ponderador da resistência do material em uso; σ_r é a tensão resistente do material; e σ_n é a tensão nominal característica que atua sobre o material em questão. No caso σ_{lim} é dado como a tensão limite do material. Por exemplo, em estruturas metálicas era muito comum o uso da tensão de escoamento do aço enquanto para materiais de comportamento quase-frágil a tensão de ruptura era utilizada como tensão limitante.

Esse método foi utilizado com base nos coeficientes interno e externo de segurança (γ_i e γ_e) sendo que as maiores tensões que aparecem na estrutura devido à sua utilização ($\sigma_{máx}$) deveriam ser limitadas a uma tensão resistente admissível conforme escrito na equação (3.2).

O coeficiente de segurança interno levava em consideração as variabilidades das tensões de ruptura ou de escoamento dos materiais e das intensidades das ações na estrutura e são determinados de forma empírica, através da observação de edificações construídas, permitindo um progresso gradual e seguro dos critérios de projeto [7].

Segundo Mancini e Sales *et al.* [7,8], o surgimento do coeficiente de segurança externo se deu através de questionamentos técnicos realizados após a ruptura de uma ponte na Inglaterra em 1847 (Ponte em ferro fundido sobre o Rio Dee). A interpretação dada pelos engenheiros durante a criação desse método era de avaliar qual a distância entre a carga de colapso e a carga de serviço da estrutura, dando uma interpretação "externa" ao coeficiente interno de segurança.

Com esses conceitos já bem estabelecidos, o método das tensões admissíveis desenvolveu com a premissa de que o coeficiente de segurança interno seria utilizado quando as peças estivessem sujeitas a ações estabilizantes como, por exemplo, efeitos de tração. Já o coeficiente de segurança externo seria utilizado quando as solicitações provocassem efeitos de instabilidade como o caso da compressão, que gera a flambagem [8].

Exemplo Resolvido 3.1

Para exemplificar o uso do método das tensões admissíveis, imaginemos um pilar com 3 metros de altura e dimensões em planta b = 14 cm, h = 30 cm (Ver figura a seguir). Suponhamos que o pilar foi construído com um concreto que atinja 25 GPa de módulo de elasticidade tangente (E_{ci}) após o completo ganho de resistência aos 28 dias. Qual seria a maior carga admissível suportada por esse pilar considerando a estratégia das tensões admissíveis aplicando a esse problema um coeficiente de segurança γ = 2?

Exemplo de pilar com carga de compressão.

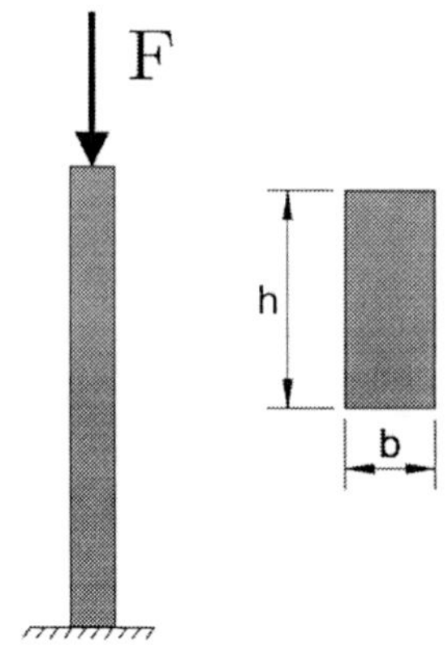

Solução

Como o efeito dado nesse exemplo é de compressão, haverá possibilidade de flambagem. Portanto, deve-se avaliar qual direção será mais susceptível a este efeito. Nesse caso a direção com menor inércia é a direção b.

$$I_b \geq \frac{14.30^3}{12} = 31500\ cm^4$$

$$I_h \geq \frac{30.14^3}{12} = 6860\ cm^4$$

Após a verificação da menor inércia e usando o conceito de tensões admissíveis foi possível determinar a carga crítica do sistema estrutural. Nesse caso a carga limitante de projeto (P_d) é a carga de flambagem da coluna engastada-livre. Tal valor é de 235,10 kN ou 23,51 tf.

$$P_d = \frac{\pi^2.25.10^9.6{,}86.10^{-5}}{(2.3)^2} = 470176{,}99\ N = 470{,}18\ kN$$

$$P_k = \frac{P_d}{\gamma} = \frac{470{,}18}{2} = 235{,}1\ kN = 23{,}51\ tf$$

3.3 Introdução aos métodos probabilísticos e ao Método dos Estados Limites (LRFD - *Load and Resistence Factor Desing*)

Na metade do século XX percebeu-se que mesmo com essas considerações a respeito da carga de colapso e melhoria nas técnicas de produção dos materiais o método das tensões admissíveis apresentava poucas informações sobre a capacidade portante da estrutura. Para diferentes tipos de estruturas, a relação da ação limite baseada em tensões admissíveis para resistência última é até certo ponto variável. Isto é especialmente verdade para estruturas estaticamente indeterminadas. Para muitas delas (por exemplo, estruturas de concreto armado), a suposição de linearidade entre tensões e deformações, esforços e ações, não é muito realista até mesmo sob níveis de ação de serviço. O método também não considera as condições em serviço, que poderiam invalidar a estrutura, por exemplo, uma deformação excessiva. Logo no começo deste século, ficou evidente para muitos engenheiros que o método de tensões admissíveis não foi uma ferramenta de cálculo muito econômica. Isto levou ao desenvolvimento de métodos de cálculo plástico para estruturas de aço no período de 1940 a 1950 [9].

No início dos anos 40 e 50, pesquisadores começaram a vislumbrar a possibilidade de consideração de algumas incertezas no dimensionamento de peças estruturais, surgindo assim a teoria de confiabilidade estrutural [2]. Em linhas gerais, o modelo probabilístico admite a construção de uma equação denominada equação Estado Limite e então verifica-se a confiabilidade[2] do sistema perante a demanda recebida.

Normalmente, essas equações de Estado Limite são relacionadas a algumas verificações de capacidade estrutural do sistema ou do elemento, poderíamos dizer, de forma simplificada, que tal avaliação poderia ser dita como uma margem de segurança M. Onde R é uma variável aleatória com uma dada distribuição que representa a resistência do sistema ou elemento (Capacidade) e S é uma variável aleatória com uma dada distribuição que representa as solicitações atuantes no sistema (Demanda) [2]. Mais tarde essa filosofia de pensamento viria a dar origem ao que conhecemos como Método dos Estados Limites.

$$M = R - S \tag{3.3}$$

Portanto, a probabilidade de falha da estrutura (p_f) ou de um componente da estrutura pode ser dada pela probabilidade de que a solicitação (S) seja maior que a resistência (R) [2].

$$p_f = P[\{S \geq R\}] \tag{3.4}$$

Em termos práticos, quando a margem de segurança M for > 0, a estrutura está segura pois nenhum estado limite foi atingido, quando $M < 0$, a estrutura não está segura pois admite que algum estado limite foi atingido. Esse conceito pode ser observado de forma gráfica (ver Figura 3.2) comparando as distribuições de probabilidade das variáveis de solicitação e resistência. É possível perceber facilmente que a região onde é possível existir uma falha se dá no local de sobreposição das funções marginais de densidade de probabilidade.

Figura 3.2 – Problema fundamental de confiabilidade adaptado Beck [2][3].

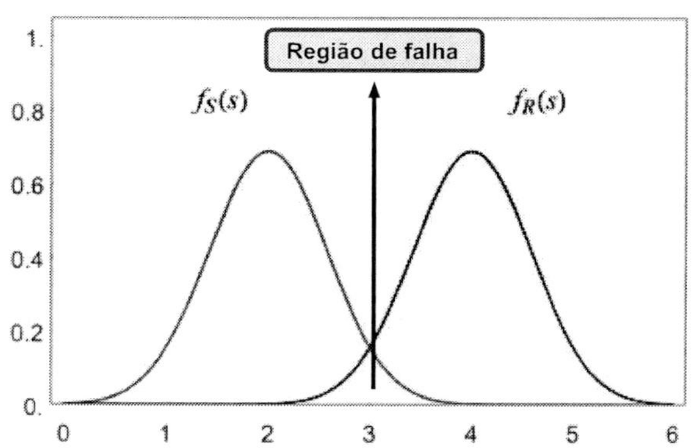

2 Confiabilidade de um sistema é a probabilidade de que este sistema não falhe, desempenhando sua função fim dentro de uma vida de projeto especificada, respeitadas as condições de operação e de projeto do mesmo [2,10].

3 $f_R(r)$ a função marginal de densidade de probabilidade da resistência; $f_S(s)$ a função marginal de densidade de probabilidade da solicitação.

Nesse contexto que o estudo da confiabilidade é inserido, na tentativa de prever incertezas e flutuações nas variáveis da estrutura. Seu objetivo maior é a determinação de uma probabilidade de falha num cenário generalizado.

Exemplo Resolvido 3.2

Para entendermos melhor os conceitos probabilísticos e que envolvem o dimensionamento de qualquer tipo de estrutura, vamos abstrair o exemplo do autor Du. Admita que um componente estrutura de viga esteja sujeito à variável aleatória de solicitação com distribuição normal com média (μ) de 100 MPa e desvio-padrão (σ) de 10 MPa. Já a variável aleatória de resistência também tem distribuição normal e possui média μ = 120 MPa e desvio σ = 20 MPa. Qual seria a probabilidade de falha do sistema?

Solução

Claro que para solução desse exemplo deveríamos esclarecer todo um arcabouço teórico para os métodos de solução desse tipo de problema. Porém, para fins didáticos vamos utilizar um gerador de números aleatórios (em outras palavras, é o Método de Monte Carlo Simples) para encontrar as amostras de variáveis da estrutura. Vamos utilizar uma amostragem n_{total} = 20 valores (apenas para fins didáticos, pois em simulações reais empregam-se valores da ordem de 1.10^6 , por exemplo). O quadro a seguir mostra a margem de segurança estrutural desse exemplo.

Considerando que a equação Estado Limite que representa a avaliação de segurança desse sistema estrutural é dada por $M = R - S$:

μ (MPa)	σ (MPa)	R (MPa)	μ (MPa)	σ (MPa)	S (MPa)	M (MPa)
120	20,00	112,67	100,00	10,00	104,24	8,43
120	20,00	122,50	100,00	10, 00	112,04	10,45
120	**20,00**	**94,90**	**100,00**	**10,00**	**112,85**	**-17,95**
120	20,00	128,05	100,00	10,00	97,02	31,03
120	20,00	113,63	100,00	10,00	105,22	8,41
120	20,00	137,23	100,00	10,00	112,56	24,67
120	20,00	119,58	100,00	10,00	107,07	12,51
120	20,00	125,19	100,00	10,00	107,01	18,18
120	20,00	122,69	100,00	10,00	100,06	22,63
120	20,00	157,84	100,00	10,00	96,61	61,23
120	**20,00**	**99,62**	**100,00**	**10,00**	**114,54**	**-14,92**
120	20,00	107,52	100,00	10,00	92,79	14,74
120	20,00	129,65	100,00	10,00	105,54	24,12
120	20,00	118,26	100,00	10,00	95,20	23,06
120	20,00	151,88	100,00	10,00	115,24	36,64
120	**20,00**	**90,06**	**100,00**	**10,00**	**99,46**	**-9,40**
120	20,00	113,44	100,00	10,00	97,96	15,48
120	20,00	128,11	100,00	10,00	107,82	20,29

120	**20,00**	**91,54**	**100,00**	**10,00**	**103,47**	**-11,92**
120	20,00	149,41	100,00	10,00	111,27	38,14

Legenda: **Cor vermelha** representa falha ou Margem abaixo de zero (Sem segurança).

Nesse exemplo, 4 amostras ($n_{amostras\ M\ <\ 0}$) apresentaram margem de segurança inferior a zero, portanto, a probabilidade de falha do sistema é dada por:

$$p_f = \frac{n_{amostras\ M\ <\ 0}}{n_{total}} = \frac{4}{20} = 0{,}20\ ou\ 20\ \%$$

Para esse exemplo hipotético a probabilidade de falha do sistema gira em torno de 20% para 20 amostras testadas. Deixando claro que isso é um exemplo hipotético para entendimento da técnica e que em situações reais existiria um aumento sensível do número das amostras para de fato representar de forma fiel a probabilidade de falha (p_f) do sistema ou elemento.

Como dito anteriormente, a teoria de confiabilidade foi a base para construção dos métodos de análise semi-probablísticos. Tais métodos surgiram na antiga União Soviética entre 1947 e 1949 [8]. Neste método, o nível de segurança será determinado pela capacidade que a estrutura possui de suportar as várias ações que vierem a solicitá-la durante sua vida útil, sem atingir qualquer estado que inviabilize seu uso [11], sendo esse estado denominado de estado limite.

As primeiras normas de cálculo, considerando esse conceito de estados limites, aprovadas nos Estados Unidos, foram a *Strength Design Code* do American Concrete Institute (ACI) e as prescrições para o cálculo plástico da especificação do AISC [6]. Tais prescrições ganharam força, e, no começo da década de 70 esta norma substituiu quase que por completamente a antiga filosofia de projeto relacionada ao método das tensões admissíveis.

Basicamente, o modelo semi-probablístico implementou a filosofia das combinações e dos coeficientes parciais de segurança. As avaliações de combinações de ações baseadas na teoria de Turkstra. Segundo Beck [2] este modelo postula que ação combinada extrema S_d será a pior combinação entre a distribuição de extremos (Distribuição devido a observações com tempo de retorno fixo) de uma ação variável, considerada como principal na combinação, combinada com a soma da distribuição de ponto arbitrário (Distribuições em uma janela de tempo qualquer, mas um tempo que é fixo) das demais ações (ditas secundárias, neste contexto).

Figura 3.3 – Distribuições de ponto arbitrário (tracejado) e de valores extremos (contínuo) à esquerda [2].

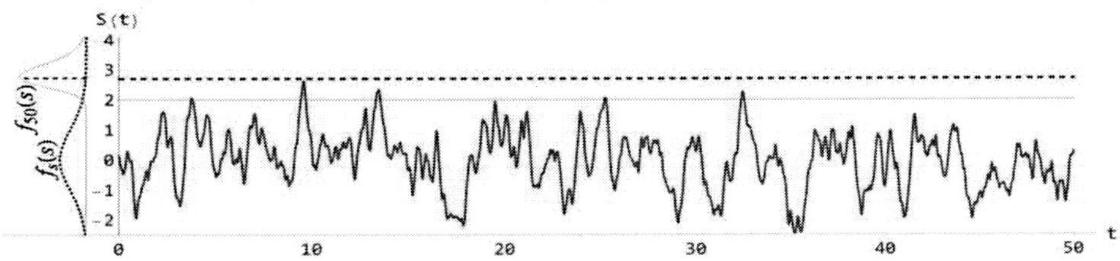

Portanto, no modelo semi-probablístico de análise, a segurança estrutural será dada por uma inequação do tipo [12], onde g_R e g_S são as funções que representam a resistência do material e esforços internos, respectivamente. f_k e Q_k a representação das características de resistência do material e carregamentos. Já γ_m e γ_f representam os coeficientes parciais de segurança da estrutura em função do Estado Limite analisado.

$$g_R\left(\frac{f_k}{\gamma_m}\right) \geq g_S(\gamma_f . Q_k) \tag{3.5}$$

O objetivo principal desse método é permitir essa aplicação simplificada de regras probabilísticas e mesmo assim o nível de segurança estrutural será similar a verificações mais rigorosas que utilizam métodos totalmente probabilísticos [4].

No caso das normativas brasileiras existem dois tipos de abordagem para consideração dos Estados Limites. A ABNT NBR 8681 "Ações e segurança nas estruturas – Procedimento" [13] define esses dois conceitos, são eles: (a) Estado Limite Último (ELU); e (b) Estado Limite de Serviço (ELS).

O Estado Limite Último (ELU) está relacionado ao esgotamento da capacidade portante, sendo este associado ao colapso da estrutura, provocando assim a paralização do uso.

De acordo com o item 10.3 da NBR 6118 [14] são tipos de ELU:

a) Estado-limite último da perda do equilíbrio da estrutura, admitida como corpo rígido;

b) Estado-limite último de esgotamento da capacidade resistente da estrutura, no seu todo ou em parte, devido às solicitações normais e tangenciais, admitindo-se a redistribuição de esforços internos, desde que seja respeitada a capacidade de adaptação plástica definida na Seção 14, e admitindo-se, em geral, as verificações separadas das solicitações normais e tangenciais; todavia, quando a interação entre elas for importante, ela estará explicitamente indicada nesta Norma;

c) Estado-limite último de esgotamento da capacidade resistente da estrutura, no seu todo ou em parte, considerando os efeitos de segunda ordem;

d) Estado-limite último provocado por solicitações dinâmicas (ver Seção 23);

e) Estado-limite último de colapso progressivo;

f) Estado-limite último de esgotamento da capacidade resistente da estrutura, no seu todo ou em parte, considerando exposição ao fogo, conforme a ABNT NBR 15200;

g) Estado-limite último de esgotamento da capacidade resistente da estrutura, considerando ações sísmicas, de acordo com a ABNT NBR 15421;

h) Outros estados-limites últimos que eventualmente possam ocorrer em casos especiais.

Já para o Estado limite de Serviço (ELS) a NBR 6118 [14] o define no item 10.4 e tem seus critérios associados à durabilidade, aparência, conforto do usuário e bom desempenho funcional, sendo este classificado nos seguintes itens.

a) Estado-limite de formação de fissuras (ELS-F): Estado em que se inicia a formação de fissuras. Admite-se que este estado-limite é atingido quando a tensão de tração máxima na seção transversal for igual à $f_{ct,f}$;

b) Estado-limite de abertura de fissuras (ELS-W): Estado em que as fissuras se apresentam com aberturas iguais aos máximos especificados na tabela 13.4 do item 13.4.2 da NBR 6118 [14];

c) Estado-limite de deformações excessivas (ELS-DEF): Estado em que as deformações atingem os limites estabelecidos para utilização normal, dados no item 13.3 da NBR 6118 [14];

d) Estado-limite de vibrações excessivas (ELS-VE): Estado em que as vibrações atingem os limites estabelecidos para a utilização normal da construção.

3.4 A resistência do material segundo o método dos Estados Limites

No capítulo 1 desse texto estabeleceram-se as condições para determinação da resistência característica do concreto e aço. Nesse capítulo estabelecem-se as condições de resistência de cálculo para que se dimensione uma estrutura de acordo com o Método dos Estados Limites. O embasamento normativo da resistência dos materiais estruturais é descrito na NBR 8681 [13] conforme descrição do item 5.2.

No caso, os valores característicos das resistências (f_k) são os que, num lote de material, têm uma determinada probabilidade de serem ultrapassados, no sentido desfavorável para a segurança. Usualmente é de interesse a resistência característica inferior $f_{k,inf}$ cujo valor é menor que a resistência média f_m, embora por vezes haja interesse na resistência característica superior $f_{k,sup}$, cujo valor é maior que f_m. Pelo Método dos Estados Limites a resistência de cálculo f_d é dada pela equação (3.6):

$$f_d = \frac{f_k}{\gamma_m} \tag{3.6}$$

Onde f_k é a resistência característica; e γ_m é dado como o coeficiente de ponderação das resistências, sendo este definido pela equação (3.7):

$$\gamma_m = \gamma_{m1} \cdot \gamma_{m2} \cdot \gamma_{m3} \tag{3.7}$$

O coeficiente γ_{m1} leva em conta a variabilidade da resistência efetiva, transformando a resistência característica em um valor extremo de menor probabilidade de ocorrência; γ_{m2} considera as diferenças entre a resistência efetiva do material da estrutura e a resistência medida convencionalmente em corpos-de-prova padronizados; e γ_{m3} considera as incertezas existentes na determinação das solicitações.

O Quadro 3.3 apresenta os coeficientes de ponderação das resistências no Estado Limite Último (ELU). Tais coeficientes são apresentados na seção 12.4.1 a NBR 6118 [15].

Quadro 3.3 - Valores do coeficiente de minoração da resistência [15].

Combinações	**Concreto γ_c**	**Aço γ_s**
Normais	1,40	1,15
Especiais ou de construção	1,20	1,15
Excepcionais	1,20	1,00

A NBR 6118 [15] observa que para a execução de elementos estruturais nos quais estejam previstas condições desfavoráveis (por exemplo, más condições de transporte, ou adensamento manual, ou concretagem deficiente por concentração de armadura), o coeficiente γ_c deve ser multiplicado por 1,10. A mesma norma afirma que para avaliações em Estado Limite de Serviço não necessitam de minoração, portanto, γ_m = 1,0.

3.5 Aspectos sobre a combinação de ações

Carvalho e Figueiredo Filho [15] denominam ação como qualquer influência, ou conjunto de influências, capaz de produzir estados de tensão ou de deformação em uma estrutura.

A NBR 8681 [13] em seu item 4.2.1 admite três tipos de ações em uma estrutura, são elas:

a) Ações permanentes: Ações que ocorrem com valores constantes ou de pequena variação em torno de sua média, durante praticamente toda a vida da construção. A variabilidade das ações permanentes é medida num conjunto de construções análogas. Para as ações permanentes, o valor característico é o valor médio, corresponde ao quantil de 50%, seja quando os efeitos forem desfavoráveis, seja quando os efeitos forem favoráveis;

b) Ações variáveis: Ações que ocorrem com valores que apresentam variações significativas em torno de sua média, durante a vida da construção (Os valores característicos das ações variáveis apresentam uma probabilidade entre 25% e 35% de serem ultrapassados em 50 anos). A NBR 8681 [13] faz uma ressalva a uma particularidade das ações variáveis que são as cargas acidentais advindas do uso da construção.

c) Ações excepcionais: Ações que têm duração extremamente curta e muito baixa probabilidade de ocorrência durante a vida da construção, mas que devem ser consideradas nos projetos de determinadas estruturas.

De maneira geral, Mascia [16] afirma que a classe de carregamentos atuantes em uma estrutura, em função da ação variável principal na combinação. A Tabela 3.1 é apresentada de forma a definir esses limites e a Figura 3.4 apresenta um esquema simplificado do tipo de carregamento estrutural em função do tempo. apresenta um esquema simplificado do tipo de carregamento estrutural em função do tempo.

Tabela 3.1 - Classe de carregamentos das ações [16].

Classe de carregamento	**Ação variável principal da combinação**	
	Duração acumulada	**Ordem de grandeza da duração**
Permanente	Permanente	Vida útil da construção
Longa duração	Longa duração	Mais de 6 meses
Média duração	Média duração	1 semana a 6 meses
Curta duração	Curta duração	Menos de 1 semana
Duração instantânea	Duração instantânea	Muito curta

Figura 3.4 - Representação esquemática dos diferentes tipos de ações [17].

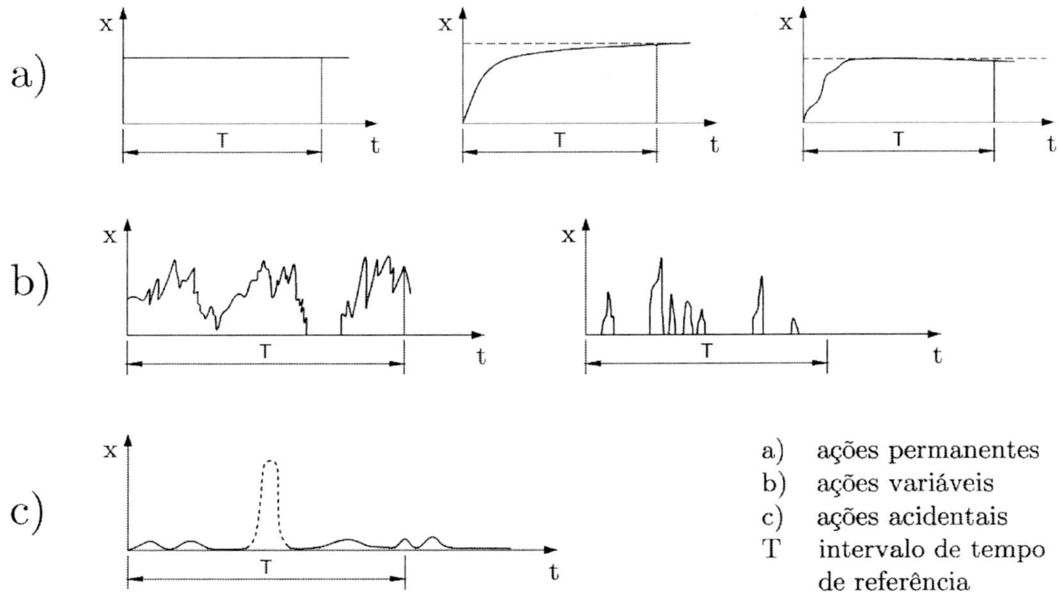

3.5.1 Generalidades sobre a combinação das ações

Considerando uma estrutura qualquer submetida a três tipos de carregamento (g de natureza permanente, q_1 e q_2 de natureza variável) relevantes, logo o carregamento $p(t)$ total ao longo de todo tempo t desta estrutura será dado por:

$$p(t) = g + q_1(t) + q_2(t) \tag{3.8}$$

Logo o problema fundamental de uma combinação das ações será o de encontrar a distribuição máxima de carga que ocorre sobre essa estrutura, num período definido. Seja p_{max} a variável aleatória que representa o valor máximo da carga total nesse período. Como é obvio, $p_{max} < g + q_{1,max} + q_{2,max}$, pois os máximos de $q1$ e $q2$ dificilmente ocorrerão no mesmo instante. No entanto, é muito provável que o máximo da carga total ocorra no instante em que uma das cargas, q_1 ou q_2, apresente o valor máximo. Essas considerações sugerem a seguinte regra [17].

$$p_{max} = max\begin{cases} g + q_{1,max} + \psi.\, q_{2,max} \\ g + q_{2,max} + \psi.\, q_{1,max} \end{cases} \tag{3.9}$$

Onde os coeficientes $\psi.\, q_{1,max}$ e $\psi.\, q_{2,max}$ representam valores menores que $q_{1,max}$ e $q_{2,max}$, respectivamente. Esta regra é conhecida como regra de Turkstra e tem sido utilizada nos mais modernos códigos e normas de segurança [18]. Na sua forma geral, a regra de Turkstra é uma combinação linear de ações de natureza estocástica. A regra é dada como a soma de diversas ações onde uma dessas é dada pelo seu valor máximo e dita principal [17,19,20]. A regra é apresentada na equação (3.10).

$$p_{max} = max\begin{cases} \gamma_g.\, g_k + \gamma_{q1}.\, q_{1,k} + \psi_{0q2}.\, \gamma_{q2}.\, q_{2,k} \\ \gamma_g.\, g_k + \gamma_{q2}.\, q_{2,k} + \psi_{0q1}.\, \gamma_{q1}.\, q_{1,k} \end{cases} \tag{3.10}$$

Na existência de duas ações variáveis, pela regra de Turkstra, deve-se fazer duas combinações e, no caso geral, existindo n ações variáveis, torna-se necessário efetuar n combinações, escolhendo assim a que conduzir para a combinação mais grave ao sistema estrutural. Em cada uma destas n combinações, apenas uma das ações variáveis é quantificada pelo valor característico — é chamada ação variável base ou ação variável principal. As restantes são quantificadas pelos valores reduzidos — são chamadas ações variáveis acompanhantes [17].

Os valores de combinação ψ_{0qk} pretendem ter em conta que, se numa determinada combinação, uma das ações variáveis figura com o seu valor característico (ação variável principal), ou seja, com um valor com reduzida probabilidade de ser excedido no intervalo de tempo de referência, os valores a considerar para as restantes variáveis (ações variáveis secundárias) deverão corresponder a uma maior probabilidade de serem excedidos, para que a probabilidade correspondente à atuação simultânea não seja demasiadamente pequena [17].

Terminam-se estas breves considerações por indicar três regras fundamentais relativas a combinações de ações, a empregar sempre que se utilize o método dos coeficientes parciais de segurança. São elas [17]:

a) As ações permanentes figuram sempre em todas as combinações, mas não devem ser majoradas quando os seus efeitos forem favoráveis;

b) As ações variáveis só devem figurar se a sua presença for desfavorável para o Estado Limite em consideração;

c) Só devem figurar na mesma combinação as ações cuja ocorrência simultânea seja verossímil. Ações que, por razões físicas ou funcionais, não poderão ocorrer simultaneamente, não devem combinar-se.

Convém referir que são as ações que se combinam — não os efeitos das ações. No entanto, se a estrutura tiver comportamento linear, o efeito de uma soma de ações é igual à soma dos efeitos das ações individuais [21]. A equação (3.11) descreve essa situação.

$$E(g+q) = E(g) + E(q) \tag{3.11}$$

O item 11.8.1 da NBR 6118 [15] e NBR 8681 [13] item 4.3.1.1 definem as generalidades sobre os critérios de combinação. Portanto, um carregamento é definido pela combinação das ações que têm probabilidades não desprezíveis de atuarem simultaneamente sobre a estrutura, durante um período preestabelecido.

A combinação das ações deve ser feita de forma que possam ser determinados os efeitos mais desfavoráveis para a estrutura; a verificação da segurança em relação aos estados limites últimos (ELU) e aos estados limites de serviço (ELS) deve ser realizada em função de combinações últimas e de combinações de serviço, respectivamente.

3.5.2 Coeficiente de ponderação das ações segundo os Estados Limites

Segundo NBR 8681 [13], para encontrar os valores das solicitações de cálculo (S_d), é necessário considerar um coeficiente de ponderação que multiplicará os efeitos característicos S_k, conforme equação (3.12).

$$\gamma_f = \gamma_{f1} \cdot \gamma_{f2} \cdot \gamma_{f3} \tag{3.12}$$

Onde γ_{f1} considera a variabilidade das ações; γ_{f2} considera a simultaneidade de atuação das estações; e γ_{f3} considera os desvios gerados nas construções, não explicitamente considerados, e as aproximações feitas em projeto em função das solicitações.

Os itens 11.7.1 e 11.7.2 da NBR 6118 [15] apresentam os coeficientes γ_f para o cálculo das ações de cálculo. O Quadro 3.4 representa a Tabela 11.1 da NBR 6118 [15] que mostra os valores de $\gamma_f = \gamma_{f1}.\gamma_{f3}$. para uma situação ELU.

Quadro 3.4 - Valores do coeficiente γ_f [15].

Combinações de ações	**Ações**							
	Permanentes (*g*)		**Variáveis (*q*)**		**Protensão (*p*)**		**Recalques de apoio e retração**	
	D[1]	F[1]	G[1]	T[1]	D[1]	F[1]	D[1]	F[1]
Normais	1,4[2]	1,0	1,4	1,2	1,2	0,9	1,2	0
Especiais ou de construção	1,3	1,0	1,2	1,0	1,2	0,9	1,2	0
Excepcionais	1,2	1,0	1,0	0	1,2	0,9	1,2	0

[1] D é desfavorável, F é favorável, G representa as cargas variáveis em geral e T a temperatura.

[2] Para as cargas permanentes de pequena variabilidade, como o peso próprio das estruturas, especialmente as pré-moldadas, esse coeficiente pode ser reduzido para 1,3.

Já o cálculo do coeficiente $\gamma_f = \gamma_{f2}$ para as combinações do tipo ELS é apresentado também no item 11.7.1 da NBR 6118 [15] e aqui dado pelo Quadro 3.5.

Quadro 3.5 - Valores do coeficiente γ_{f2} [15].

Ações		γ_{f2}		
		Ψ_0	Ψ_1[1]	Ψ_2
Cargas acidentais de edifícios	Locais em que não há predominância de pesos de equipamentos que permanecem fixos por longos períodos de tempo, nem de elevadas concentrações de pessoas[2]	0,5	0,4	0,3
	Locais em que há predominância de pesos de equipamentos que permanecem fixos por longos períodos de tempo, ou de elevada concentração de pessoas[3]	0,7	0,6	0,4
	Biblioteca, arquivos, oficinas e garagens	0,8	0,7	0,6
Vento	Pressão dinâmica do vento nas estruturas em geral	0,6	0,3	0,0
Temperatura	Variações uniformes de temperatura em relação à média anual local	0,6	0,5	0,3

[1] Para valores de Ψ_1 relativos às pontes e principalmente aos problemas de fadiga, ver seção 23 (NBR 6118).

[2] Edifícios residenciais.

[3] Edifícios comerciais, de escritórios, estações e edifícios públicos.

Os valores de γ_{f2} são dados em função da combinação utilizada para verificação de um determinado Estado Limite. Portanto o valor de γ_{f2} definido no Quadro 3.5 será dado em função das seguintes situações:

a) γ_{f2} = 1,00 (Combinações raras);

b) γ_{f2} = Ψ_1 (Combinações frequentes);

c) γ_{f2} = Ψ_2 (Combinações quase permanentes).

A NBR 8681 [13] (itens 5.1.4.1 e 5.1.4.2) apresenta algumas tabelas extras (Tabelas 1 a 4 da NBR 8681 [13] são exemplos) para que se possa fazer as considerações das ações (permanentes e variáveis) aplicadas de forma isolada.

3.5.3 Casos especiais para consideração de um coeficiente adicional de segurança

Em algumas ocasiões é necessário acrescentar um coeficiente de segurança adicional no ato do dimensionamento estrutural em Estado Limite Último (ELU). São diversos os casos possíveis e aqui faremos a explanação de um dos principais coeficientes que se refere a situações que dependem da geometria da peça estudada. Tal condição é informada na seção 11.7.1 da NBR 6118 [15].

Para elementos estruturais esbeltos críticos para a segurança de estrutura, como pilares e pilares paredes com espessura inferior a 19 cm e lajes em balanço com espessura inferior a 19 cm, os esforços solicitantes de cálculo devem ser multiplicados pelo coeficiente de ajustamento (γ_n) dado conforme equações (3.13), (3.14) e Quadro 3.6.

Quadro 3.6 - Valores do coeficiente adicional γ_n.

Dimensão[1,3]	19	18	17	16	15	14	13	12	11	10
γ_n[2]	1,00	1,05	1,10	1,15	1,20	1,25	1,30	1,35	1,40	1,45

[1] Em caso de lajes em balanço considerar a espessura da laje e em caso de pilares considerar a menor dimensão (*b*) em planta. Ambos os valores em centímetros (cm).

[2] O coeficiente γ_n deve majorar os esforços solicitantes finais de cálculo nas lajes em balanço, quando de seu dimensionamento.

[3] Em caso de pilares a menor dimensão permitida é de 14 cm

$$\gamma_n = 1{,}95 - 0{,}05.b \qquad \text{Pilares} \qquad (3.13)$$

$$\gamma_n = 1{,}95 - 0{,}05.h \qquad \text{Lajes} \qquad (3.14)$$

3.5.4 Combinações para o ELU

Para efeitos de verificação da segurança ao ELU, a NBR 8681 [13] (item 5.1.3) distingue três situações distintas. Tais situações são cenários em que a estrutura pode vir a se encontrar durante a sua vida:

a) ELU combinação última normal: corresponde a condições normais de uso;

b) ELU especial ou de construção: corresponde a situações temporárias, como por exemplo, as situações durante a fase construtiva ou de reparo da estrutura.

c) ELU excepcional: corresponde a situações excepcionais, como por exemplo, a ocorrência de um incêndio, de uma colisão de uma viatura ou ocorrência da ruptura em um dos elementos da estrutura.

A equação (3.15) apresenta a combinação última normal para o esgotamento da capacidade resistiva em peças de concreto armado:

$$F_d = \sum_{i=1}^{m} \gamma_{gi} \, . F_{Gi,k} + \gamma_q . (F_{Q1,k} + \sum_{j=2}^{n} \psi_{0,j} . F_{Qj,k}) \qquad (3.15)$$

No caso geral, devem ser consideradas inclusive combinações onde o efeito favorável à segurança das cargas permanentes seja reduzido pela consideração de $\gamma_g = 1{,}0$.

Onde:

$F_{Gi,k}$ – Valor característico das ações permanentes;

$F_{Q1,k}$ – Valor característico da ação variável considerada como ação principal para a combinação;

$\psi_{0,j}.F_{Qj,k}$ - Valor reduzido de combinação de cada uma das demais ações variáveis

A equação (3.16) apresenta a combinação última especial ou de construção.

$$F_d = \sum_{i=1}^{m} \gamma_{gi}.F_{Gi,k} + \gamma_q.(F_{Q1,k} + \sum_{j=2}^{n} \psi_{0j,ef}.F_{Qj,k}) \quad (3.16)$$

$\psi_{0,jef}$ – Fator de combinação efetivo de cada uma das demais variáveis que podem agir concomitantemente com a ação principal F_{Q1}, durante a situação transitória.

O fator $\psi_{0j,ef}$ é igual ao fator $\psi_{0,j}$ adotado nas combinações normais, salvo quando a ação principal F_{Q1} tiver um tempo de atuação muito pequeno, caso em que $\psi_{0j,ef}$ pode ser tomado com o correspondente ψ_{2j}.

A equação (3.17) apresenta a combinação última excepcional.

$$F_d = \sum_{i=1}^{m} \gamma_{gi}.F_{Gi,k} + F_{Q,exec} + \gamma_q.\sum_{j=1}^{n} \psi_{0j,ef}.F_{Qj,k} \quad (3.17)$$

Onde:

$F_{Q,exec}$ – Valor da ação transitória excepcional;

3.5.5 Combinações para o ELS

De acordo com o item 5.1.5 da NBR 8681 [13], a classificação das combinações no ELS é feita através do tempo de permanência do respectivo conjunto de ações na estrutura, podendo ser classificada como quase permanentes, frequentes e raras.

a) Quase permanentes: podem atuar durante quase todo o período de vida da estrutura e sua verificação pode ser necessária na verificação do estado limite de deformações excessivas;

b) Frequentes: repetem-se muitas vezes durante o período de vida da estrutura (105 vezes em 50 anos, ou que tenham duração total igual a uma parte não desprezível desse período, da ordem de 5%), e sua consideração pode ser necessária na verificação dos estados limites de formação de fissuras, de abertura de fissuras e de vibrações excessivas. Podem também ser consideradas para verificações de estados limites de deformações excessivas, decorrentes do vento ou temperatura que podem comprometer as vedações.

c) Raras: ocorrem algumas vezes durante o período de vida da estrutura, e sua consideração pode ser necessária na verificação do estado limite de formação de fissuras.

A combinação classificada como quase permanente é expressa pela equação (3.18):

$$F_{d,ser} = \sum_{i=1}^{m} F_{Gi,k} + \sum_{j=1}^{n} \psi_{2j}.F_{Qj,k} \quad (3.18)$$

Onde:

$F_{d,ser}$ - Ações para combinações de serviço;

A combinação classificada como frequente é expressa pela equação (3.19):

$$F_{d,ser} = \sum_{i=1}^{m} F_{Gi,k} + \psi_1 F_{Q1,k} + \sum_{j=2}^{n} \psi_{2j}.F_{Qj,k} \quad (3.19)$$

A combinação classificada como rara é expressa pela equação (3.20):

$$F_{d,ser} = \sum_{i=1}^{m} F_{Gi,k} + F_{Q1,k} + \sum_{j=2}^{n} \psi_{1j} . F_{Qj,k} \tag{3.20}$$

Os coeficientes ψ são coeficientes inferiores à unidade e destinam-se a obter valores de Q com maior probabilidade de serem excedidos que o valor característico Q_k. A Figura 3.5 a seguir ilustra de forma qualitativa a definição destes coeficientes.

Verifica-se assim que o valor quase permanente tem maior probabilidade de ser excedido que o valor frequente e este, por sua vez, tem maior probabilidade de ser excedido que o valor de combinação. Isto significa que $\psi_2 \leq \psi_1 \leq \psi_0$.

Figura 3.5 - Representação esquemática dos diferentes tipos de ações [17].

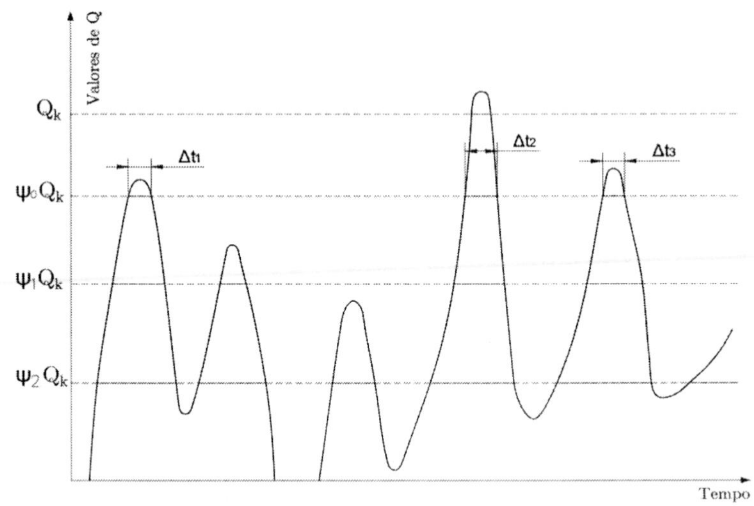

Exemplo Resolvido 3.3

Considere o pórtico a seguir para determinação dos esforços normais (N_d) de cálculo na viga de concreto V2. Para esta determinação considere a Combinação Última Normal para verificar o ELU e a Combinação Quase Permanente para verificar o ELS. Considere que essa edificação hipotética é um "Local em que não há predominância de pesos de equipamentos que permanecem fixos por longos períodos de tempo nem de elevadas concentrações de pessoas".

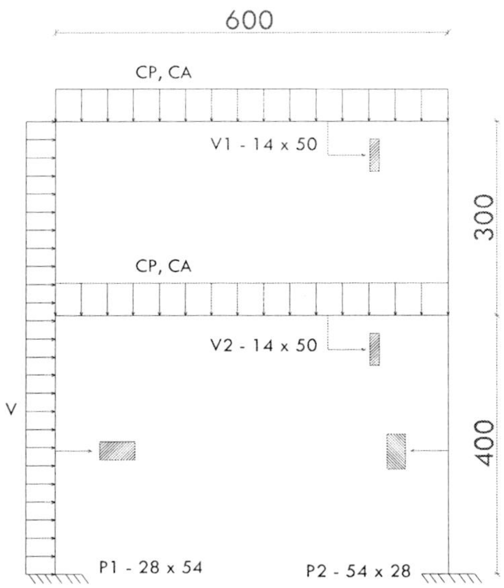

CP – Carga permanente: 10 kN/m

CA – Carga variável: 3 kN/m

V – Vento: 1 kN/m

f_{ck}= 30 MPa (E_{cs} = 27 GPa)

Solução

Em termos de esforços a viga V2 estará solicitada por todas as cargas atuantes no sistema. V, CP e CA. Então a primeira etapa seria efetuar as combinações necessárias para cada tipo de carregamento. Para isso, utilizaremos o *software* FTOOL. O quadro abaixo mostra os valores de esforços nos nós de interesse da estrutura: Meio do vão e apoios.

Esforço	Apoio esq.	Meio do vão	Apoio dir.
$N_{V,k}$ (kN)	-3,3	-3,3	-3,3
$V_{V,k}$ (kN)	-1,1	-1,1	-1,1
$M_{V,k}$ (kN.m)	3,2	-0,2	-3,6
$N_{CP,k}$ (kN)	11,5	11,5	11,5
$V_{CP,k}$ (kN)	29,9	0,0	-30,1
$M_{CP,k}$ (kN.m)	-27,4	17,4	27,7
$N_{CA,k}$ (kN)	3,5	3,5	3,5
$V_{CA,k}$ (kN)	9	0	-9
$M_{CA,k}$ (kN.m)	-8,2	5,2	8,3

Primeiramente vamos avaliar a Combinação Última Normal os coeficientes de γ_g, γ_q e ψ_0 para cada situação. Os valores de $\gamma_g = \gamma_q$ = 1,40 para situações com valores desfavoráveis e γ_g = 1,00 para situações favoráveis. Já ψ_0 = 0,50 para carga variável e ψ_0 = 0,60 para o esforço de vento. Tais valores podem ser visualizados no Quadro 3.4 e Quadro 3.5.

Por exemplo, na combinação última normal vamos aplicar a equação (3.15):

$N_d = 1{,}4 \,.\, 11{,}5 + 1{,}4.(3{,}5 + 0{,}6 \,.\, (-3{,}3)) = 18{,}23\ kN$ CA como principal

$N_d = 1{,}0 \,.\, 11{,}5 + 1{,}4.((-3{,}3) + 0{,}5 \,.\, (3{,}5)) = 9{,}33\ kN$ CA como secundária

Como a variável principal possui sinal diferente da variável permanente logo o efeito da carga permanente é favorável à segurança, portanto, o coeficiente γ_g será alterado para o valor 1,00 conforme o Quadro 3.4.

No caso de dimensionamento da viga V2 o valor adotado como normal de cálculo será de 18,23 kN.

Para o ELS faremos o mesmo procedimento aplicado anteriormente apenas alterando os coeficientes de segurança para combinação quase permanente vamos aplicar a equação (3.18):

- ψ_2 = 0,30 para carga variável
- ψ_2 = 0,00 para o esforço de vento

$N_d = 11{,}5 + (3{,}5 + 0{,}0.(-3{,}3)) = 15{,}00\ kN$ CA como principal

$N_d = 11{,}5 + ((-3{,}3) + 0{,}3\ .(3{,}5)) = 9{,}25\ kN$ CA como secundária

No caso de verificação da viga V2, o valor adotado como normal de cálculo será de 15,00 kN.

3.6 As ações verticais segundo a nova NBR 6120

De suma importância para engenheiros e projetistas uma das vovós do cálculo estrutural, a NBR 6120 [22], recentemente passou por uma atualização tornando-se uma norma mais detalhada sobre a ótica dos valores de carregamento que podem ser utilizados no cálculo de estruturas em geral.

Após 37 anos sem revisão, tal normativa passou por um trabalho detalhado de conferência e proposições de melhoria. Itens importantes que deixavam espaços para falhas no ato de se projetar foram adicionados, ou melhor explicitados, como por exemplo: carga para telhados, uma melhor abordagem sobre a questão da carga de veículos em garagens como também as cargas envolvidas no processo de colisão do mesmo, cargas para helipontos e também uma organização das questões relativas à carga em guarda corpos e barreiras de proteção[4].

As generalidades sobre as ações permanentes e variáveis são descritas nos itens 5 e 6 da NBR 6120 [22], nesse texto também faremos essa distinção de forma a facilitar o processo de aprendizagem do leitor.

3.6.1 Ações de natureza permanente

Como dito anteriormente, as ações permanentes são classificadas como modelos de ações que vão atuar durante todo o período de vida útil da estrutura. Portanto, aqui mostraremos algumas dessas condições para definição dessas ações no cálculo das estruturas de concreto armado. O Quadro 3.7, por exemplo, trata do peso específico aparente (γ_{ap}) dos materiais de construção. Tal quadro pode ser encontrado de forma detalhada no anexo A da NBR 6120 [22].

Uma das novidades da NBR 6120 [22] é a criação de distinções entre as cargas permanentes utilizadas em projeto. Diversas tabelas foram criadas para separar valores como impermeabilização, alvenarias, revestimentos etc. Na falta de ensaios ou informações mais qualificadas, o projetista poderá recorrer ao item 5 dessa normativa e determinar a carga permanente do componente construtivo.

[4] https://www.cimentoitambe.com.br/abnt-nbr-6120-em-revisao/

As informações do cálculo desses carregamentos serão abordadas mais adiante, especificando caso a caso, cada uma das considerações dessas ações permanentes referentes aos elementos construtivos do sistema estrutural.

Quadro 3.7 - Peso específico dos materiais de construção [22].

Materiais		γ_{ap} **(kN/m^3)**
1 Rochas	Arenito	21 a 27 (24)
	Basalto, diorito, gabro	28
	Gnaisse	30
	Granito, sienito, pórfiro	27 a 30 (28,5)
	Mármore e Calcário	28
2 Blocos artificiais e pisos	Blocos de concreto vazados (função estrutural, classes A e B, ABNT NBR 6136)	14
	Blocos cerâmicos vazados com paredes vazadas (função estrutural, ABNT NBR 15270-1)	12
	Blocos cerâmicos vazados com paredes maciças (função estrutural, ABNT NBR 15270-1)	14
	Blocos cerâmicos maciços	18
	Lajotas cerâmicas	18
	Porcelanato	23
3 Revestimentos e concretos	Argamassa de cal, cimento e areia	19
	Argamassa de cal	12 a 18 (15)
	Argamassa de cimento e areia	19 a 23 (21)
	Argamassa de gesso	12 a 18 (15)
	Concreto simples	24
	Concreto armado	25
4 Metais	Aço	77 a 78,5 (77,8)
	Alumínio e ligas	28
	Ferro fundido	71 a 72,5 (71,8)
5 Madeiras[1,2]	Cedro	5
	Angelim Araroba, Angelim Pedra, Cafearana, Louro Preto	7
	Eucalipto, Tatajuba	10
	Madeira maciça classe resistência C20[2]	5
	Madeira maciça classe resistência C25[2]	5,5
	Madeira maciça classe resistência C230[2]	6

[1] Madeiras com umidade de 12%;

[2] Classificações de acordo com a ABNT NBR 7190.

3.6.2 Ações de natureza variável

Em relação às cargas variáveis, a NBR 6120 [22] também atualizou esses novos valores. O Quadro 3.8 apresenta alguns desses novos valores e classificações. Para uma consulta completa, checar a Tabela 10 da NBR 6120 [22].

É importante salientar que os carregamentos considerados no Quadro 3.8 são de natureza quase estáticas. Para cargas que possam induzir efeitos de ressonância ou outra resposta dinâmica significativa da estrutura (por exemplo: danças, saltos, movimentos de máquinas etc.), esses efeitos devem ser levados em consideração por meio de fatores dinâmicos ou análise dinâmica específica [22].

Quadro 3.8 - Carga acidental (kN/m^2) devido ao uso da edificação [22].

Local		**Carga uniformemente distribuída (kN/m^2)**
Áreas Técnicas	Barrilete	1,50[1]
	Áreas Técnicas em Geral	3,00
	Casa de máquinas de elevador de passageiros (vel $\leq$ 1,00 m/s)	30,00[2, 3, 4]
	Sal de gerador e transformador (sem leiaute)	10,00
Edifícios residenciais	Dormitório	1,50
	Sala, Copa e Cozinha	1,50
	Despensa, área de serviço e lavanderia	2,00
	Academia	3,00[5]
	Salão de festas, salão de jogos	3,00[5]
	Corredores de uso comum	3,00
	Corredores dentro de unidades autônomas	1,50
Edifícios comerciais	Salas de uso geral e sanitário	2,50
	Regiões de arquivos deslizantes	5,00
	Call center	3,00
	Corredores de uso comum	3,00
	Corredores dentro de unidades autônomas	2,50
Escadas e passarelas	Edifícios residenciais, hotéis	2,50
	Edifícios comerciais, clubes, escritórios, bibliotecas	3,00
	Com acesso ao público	3,00
	Sem acesso ao público	2,50
Forros	Acessíveis apenas para manutenção e sem estoque de materiais	0,10[6]

[1] Prever cargas devido a tanques, reservatórios, bombas etc. (com suas respectivas bases), distribuídas na área da projeção desses itens;

[2] Carga na projeção do poço do elevador;

[3] As forças impostas pelo motor, guias, para-choques, polias etc., a serem fornecidas pelo fabricante do elevador de passageiros, devem ser calculadas conforme a ABNT NBR NM 207;

[4] Para o teto da casa de máquinas de elevadores, verificar a necessidade de prever cargas concentradas variáveis para os ganchos de suspensão dos equipamentos (mínimo 40 kN por gancho);

[5] Redução de cargas variáveis não permitida;

[6] Para forros inacessíveis e sem possibilidade de estoque de materiais, não é necessário considerar cargas variáveis devido ao uso.

Em relação às coberturas, a NBR 6120 [22] revisada especificou o item 6.4 apenas para o tratamento desse tipo de carregamento. Nesse caso apenas coberturas acessíveis para manutenção.

As cargas variáveis definidas nesta subseção não incluem os pesos de instalações em geral, forros, isolamentos térmicos ou acústicos, redes de dutos e equipamentos de ar-condicionado, ventilação ou exaustão, redes de chuveiros automáticos (*sprinkler*), tubulações em geral, painéis fotovoltaicos, painéis de aquecimento solar etc. Esses elementos devem ser considerados como cargas permanentes, conforme a seção 5 da NBR 6120 [22].

A NBR 6120 [22] recomenda que não sejam executadas coberturas com inclinação inferiores a 2% no sentido de evitar acúmulo de água, granizo, pó, etc. Pois estas poderiam resultar em cargas adicionais potencialmente perigosas. Para determinação desse carregamento variável (q) são descritas as equações (3.21) e (3.22). Nessas equações i representa a inclinação da cobertura em porcentagem.

$$q = 0{,}50.\alpha \qquad \text{onde } 0{,}25\ \text{kN/m}^2 \leq q \leq 0{,}50\ \text{kN/m}^2 \tag{3.21}$$

$$\alpha = \begin{cases} 1{,}00 & 1\% < i \leq 2\% \\ 2{,}00 - 0{,}50.i & 2\% < i < 3\% \\ 0{,}50 & i \geq 3\% \end{cases} \tag{3.22}$$

Caso a cobertura possua sistema de drenagem suficiente e rigidez adequada que impeçam a ocorrência do fenômeno de empoçamento progressivo, pode-se considerar carga variável uniformemente distribuída de 0,25 kN/m2 (independente da inclinação da cobertura, mas respeitando-se o mínimo de 1 %), desde que seja feita a verificação conforme o Anexo D da NBR 6120 [22]. Coberturas com inclinações maiores ou iguais a 5 % não precisam ser verificadas para esse fenômeno [22].

Todo elemento isolado de coberturas (ripas, terças, barras de banzo superior de treliças) deve ser projetado para suportar, na posição mais desfavorável, uma carga concentrada de 1 kN, além do carregamento permanente. Essa carga concentrada deve ser considerada atuando isolada das demais forças variáveis. Coberturas sujeitas a receber outras cargas concentradas (talhas, itens de comunicação visual, divisórias móveis nas suas possíveis posições etc.) devem ser verificadas conforme o caso [22].

Em relação à carga de estacionamento a NBR 6120 [22] fez um trabalho minucioso de detalhamento do cálculo das cargas de veículos. Tal detalhamento pode ser encontrado no item 6.6 dessa norma.

Sobre as alvenarias, a NBR 6120 [22] criou uma perspectiva para abordagem de carregamentos variáveis adicionais quando não se conhece a posição em projeto dessas divisões. A norma também afirma que tal situação só é válida para carregamentos de alvenaria inferiores a 3,0 kN/m, pois em situações superiores a esta os valores deverão ser calculados com exatidão conforme posição do projeto. Portanto, o Quadro 3.9 apresenta esse modelo de carga adicional que deverá ser acrescido à estrutura no ato do dimensionamento.

Além dessa ponderação a NBR 6120 [22] afirma que a consideração dessa carga adicional pode ser dispensada para pavimentos cuja carga variável de projeto seja maior ou igual a 4,0 kN/m^2.

Quadro 3.9 - Cargas variáveis adicionais para consideração de paredes divisórias sem posição definida em projeto [22].

Peso próprio (p.p.) da parede acabada kN/m	Carga acidental kN/m^2
p.p. $\leq$ 1,00	0,50
1,0 $<$ p.p. $\leq$ 2,0	0,75
2,0 $<$ p.p. $\leq$ 2,0	1,00
p.p. $>$ 3,0	Não permitido

Outra informação importante é sobre as cargas variáveis na direção horizontal, por exemplo, balancins, guarda-corpos e portões. O item 6.3 da NBR 6120 [22] aborda essas questões. O Quadro 3.10 aborda as forças horizontais variáveis para barreira de pessoas.

Quadro 3.10 - Forças horizontais em guarda-corpos e outras barreiras destinadas à proteção de pessoas [22].

Localização da barreira	Força horizontal kN/m
Passarelas acessíveis apenas para inspeção e manutenção	0,40
Áreas privativas de unidades residenciais, escritórios, quartos de hotéis, quartos e enfermarias de hospitais, Coberturas, terraços, passarelas etc. sem acesso público	1,00
Escadas privativas ou sem acesso público, escadas de emergência em edifícios	1,00
Escadas panorâmicas	2,00
Áreas com acesso público (exceto os casos descritos nos itens a seguir)	1,00[1]
Zonas de fluxo de pessoas[2] a em áreas de acesso público, barreiras paralelas à direção do fluxo das pessoas	2,00[1]

[1]Para barreiras sujeitas a eventos extremos (como superlotação, manifestações, tumultos etc.), recomenda-se considerar uma força horizontal igual a no mínimo de 5,0 kN/m, aplicada da mesma forma que as forças da Tabela 12.

[2]Compreende todas as áreas com acesso público e delimitadas por barreiras destinadas ao tráfego de pessoas em fluxo direcionado, incluindo rampas, passarelas e escadas

Nas situações de balancins, por exemplo, os pontos de fachada que serão utilizados para suspensão do equipamento de serviço devem ter previsão de carregamento no projeto. Segundo a NBR 6120 [22] onde houver pontos de ancoragem de cadeira suspensa (balancim individual) ou cabos de segurança para o uso de proteção individual a serem utilizados nos serviços de limpeza, manutenção e restauração de fachadas, a estrutura deve resistir a uma força concentrada de cálculo F_d = 15 kN (ver Figura 3.6) atuando em qualquer direção, em cada ponto de ancoragem, ou conforme a legislação em vigor no estado. Esta força não precisa atuar concomitantemente com as forças do Quadro 3.10. Admite-se que, em platibandas extremas no alinhamento da fachada, passa ser dispensada a verificação do esforço em direções onde não existe a possibilidade de aplicação, por exemplo, α = 90º conforme a Figura 3.6b).

Figura 3.6 – Forças em pontos de ancoragem. (a) Pontos de ancoragem externos; e (b) Pontos de ancoragem internos [22].

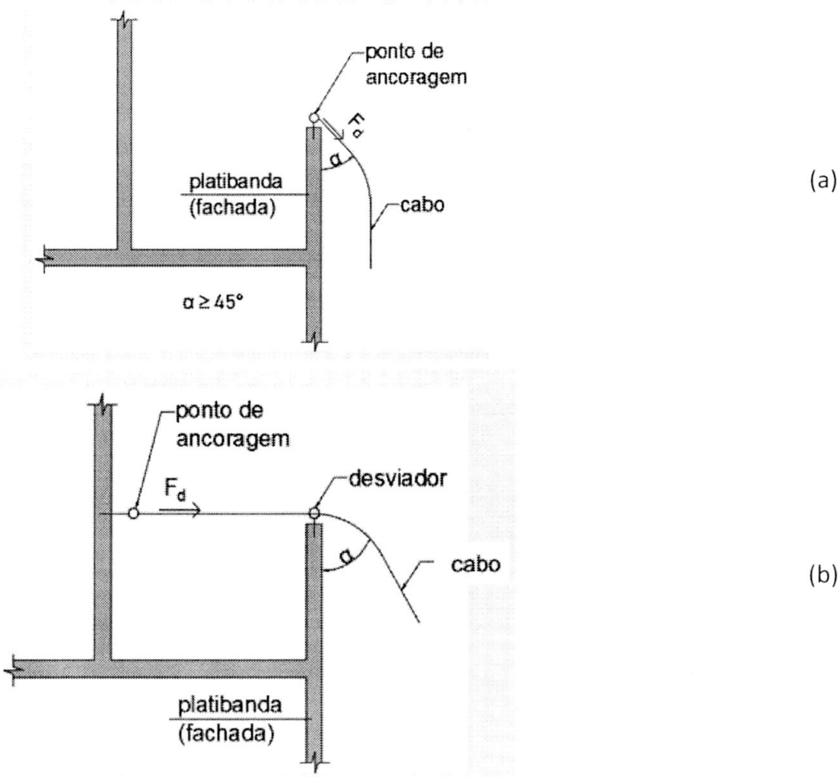

Além dessas observações listadas em edifícios de múltiplos pavimentos, principalmente, a NBR 6120 [22] permite a redução dos carregamentos de natureza variável. Para isso é criado o multiplicador α_n que considera essa variabilidade nas ações. O Quadro 3.11 apresenta essas possibilidades de redução.

Quadro 3.11 - Multiplicador α_n das cargas variáveis [22].

Número de pisos que atuam sobre o elemento	Multiplicador α_n das cargas variáveis
1 a 3	1,00
4	0,80
5	0,60
6 ou mais	0,40

Não é permitida a redução das cargas variáveis de garagens, reservatórios, coberturas, jardins, depósitos de explosivos e infamáveis e áreas de estoque em geral, áreas de armamentos, áreas técnicas, instalações nucleares, indústrias, estádios, teatros e cinemas, passarelas, assembleias com assentos fixos ou móveis e demais áreas cujas cargas variáveis não sejam redutíveis, conforme o Quadro 3.8. Para edificações com diferentes tipos de uso, a cada conjunto de pisos adjacentes de mesmo tipo de uso, pode ser aplicado o critério de redução de cargas variáveis do Quadro 3.11 [22]. A Figura 3.7 apresenta algumas das possibilidades descritas pela NBR 6120 [22].

Figura 3.7 – Multiplicadores das cargas variáveis. (a) Exemplos para edificações com um tipo de uso; (b) Exemplos para edificações com dois e três tipos de uso; e (c) Exemplo de edificação com grupos de pavimentos com diferentes áreas e mesmo tipo de uso [22].

(a)[1]

Cobertura	1,0 x q_k
Ático	1,0 x q_k
Uso 1	1,0 x q_k
Uso 1	1,0 x q_k
Uso 1	1,0 x q_k
Uso 1	0,8 x q_k
Uso 1	0,6 x q_k
Uso 1	0,4 x q_k
Uso 1	0,4 x q_k
Uso 1	0,4 x q_k
Uso 1	0,4 x q_k
Térreo	1,0 x q_k
Garagens	1,0 x q_k

Cobertura	1,0 x q_k
Ático	1,0 x q_k
Uso 1	1,0 x q_k
Uso 1	1,0 x q_k
Uso 1	1,0 x q_k
Uso 1	0,8 x q_k
c.v.n.r.	1,0 x q_k
c.v.n.r.	1,0 x q_k
Uso 1	0,6 x q_k
Uso 1	0,4 x q_k
Uso 1	0,4 x q_k
Uso 1	0,4 x q_k
Uso 1	0,4 x q_k
Térreo	1,0 x q_k
Garagens	1,0 x q_k

(b)[1]

Cobertura	1,0 x q_k
Ático	1,0 x q_k
Uso 1	1,0 x q_k
Uso 1	1,0 x q_k
Uso 1	1,0 x q_k
Uso 1	0,8 x q_k
Uso 1	0,6 x q_k
Uso 1	0,4 x q_k
Uso 2	1,0 x q_k
Uso 2	1,0 x q_k
Uso 2	1,0 x q_k
Uso 2	0,8 x q_k
Uso 2	0,6 x q_k
Uso 2	0,4 x q_k
Uso 2	0,4 x q_k
Uso 2	0,4 x q_k
Térreo	1,0 x q_k
Garagens	1,0 x q_k

Cobertura	1,0 x q_k		
Ático	1,0 x q_k		
Uso 1	1,0 x q_k		
Uso 1	1,0 x q_k		
Uso 1	1,0 x q_k	Uso 3	1,0 x q_k
Uso 1	0,8 x q_k	Uso 3	1,0 x q_k
c.v.n.r.	1,0 x q_k	Uso 3	1,0 x q_k
Uso 1	0,6 x q_k	Uso 3	0,8 x q_k
Uso 1	0,4 x q_k	Uso 3	0,6 x q_k
Uso 2	1,0 x q_k	Uso 3	0,4 x q_k
Uso 2	1,0 x q_k	Uso 3	0,4 x q_k
Uso 2	1,0 x q_k	Uso 3	0,4 x q_k
Uso 2	0,8 x q_k	Uso 3	0,4 x q_k
Uso 2	0,6 x q_k	Uso 3	0,4 x q_k
Uso 2	0,4 x q_k	Uso 3	0,4 x q_k
Uso 2	0,4 x q_k	Uso 3	0,4 x q_k
Uso 2	0,4 x q_k	Uso 3	0,4 x q_k
Térreo			1,0 x q_k
Garagens			1,0 x q_k

(c)[1]

Cobertura	1,0 x q_k
Ático	1,0 x q_k
Uso 1	1,0 x q_k
Uso 1	1,0 x q_k
Uso 1	1,0 x q_k
Uso 1	0,8 x q_k
Uso 1	0,6 x q_k
Uso 1	0,4 x q_k
Uso 1	0,4 x q_k
Uso 2	1,0 x q_k
Uso 2	1,0 x q_k
Uso 2	1,0 x q_k
Uso 2	0,8 x q_k
Uso 2	0,6 x q_k
Uso 2	0,4 x q_k
Térreo	1,0 x q_k
Garagens	1,0 x q_k

[1] c.v.n.r. – Carga variável não redutivel

3.7 Ações horizontais: O efeito do vento segundo a NBR 6123

Segundo a NBR 6118 [15], há a necessidade de considerar o vento em todas as estruturas. O vento de forma simplificada é o deslocamento de massas de ar decorrente das diferenças de pressão na atmosfera. Esse deslocamento é considerado como força horizontal atuante na estrutura.

O comportamento do vento é em geral turbulento, composto de diversos redemoinhos, de diferentes tamanhos e características rotacionais. Estas características fazem com que o vento apresente variações bruscas de velocidade, denominadas rajadas. A variação de velocidade gradual, que ocorre ao longo de grandes períodos em função dos diferentes ciclos de energia solar não afeta consideravelmente as estruturas. Os picos de velocidade, que ocorrem em períodos curtos, por causa das rajadas, são importantes para a análise estrutural. Uma característica que dificulta a análise das cargas de vento é a velocidade da sua aplicação na estrutura, pois, em geral, considera-se que as sobrecargas aumentam lentamente, o que permite uma análise estática ou quase estática da estrutura. Já as cargas de vento variam de forma suficientemente rápida, provocando deslocamentos maiores que se considerarmos uma variação gradual, em virtude dos efeitos inerciais [23].

Mendis [24] afirma que estruturas sensíveis ao vento devem ser analisadas de três formas:

a) Impacto no entorno: quando o vento passa por uma estrutura, sofre alteração no seu movimento, e surgem componentes em diversas direções. Esses componentes podem afetar objetos no entorno, podendo causar danos a outras estruturas existentes, ou desconforto aos pedestres que passam próximo ao edifício;

b) Cargas de vento aplicadas às fachadas: muitas estruturas possuem formas geométricas complexas, tornando-se difícil a definição da distribuição de carga nas fachadas. Nesses casos, é aconselhável fazer o teste de túnel de vento, de forma a definir com exatidão a distribuição das pressões. Esta definição é importante na análise de efeitos locais, eliminando possíveis danos nos elementos de fechamento, como painéis e vidros;

c) Cargas de vento aplicadas à estrutura como um todo: são as cargas principais que definem o deslocamento da estrutura. Através desta análise é definido o sistema estrutural responsável por impedir o deslocamento lateral do edifício.

A determinação da carga devida ao vento em uma estrutura é importante para validar os cálculos prévios realizados pelo engenheiro estrutural. Em estruturas muito complexas e com altura elevada costuma-se utilizar os ensaios de túnel de vento para poder verificar uma resposta mais precisa da estrutura em relação à carga de vento. Na Figura 3.8 são apresentados modelos tradicionais de estruturas para o ensaio e túnel de vento.

Figura 3.8 – Simulação de estruturas em um ensaio de túnel de vento [24,25].

Parte da cidade de Melbourne modelada para o túnel de vento.

Simulação de blocos de edifícios.

O vento que age sobre uma estrutura (ver Figura 3.9) deve ser estudado de acordo com seu tipo de incidência. Para isso algumas denominações são essenciais para o estudo do vento em uma estrutura qualquer.

Define-se o termo barlavento (*windward*) como a região de onde sopra o vento (em relação à edificação), e sotavento (*leeward*) a região oposta àquela de onde sopra o vento [25]. Quando o vento sopra sobre uma superfície existe uma sobrepressão (sinal positivo), porém em alguns casos pode acontecer o contrário, ou seja, existir sucção (sinal negativo) sobre a superfície. O vento sempre atua perpendicularmente à superfície que obstrui sua passagem.

Figura 3.9 – Ação do vento sobre uma estrutura predial[1]. Disponível em: http://www.ebanataw.com.br/roberto/vento/index.php.

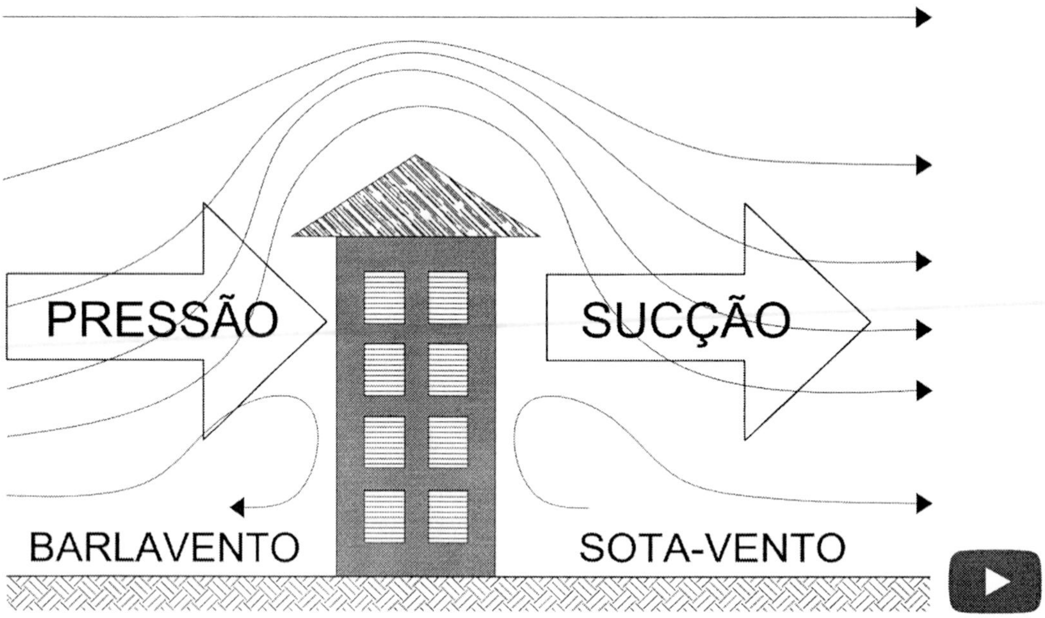

[1]Vídeo do canal: Vamos Falar de Madeira? #CrossLamBrasil

Você Sabia ???

Em estruturas usuais de concreto armado com baixa complexidade, projetistas utilizam-se dos critérios expostos na NBR 6123 [26] para efetuar cálculos de natureza estática e então dimensionar a estrutura de concreto armado conforme aquelas ações. Porém, em estruturas esbeltas e flexíveis (frequência natural de vibração < 1 Hz) os efeitos de vibração introduzidos pela carga de vento devem ser levados em consideração, podendo comprometer seriamente a estabilidade do conjunto. Fenômenos como drapejamento (*flluter*), desprendimento de vórtice (*Vortex shedding*), galope (*Galloping*) e golpeio (*Buffering*) fazem parte do escopo de uma análise mais detalhada de edificações complexas.

Tais fenômenos também são bastante relevantes na análise da estabilidade da estrutura de aeronaves e pontes suspensas (Estaiadas ou Pênseis). Uma combinação destes levou à ruptura da ponte Tacoma Narrows no estado Washington (EUA) em 1940. Ambos ocorrem quando a estrutura tem contato com um fluxo de fluído (massa de ar) [27] e, portanto, essa interação excita a estrutura promovendo situações de instabilidade que devem ser verificadas.

Efeito da instabilidade nas asas de uma aeronave.[1]

Efeito de instabilidade na ponte Tacoma Narrows[2].

[1] Vídeo do canal: Ensino&Tal - Gamificação e Educação Digital
[2] Vídeo do canal: Pedro Maciel

3.7.1 Cálculo da velocidade estática do vento

A velocidade do vento varia conforme a altura, em função da rugosidade do terreno. Essa variação pode ser associada a um efeito de uma superfície no escoamento de um fluido, em que a viscosidade do fluido provoca uma força cortante atuando no sentido contrário ao movimento (força de atrito), quando este entra em contato com a superfície rugosa. Portanto, a velocidade do vento próxima à superfície é quase zero, e aumenta gradativamente. Assim como nos demais fluidos, a partir de certa altura ela se torna praticamente constante [23]. A Figura 3.10 apresenta o formato da variação da força do vento de acordo com a altura da edificação.

Figura 3.10 - Variação do vento conforme a altura [23].

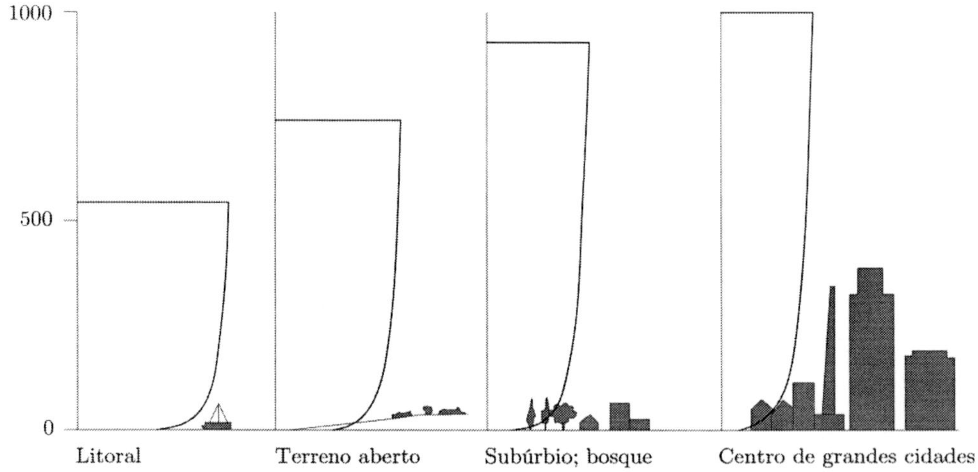

A NBR 6123 [26] propõe a análise estática do vento de acordo com a equação (3.23) que representa a velocidade característica do vento.

$$V_k = V_0 \cdot S_1 \cdot S_2 \cdot S_3 \qquad (3.23)$$

Onde:

V_0 – Velocidade básica (contido no mapa das isopletas – Figura 3.11);

S_1 – Fator topográfico;

S_2 – Fator de rugosidade do terreno (dimensões e altura da edificação);

S_3 – Fator estatístico.

Essa velocidade é dada por uma rajada de 3 segundos, excedida em média uma vez em 50 anos, a 10 metros acima do terreno, em campo aberto e plano. Após a determinação dessa velocidade V_0 é necessário adicionar os fatores corretos (S_1, S_2 e S_3)

Figura 3.11 - Mapa das isopletas para o Brasil [26].

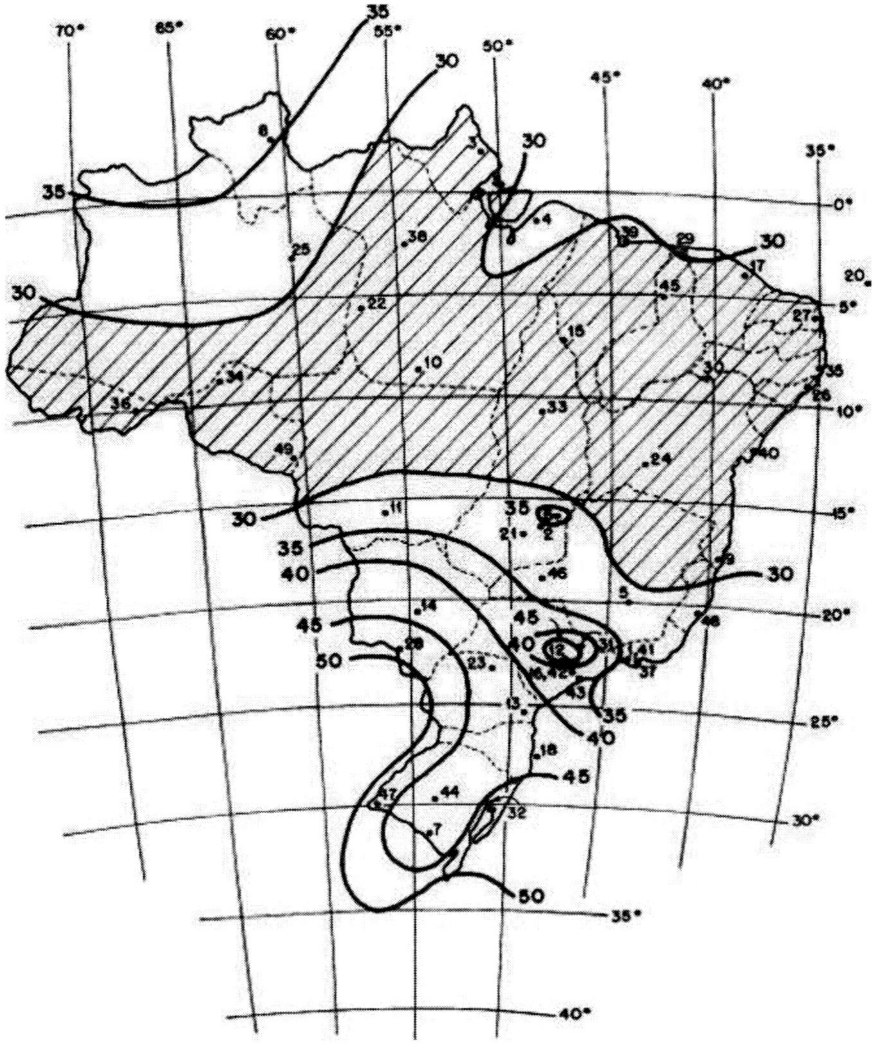

De acordo com a NBR 6123 [26], o Fator Topográfico, S_1, é determinado em função do relevo do terreno. De acordo com a norma temos os seguintes valores:

a) Terreno plano ou quase plano: $S_1 = 1{,}0$;

b) Taludes e morros (Consultar equações (3.24) a (3.26) e Figura 3.12);

Figura 3.12 - Fator topográfico S_1 para taludes (a) e morros (b) [26].

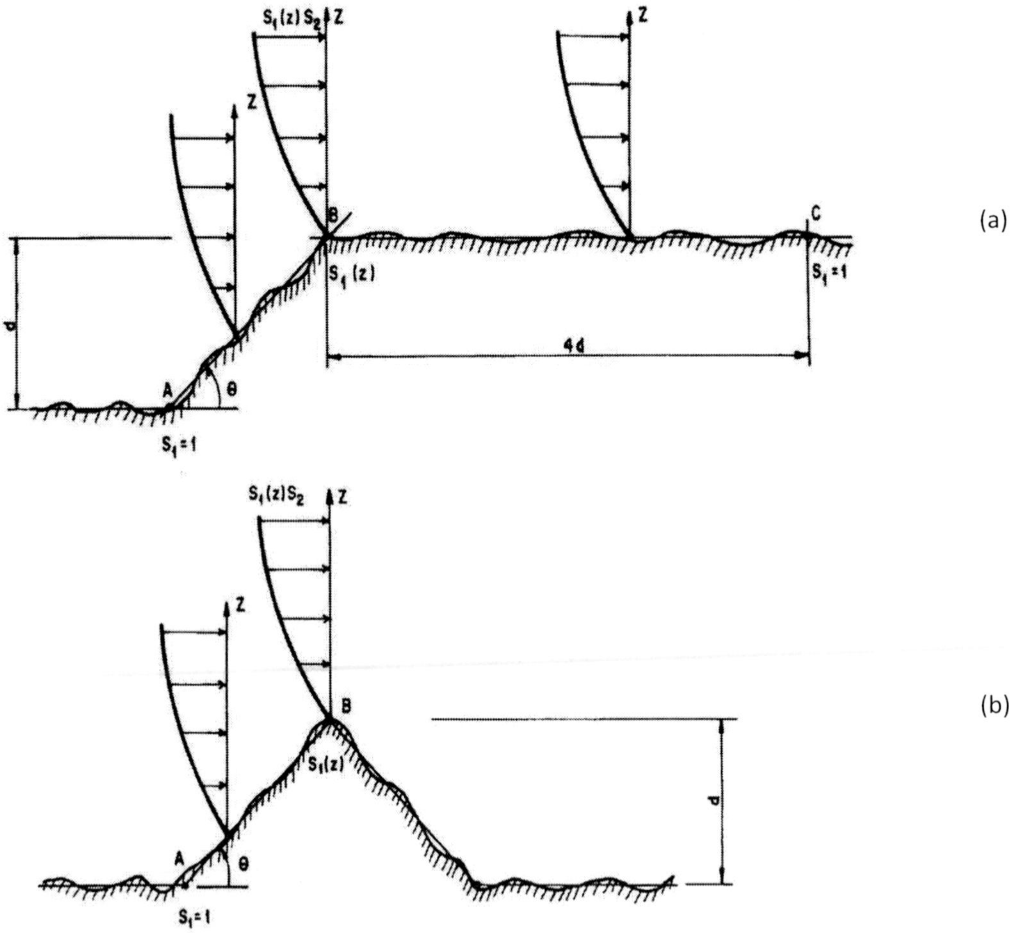

b.1) Para o ponto A (morros) e nos pontos A e C (taludes) $S_1 = 1{,}0$. Para edificações localizadas no ponto B (conforme a Figura 3.12b) S_1 será uma função de $S_1(z)$:

$$\theta \leq 3° \quad \rightarrow \quad S_1(z) = 1{,}0 \tag{3.24}$$

$$6° \leq \theta \leq 17° \quad \rightarrow \quad S_1(z) = 1{,}0 + \left(2{,}5 - \frac{z}{d}\right) tan\,(\theta - 3°) \geq 1{,}0 \tag{3.25}$$

$$\theta \geq 45° \quad \rightarrow \quad S_1(z) = 1{,}0 + \left(2{,}5 - \frac{z}{d}\right) 0{,}31 \geq 1{,}0 \tag{3.26}$$

Onde:

z – Altura média a partir da superfície do terreno do ponto considerado;

d – Diferença de nível entre a base e o topo do talude ou morro;

θ – Inclinação média do talude ou encosta do morro.

b.2) A NBR 6123 [26] prevê que deve-se interpolar linearmente para valores de inclinação entre $3° < \theta < 6°$ e $17° < \theta < 45°$. Para edificações localizadas entre os pontos A e B, B e C, o fator S_1 também é obtido por meio de interpolação.

c) Vales profundos, protegidos de ventos de qualquer direção: $S_1 = 0{,}9$.

Em seguida, o fator de rugosidade S_2 , ele é definido pelo item 5.3 da NBR 6123 [26] e é dado pela combinação e análise de três situações:

a) Rugosidade do terreno;

b) Variação da velocidade de acordo com a altura da edificação;

c) Dimensões da edificação.

Em relação à rugosidade são definidas cinco classes de terreno, são elas:

Categoria I: Superfícies lisas de grandes dimensões com mais de 5km de extensão, medida na direção e sentido do vento incidente. Exemplos: mar calmo, lagos e rios, pântanos sem vegetação.

Categoria II: Terrenos abertos em nível ou aproximadamente em nível, com poucos obstáculos isolados, tais como árvores e edificações baixas. Exemplos: zonas costeiras planas, pântanos com vegetação rala, campos de aviação, pradarias e charnecas, fazendas sem sebes ou muros. A cota média do topo dos obstáculos é considerada inferior ou igual a 1,0 m.

Categoria III: Terrenos planos ou ondulados com obstáculos, tais como sebes e muros, poucos quebra-ventos de árvores, edificações baixas e esparsas. Exemplos: granjas e casas de campo (com exceção das partes com matos), fazendas com sebes e/ou muros, subúrbios a considerável distância do centro, com casas baixas e esparsas. A cota média do topo dos obstáculos é considerada igual a 3,0 m.

Categoria IV: Terrenos cobertos por obstáculos numerosos e poucos espaçados, em zona florestal, industrial ou urbanizada. Exemplos: zonas de parques e bosques com muitas árvores, cidades pequenas e seus arredores, subúrbios densamente construídos de grandes cidades, áreas industriais plena ou parcialmente desenvolvidas. A cota média do topo dos obstáculos é considerada igual a 10 m;

Categoria V: Terrenos cobertos por obstáculos numerosos, grandes, altos e pouco espaçados. Exemplos: florestas com árvores altas, de copas isoladas, centros de grandes cidades, complexos industriais bem desenvolvidos. A cota média do topo dos obstáculos é considerada igual ou superior a 25 m.

Primeiramente, a NBR 6123 [26] define classes para avaliação da influência da dimensão do modelo. As classes são definidas em função do tempo de uma ação de uma rajada de vento, podendo essa ser de 3s, 5s e 10s.

Classe A (rajada média de 3s): Todas as unidades de vedação, seus elementos de fixação e peças individuais de estruturas sem vedação. Toda edificação na qual a maior dimensão horizontal ou vertical não exceda 20 m.

Classe B (rajada média de 5s): Toda edificação ou parte de edificação para a qual a maior dimensão horizontal ou vertical da superfície frontal esteja entre 20 m e 50 m.

Classe C (rajada média de 10s): Toda edificação ou parte de edificação para a qual a maior dimensão horizontal ou vertical da superfície frontal exceda 50 m.

Para situações das dimensões excedendo o valor de 80 m deverá ser feito como o anexo A da NBR 6123 [26]. Portanto, nas demais situações, o cálculo do fator S_2 é expresso pela equação (3.27). Onde p, b são parâmetros meteorológicos e F_r é o fator de rajada.

$$S_2 = b \cdot F_r \left(\frac{z}{10}\right)^p \tag{3.27}$$

O Quadro 3.12 apresenta os parâmetros meteorológicos para o cálculo do fator S_2.

O fator estatístico S_3 é definido em função de três fatores: (a) O uso da edificação; (b) Pelo grau de segurança requerido pela estrutura; e (c) Sua vida útil. Os valores mínimos que podem ser adotados estão definidos no Quadro 3.13.

Quadro 3.12 - Parâmetros meteorológicos para cálculo de S_2[26].

Categoria	z_g (m)	Parâmetros	Classes A	Classes B	Classes C
I	250	b	1,10	1,11	1,12
		p	0,06	0,065	0,07
II	300	b	1,00	1,00	1,00
		F_r	1,00	0,98	0,95
		p	0,085	0,09	0,10
III	350	b	0,94	0,94	0,93
		p	0,10	0,105	0,115
IV	420	b	0,86	0,85	0,84
		p	0,12	0,125	0,135
V	500	b	0,74	0,73	0,71
		p	0,15	0,16	0,175

Quadro 3.13 - Valores mínimos do fator estatístico S_3 [26].

Grupo	Descrição	S_3
1	Edificações cuja ruína total ou parcial pode afetar a segurança ou possibilidade de socorro a pessoas após uma tempestade destrutiva (hospitais, quartéis de bombeiros, centrais de comunicação, etc.)	1,10
2	Edificações para hotéis e residências. Edificações para comércio e indústria com alto fator de ocupação.	1,00
3	Edificações, e instalações industriais com baixo fator de ocupação (depósitos, silos, construções rurais, etc.)	0,95
4	Vedações (telhas, vidros, painéis de vedação, etc.)	0,88
5	Edificações temporárias. Estruturas dos grupos 1 a 3 durante a construção	0,83

A NBR 6123 [26] considera para montagem do Quadro 3.13 uma probabilidade de 63% de velocidade V_0 ser excedida num período de 50 anos. Tais números são considerados como adequados para edificações destinadas a moradias, hotéis, escritórios, etc. Na falta de norma específica ou qualquer indicação sobre a segurança do conjunto a referida norma apresenta o Anexo B para cálculo do fator S_3 de maneira genérica.

3.7.2 Pressão dinâmica e força do vento em edifícios

Determinada a velocidade característica do vento (V_k) na região de instalação da edificação, faz-se necessário a determinação da pressão causada por esse carregamento. O vento é entendido como um fluido e a equação da pressão dinâmica do vento é obtida por meio da mecânica dos fluidos a partir da simplificação da equação de movimento para o escoamento de um fluido sem atrito. Portanto, a partir desses conceitos é gerada a equação (3.28) para determinação da pressão de vento em estruturas.

$$q = 0{,}613 \cdot V_k^2 \qquad (N/m^2) \qquad \text{densidade do fluído de 1,225 kg/m}^3 \tag{3.28}$$

Portanto, a força global sobre uma edificação ou parte dela será dada pela soma vetorial das forças de vento que atuam nessa estrutura. Logo a força de arrasto é dada pela equação (3.29).

$$F_a = Ca \cdot q \cdot A_e \tag{3.29}$$

Sendo Ca o coeficiente de arrasto; q a pressão dinâmica do vento; e A_e a área frontal efetiva da edificação, dada como a área perpendicular à direção do vento. O coeficiente de Ca é dado em função da turbulência do vento calculado. Para ventos de baixa turbulência aplica-se o ábaco da Figura 3.14 e o ábaco para vento de alta turbulência a Figura 3.15. Nesses ábacos a, b, I_1 e I_2 representam as dimensões em planta da edificação e H é a altura da edificação.

A NBR 6123 [26] ainda afirma que para ocorrência de um vento turbulento a edificação analisada não poderá ter altura (H) que exceda em duas vezes a altura média das edificações vizinhas ($h_{média}$) sendo que se considera como vizinhança a distância mínima (d_{min}) (ver Figura 3.13) da equação (3.30).

$$d_{min} = \begin{cases} 500\ m\ para\ H\ até\ 40\ metross \\ 1000\ m\ para\ H\ até\ 55\ metros \\ 2000\ m\ para\ H\ até\ 70\ metros \\ 3000\ m\ para\ H\ até\ 80\ metros \end{cases} \tag{3.30}$$

Figura 3.13 - Condições para ocorrência do vento turbulento.

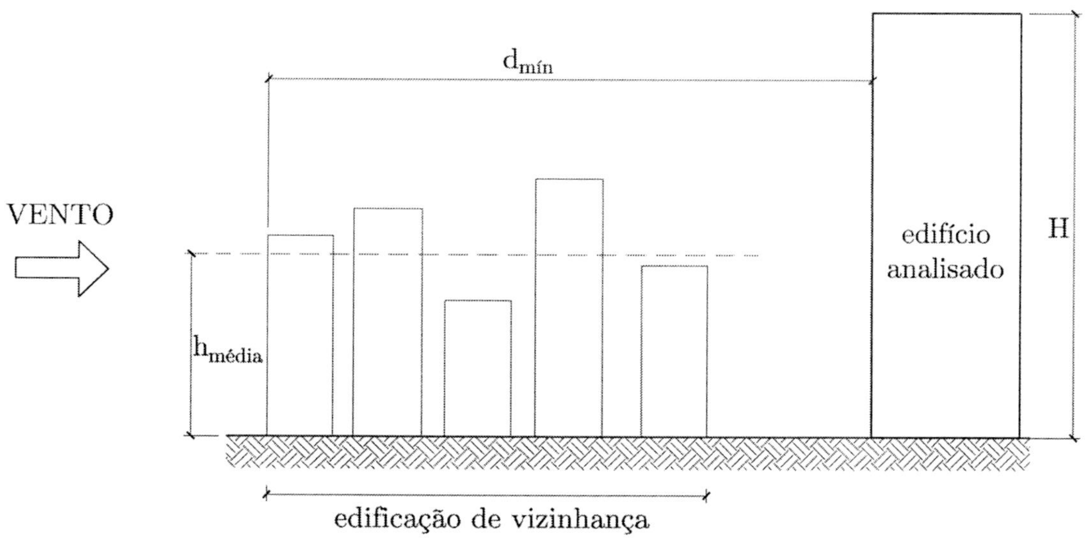

Figura 3.14 - Coeficiente de arrasto Ca, para edificações paralelepipédicas sobre ação de vento não turbulento [26].

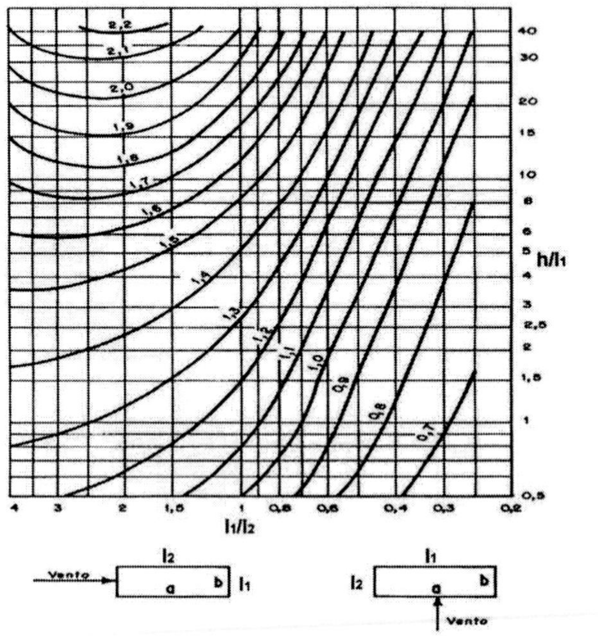

Figura 3.15 - Coeficiente de arrasto Ca, para edificações paralelepipédicas sobre ação de vento turbulento [26].

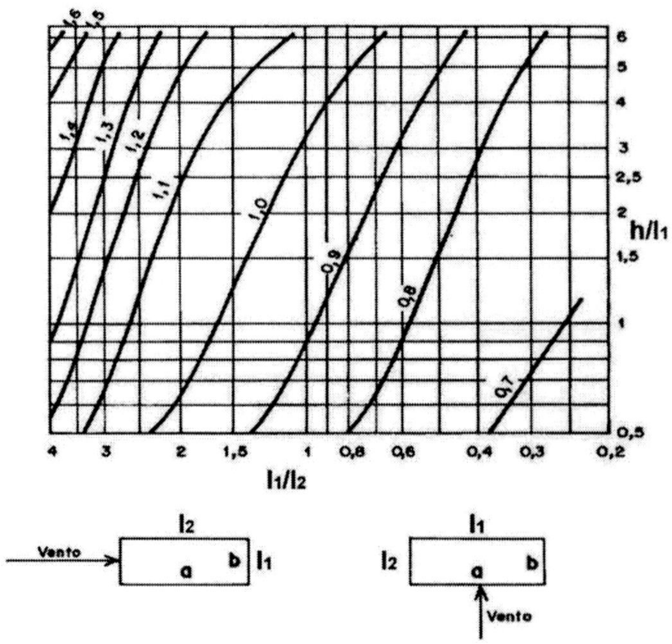

Logo a força de vento por pavimento será em função da direção de atuação do vento e da altura z do edifício. Para tanto, a Figura 3.16 exemplifica a ação do vento ao longo dos pavimentos de um edifício genérico.

Figura 3.16 - Força de arrasto ao longo da altura do prédio. (a) Curva de Carregamento real da edificação [28]; (b) Curva de carregamento simplificado para o caso uniformemente distribuído.

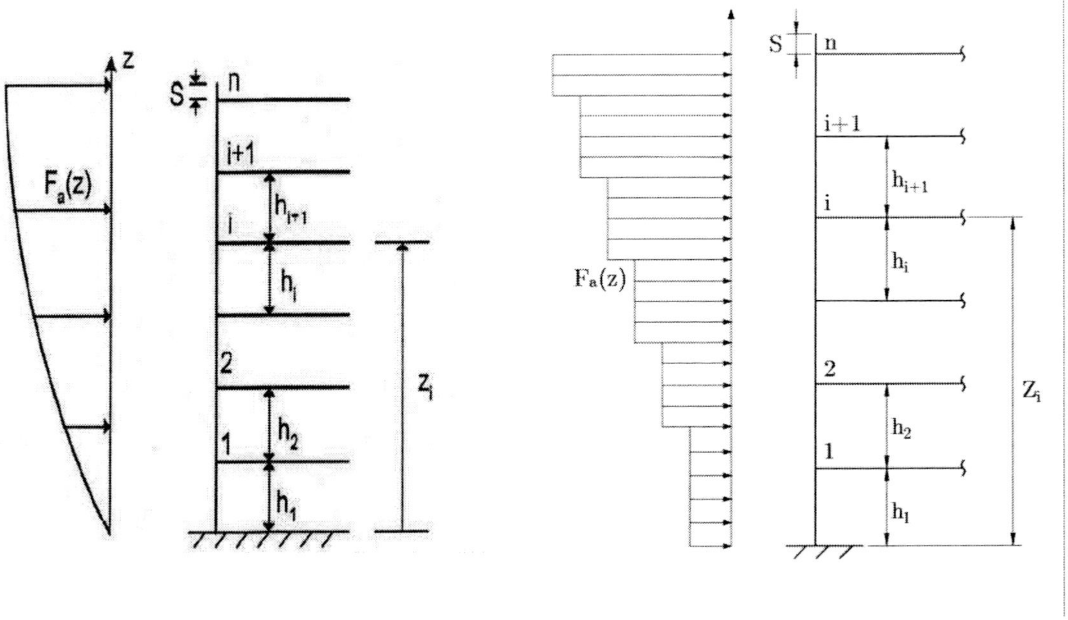

(a) (b)

Para determinação do carregamento de forma manual é possível simplificar o modelo de avaliação conforme Figura 3.16b adotando então uma sequência de carregamentos uniformemente distribuídos que atuaram ao longo do edifício de concreto. Portanto, a integral que representaria o carregamento na estrutura pode ser aproximada conforme as equações (3.31) e (3.32). Nesse caso F_V representa a força resultante de cada carregamento uniformemente distribuído e $F_a{}'(z_i)$ representa a força de arrasto corrigida, sendo essa a equação (3.29) considerando a A_e = 1. Deve-se salientar que a força F_V atua no centroide do carregamento uniformemente distribuído sendo que este ponto é supostamente tido como a intersecção pilar-viga do edifício.

$$F_V = L.\left(\frac{h_{i-1} + h_i}{2}\right).F_a{}'(z_{i-1}) \quad \text{Força em um pavimento intermediário} \tag{3.31}$$

$$F_V = L.\left(\frac{h_n}{2}\right).F_a{}'(z_n) \quad \text{Força no pavimento cobertura} \tag{3.32}$$

Apresentamos (Figura 3.17) um exemplo de um edifício com os carregamentos de vento por pavimento. Logo, esse modelo pode ser aplicado junto ao de pórticos associados e então os esforços finais da estrutura podem ser encontrados para cargas verticais e horizontais.

Figura 3.17 - Exemplo da força de vento por pavimento em duas fachadas prediais [28].

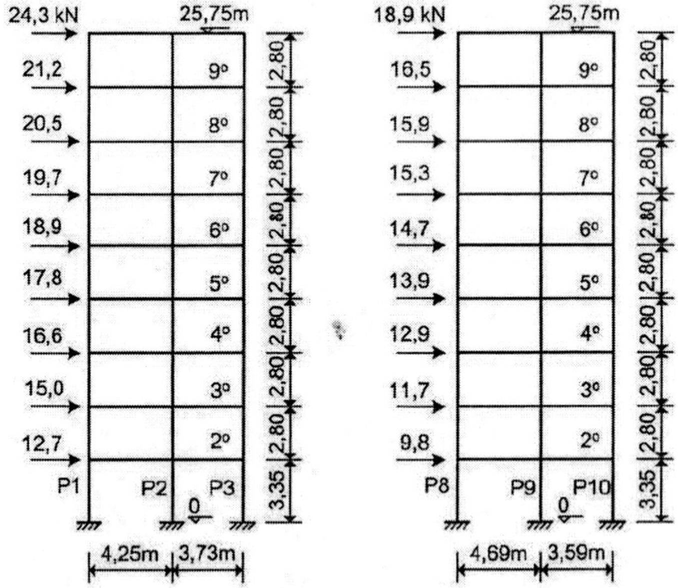

Você Sabia ???

O item 6.6 da NBR 6123 [26] propõe que devem ser considerados, quando for o caso, efeitos da excentricidade na atuação do vento no edifício. Portanto, a força de arrasto calculada deverá ser posicionada de acordo com as excentricidades das direções x e y da edificação (ver **Erro! Fonte de referência não encontrada.**).

Figura 3.18 – Excentricidade para ação do vento [28].

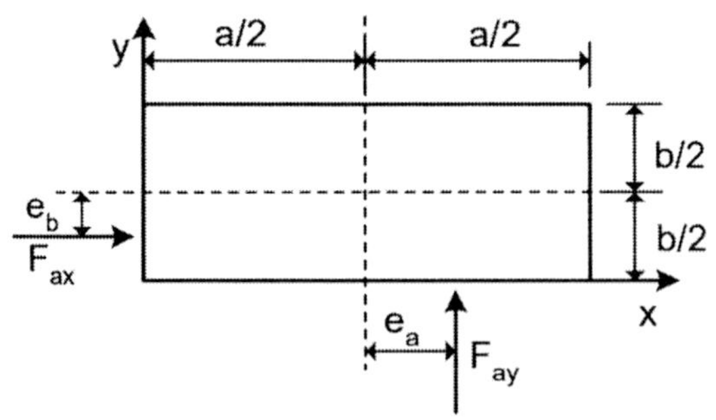

Em edificações sem efeitos da vizinhança os valores das excentricidades são dados como:

$$e_a = 0{,}075.a \quad (3.33)$$

$$e_b = 0{,}075.b \quad (3.34)$$

Já em edificações com efeitos da vizinhança os valores das excentricidades são dados como:

$$e_a = 0{,}15.a \quad (3.35)$$

$$e_b = 0{,}15.b \quad (3.36)$$

Onde:

e_a - Excentricidade do lado maior da edificação;

e_b - Excentricidade do lado menor da edificação;

a - Medida na direção do lado maior da edificação;

b - Medida na direção do lado menor da edificação.

Essa aplicação das forças de excentricidade introduzirá efeitos de torção no sistema estrutural e que devem ser absorvidos pelos pilares que compõem o sistema de contraventamento do edifício e, caso tais efeitos não sejam previstos, pode levar à ruína completa do edifício[1]. Portanto, para análise dessa natureza, é aconselhável o uso de rotinas computacionais que permitam a introdução de forças em diversas direções.

[1] Vídeo do canal: O canal da Engenharia

3.8 Outras ações na direção horizontal

Na análise de estruturas prediais devemos levar em conta outras ações que atuam horizontalmente no sistema. As duas ações mais "famosas" são as criadas devido à imperfeição geométrica da construção (fato que será abordado nesta seção) e também os efeitos de um terremoto (também conhecido como ação de movimento de base).

A Figura 3.19 apresenta um dado quantitativo do deslocamento horizontal de um edifício de múltiplos pavimentos durante a ação de um terremoto.

Figura 3.19 – Registro em deslocamento horizontal do sismo de Northridge, Los Angeles, EUA, em 17 de janeiro de 1994 [29].

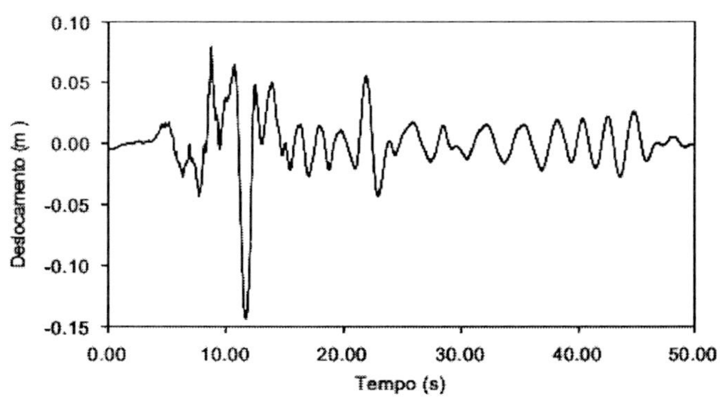

A ação excepcional do tipo terremoto induzirá um efeito vibratório na estrutura de concreto armado, sendo que essas formas são conhecidas como soluções fundamentais de deformação lateral conforme Figura 3.20.

Figura 3.20 – Tipos de sistemas estruturais flexíveis e suas formas fundamentais de deformação lateral (ou modos fundamentais de vibração) [29].

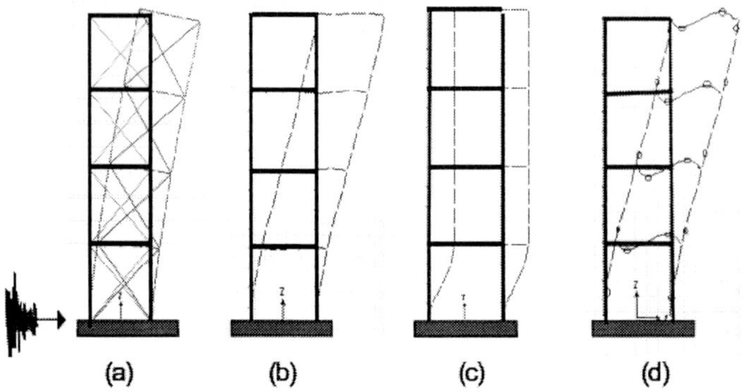

Já, ação devido a imperfeição construtiva, é descrita como global ou local conforme item 11.3.3.4 da NBR 6118 [15]. Aqui teremos como foco as imperfeições globais, pois elas estarem ligadas a carga de vento da estrutura. As imperfeições locais devem ser tratadas no módulo específico para dimensionamento de pilares.

As imperfeições globais devem ser avaliadas e colocadas na estrutura como um tipo de ação horizontal. Essa situação de desaprumo é descrita na Figura 3.21.

Figura 3.21 – Situação de análise de desaprumo da estrutura [15].

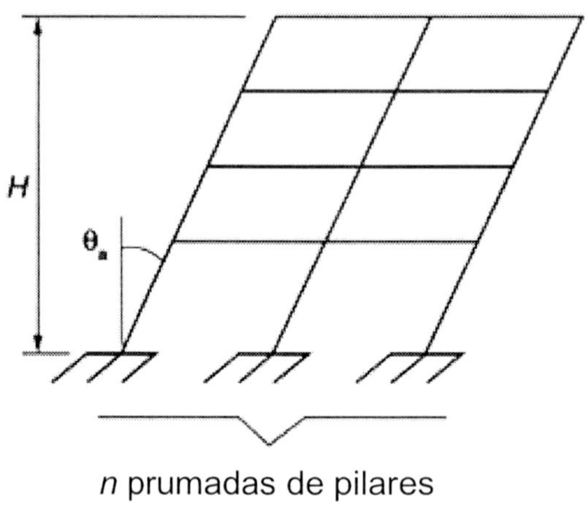

Onde o desaprumo angular θ_a é dado pelas equações (3.37) e (3.38). H representa a altura total do edifício em metros e n é o número de prumadas de pilares no pórtico plano.

$$\theta_{1,min} = \frac{1}{300} \leq \theta_1 = \frac{1}{100\sqrt{H}} \leq \theta_{1.max} = \frac{1}{200} \tag{3.37}$$

$$\theta_a = \theta_1 \sqrt{\frac{1 + 1/n}{2}} \tag{3.38}$$

Para consideração desse desaprumo global como força, Araújo [28] orienta a seguinte conversão: pela equação (3.39), onde F_{vi} representa a força vertical total no andar i do edifício.

$$F_D = \theta_a . F_{vi} \tag{3.39}$$

Além disso, a NBR 6118 [15] item 11.3.3.4.1 apresenta algumas observações sobre a consideração das ações de vento e desaprumo, são elas:

a) Quando 30 % da ação do vento for maior que a ação do desaprumo, considera-se somente a ação do vento;

b) Quando a ação do vento for inferior a 30 % da ação do desaprumo, considera-se somente o desaprumo, respeitando a consideração de $\theta_{1,min}$, conforme definido anteriormente;

c) Nos demais casos, combina-se a ação do vento e desaprumo, sem necessidade da consideração do $\theta_{1,min}$. Nessa combinação, admite-se considerar ambas as ações atuando na mesma direção e sentido como equivalentes a uma ação do vento, portanto, como carga variável, artificialmente amplificada para cobrir a superposição.

A comparação também pode ser feita com os momentos totais na base da construção e em cada direção e sentido da aplicação da ação do vento, com desaprumo calculado com θ_a, sem a consideração do $\theta_{1,min}$. [15].

3.9 Determinando as ações no sistema estrutural

Passadas todas as condições informadas pelos regramentos normativos, agora passamos à etapa de levantamento de carregamentos no sistema estrutural. Tal etapa é de suma importância, pois o levantamento de uma carga indevida ou uma consideração equivocada poderá tirar suas noites de sono!

Portanto, a recomendação básica é que ao verificar os carregamentos, tenha em mãos a arquitetura, estude o uso da estrutura e que em cima dessas condições defina o carregamento da maneira mais abrangente possível.

Vamos estabelecer inicialmente que os carregamentos serão determinados em duas parcelas básicas: (a) Carga Permanente representada pela letra *G* (em inglês *Dead Load - D*); (b) Carga Variável representada pela letra *Q* (em inglês *Live Load - L*); e (c) Carga Variável de vento representada pela letra *V* (em inglês *Wind Load - W*). É claro que outros tipos de ações podem ocorrer no ato do levantamento de cargas, porém, para situações mais usuais estes três modelos estarão presentes.

3.9.1 O peso próprio de alguns elementos de concreto

Aqui nessa seção, a prescrição básica é a aplicação da fórmula básica das disciplinas de física: $Massa = Volume\ x\ Densidade$. Neste caso, como estamos tratando de elementos de concreto armado, a densidade padrão utilizada para esses elementos será de γ_c = 25 kN/m^3 conforme Quadro 3.7.

Por exemplo, em lajes maciças o valor do carregamento será determinado em função de uma área, portanto, a carga total (G_{pp}^{laje}) para esse elemento em questão será conforme equação (3.40).

$$G_{pp}^{laje} = h_{laje} . \gamma_c \tag{3.40}$$

Em lajes nervuradas, por exemplo, deve-se levar em consideração o espaço que é preenchido com o elemento inerte. Logo, para determinação da carga distribuída na área do painel deve-se considerar a situação da Figura 3.22.

Figura 3.22 – Laje nervurada e as considerações para obtenção do carregamento no painel.

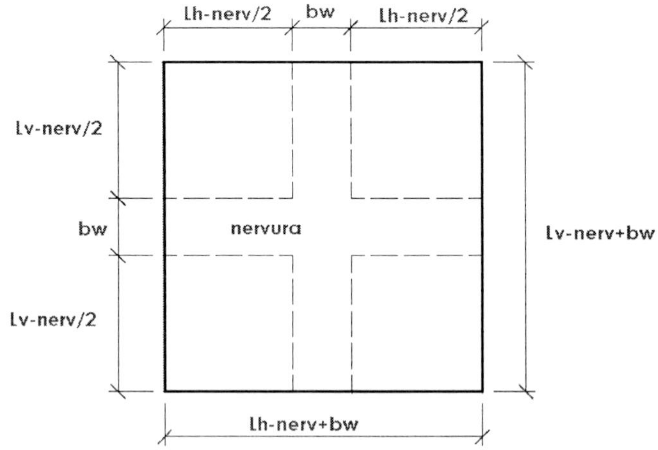

Onde:

$Lh - \mathrm{nerv}$ - Distância horizontal do elemento de enchimento (cm);

$Lv - \mathrm{nerv}$ - Distância vertical do elemento de enchimento (cm);

b_w – Largura da nervura (cm).

Para determinação do carregamento devido ao peso próprio determina-se inicialmente o volume de concreto, conforme equação (3.41) e a espessura média de concreto conforme equação (3.42) [30].

$$V_{concreto}^{laje} = \left(h_{capa}.Lh - nerv.Lv - nerv\right) + \left(Lv - nerv.b_w.[h - h_{capa}]\right) + 2.\left(Lh - nerv.b_w.[h - h_{capa}]\right) \quad (3.41)$$

$$\bar{e} = \frac{V_{concreto}^{laje}}{(Lh - nerv.Lv - nerv)} \quad (3.42)$$

$$\bar{e_e} = h - \bar{e} \quad (3.43)$$

Onde:

$V_{concreto}^{laje}$ – Volume de concreto (cm^3);

h_{capa} – Altura da capa de concreto (cm);

h – Altura total da laje (cm);

$\bar{e}$ – Espessura média da laje;

$\bar{e_e}$ – Espessura média do enchimento da laje.

Com os resultados obtidos acima, deve-se retornar à equação (3.40) e determinar então o peso do concreto e o peso do enchimento que constituem o elemento estrutural, substituindo o valor de h por $\bar{e}$ e $\bar{e_e}$. O peso específico do material de enchimento deve ser verificado de acordo com o método construtivo, podendo ser: (a) Lajotas cerâmicas; ou (b) isopor, por exemplo. No caso de lajes nervuradas em que o elemento de forma ou enchimento seja retirado após a desforma a parcela desse carregamento deve ser desconsiderada.

No caso das vigas, o peso próprio (G_{pp}^{viga}) delas deve ser levantado de forma que o mesmo tome a dimensão de um carregamento distribuído. Portanto, o peso próprio da viga deve ser tomado tramo a tramo de forma a contabilizar qualquer mudança de seção conforme equação (3.44).

$$G_{pp}^{viga} = A_{viga} \cdot \gamma_c \tag{3.44}$$

Onde

A_{viga} – Área da seção bruta de concreto (m^2).

Para a avaliação de pilares, a carga (G_{pp}^{pilar}) poderá ser considerada de duas formas. De maneira simplificada poderá ser considerada uma carga pontual no topo do pilar (saída em kN) e a maneira mais complexa como carga distribuída ao longo do pilar (kN/m). As equações (3.45) e (3.46) apresentam essas formas.

$$G_{pp}^{pilar} = V_{pilar} \cdot \gamma_c \quad \text{Como carga pontual} \tag{3.45}$$

$$G_{pp}^{pilar} = A_{pilar} \cdot \gamma_c \quad \text{Como carga distribuída no eixo do pilar} \tag{3.46}$$

Onde

A_{pilar} – Área da seção bruta de concreto (m^2);

V_{pilar} – Volume da seção bruta de concreto (m^3).

Todas as formas de carregamento são apresentadas na Figura 3.23.

Figura 3.23 – Carregamento devido ao peso próprio dos elementos de concreto armado.

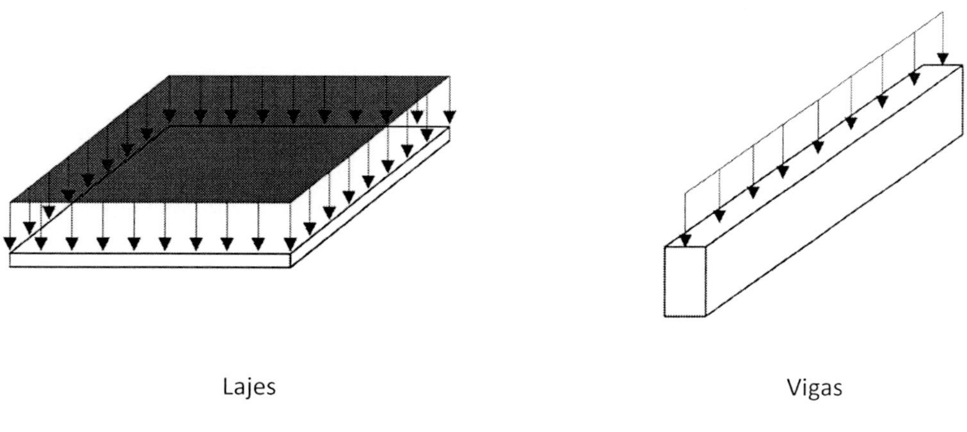

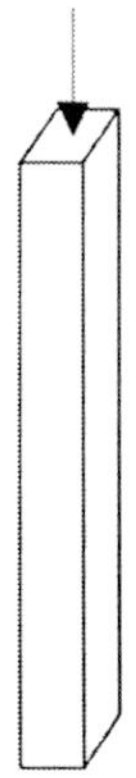

Pilar modelo equação (3.45)

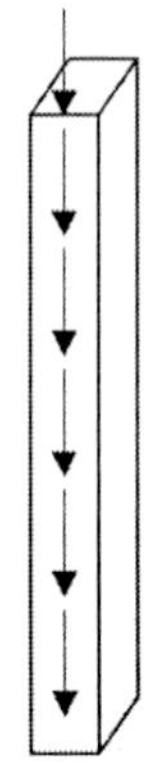

Pilar modelo equação (3.46)

3.9.2 O peso próprio dos elementos construtivos

A composição de peso próprio dos elementos construtivos do sistema estrutural são os mais variados possíveis, são exemplos: Piso, enchimentos, vedações, esquadrias.

Como dito anteriormente essas análises têm que ser feitas com bastante cuidado e com a maior atenção possível para que nada seja deixado de fora dessas ponderações. Com a atualização da NBR 6120 [22] partes anteriormente duvidosas, por exemplo, a de revestimentos, foi sanada nessa nova versão.

Os revestimentos sejam eles de teto e piso agora estão cobertos de forma mais precisa conforme Quadro 3.14 a Quadro 3.18. Outras situações mais específicas como a carga gerada por tubulações, pesos de veículos e situações de estruturas para armazenamento podem ser consultadas na NBR 6120 [22].

Quadro 3.14 - Peso por área de revestimentos e impermeabilizações [22][1].

Material	Espessura cm	Peso kN/m²
Impermeabilização com manta asfáltica simples (apenas manta com 15 % de sobreposição e pintura asfáltica, sem camada de regularização nem proteção mecânica)	0,3 0,4 0,5	0,08 0,10 0,11
Piso elevado Interno com placas de aço, sem revestimento (até 30 cm de altura) Piso elevado Interno com placas de polipropileno, sem revestimento (até 30 cm de altura)	- -	0,5 0,15
Revestimentos de pisos de edifícios residenciais e comerciais ($\gamma_{ap\text{-}m}$ = 20 kN/m3)	5 7	1,0 1,4
Revestimentos de pisos de edifícios industriais ($\gamma_{ap\text{-}m}$ = 34 kN/m³)	5 7	1,7 2,4
Impermeabilizações em coberturas com manta asfáltica e proteção mecânica, sem revestimento ($\gamma_{ap\text{-}m}$ = 18 kN/m³)	10 15	1,8 2,7

[1]Calcular caso a caso, considerando a espessura dos componentes do revestimento de pisos e seus respectivos pesos específicos. Na falta de informações mais precisas, podem ser considerados os pesos específicos médios indicados.

Quadro 3.15 - Peso por área de telhas [22][1].

Material	Peso na superfície inclinada kN/m²
Telha cerâmica em geral (exceto tipo germânica e colonial)	0,45
Telha cerâmica tipo germânica ou colonial	0,60
Telha de fibrocimento ondulada com espessura 4 mm	0,14
Telha de fibrocimento ondulada com espessura 5 mm	0,16
Telha de fibrocimento ondulada com espessura 6 mm	0,18
Telha de fibrocimento ondulada com espessura 8 mm	0,24
Telha de fibrocimento modulada com espessura 8 mm	0,26
Telha de fibrocimento tipo canaleta com espessura 8 mm	0,25
Telha de alumínio com espessura 0,6 mm	0,025
Telha de alumínio com espessura 0,8 mm	0,035
Telha plástica em geral (exceto tipo colonia)	0,050
Telha plástica colonial	0,15
Telha de aço ondulada ou trapezoidal com espessura 0,5 mm	0,06
Telha de aço ondulada ou trapezoidal com espessura 0,8 mm	0,10
Telha de aço ondulada ou trapezoidal com espessura 1,25 mm	0,14
Telha de vidro	0,45

[1]Peso por metro quadrado de telhas, na superfície inclinada, incluindo a superposição, elementos de fixação e absorção de água.

Quadro 3.16 - Peso por área de telhados [22][1].

Composição	Peso na superfície horizontal kN/m²
Com telhas cerâmicas em geral (exceto tipo germânica e colonial) e estrutura de madeira com inclinação ≤ 40 %	0,70
Com telhas cerâmicas (tipo germânica e colonial) e estrutura de madeira com inclinação ≤ 40 %	0,85
Com telhas de fibrocimento onduladas (com espessura até 5 mm) e estrutura de madeira	0,40
Com telhas de alumínio (com espessura até 0,8 mm) e estrutura metálica de aço	0,30
Com telhas de alumínio (com espessura até 0,8 mm) e estrutura de alumínio	0,20
Com telhas de fibrocimento tipo canaleta (com espessura até 0,8 mm) e estrutura de madeira	0,35

[1]Peso por metro quadrado de telhado, na superfície horizontal, incluindo a estrutura de suporte (tesouras, terças, caibros e ripas).

Quadro 3.17 - Enchimentos [22].

Material	Peso específico aparente γ_{ap} kN/m³
Entulho de obra, caliça	15,00
Blocos de concreto celular autoclavado	6,50
Argila expandida	5 a 7 (6)
Concreto leve (com argila expandida)	17 a 19 (18)
Solo	16 a 20 (18)
Poliestireno expandido (EPS) de alta densidade	0,30

Quadro 3.18 – Forros, dutos e sprinkler [22].

Material	Peso kN/m²
Forro de fibra mineral, inclui estrutura de suporte	0,10
Forro de gesso acartonado, inclui estrutura de suporte	0,25
Forro de gesso em placas, inclui estrutura de suporte	0,15
Forro de PVC, inclui estrutura de suporte	0,10
Forro de placas de alumínio, inclui estrutura de suporte	0,10
Dutos de ventilação, sem isolamento térmico	0,20
Dutos de ar-condicionado, com isolamento térmico	0,30
Rede de distribuição de chuveiros automáticos (sprinkler) com diâmetro nominal de até 65 mm	0,10
Rede de distribuição de chuveiros automáticos (sprinkler) com diâmetro nominal de até 80 mm	0,15

Quadro 3.19 - Peso de divisórias e caixilhos [22].

Material	Espessura nominal do elemento	Peso kN/m²
Drywall (composição: montantes metálicos, quatro chapas com 12,5 mm de espessura cada e isolamento acústico com lã de rocha ou lã de vidro com 50 mm de espessura)	7 a 30	0,50
Divisórias retráteis (exceto divisórias com vidro)	7 a 12	0,60
Caixilhos, incluindo vidro simples (espessura 4 mm):		
- de alumínio,	-	0,20
- de ferro,		0,30
- que vão de piso a piso, com h ≤ 4,0 m		0,50
Fachadas com pele de vidro, fachadas unitizadas	Validar conforme o caso	

As vedações são carregamentos que necessitam de um tratamento especial caso estejam descarregando sobre lajes ou vigas. Porém, independente do formato que esteja posicionado o carregamento original da parede é contemplado pela nova NBR 6120 [22]. Para consideração de elementos de vedação em caixilhos metálicos ou divisórias *drywall* é apresentado o Quadro 3.19. O Quadro 3.20 apresenta as condições para estabelecimento da carga em alvenarias de vedação em blocos

Quadro 3.20 - Peso por área de alvenaria adaptado [22].

Alvenaria	Espessura nominal do elemento cm	Peso - Espessura de revestimento por face kN/m²		
		0 cm	1 cm	2 cm
ALVENARIA ESTRUTURAL				
Bloco de concreto vazado (Classes A e B - ABNT NBR 6136)	14	2,0	2,3	2,7
	19	2,7	3,0	3,4
Bloco cerâmico vazado com paredes maciças (Furo vertical - ABNT NBR 15270-1)	14	2,0	2,3	2,7
Bloco cerimloo vazado com paredes vazadas (Furo vertical - ABNT NBR 15270-1)	9	1,1	1,5	1,9
	11,5	1,4	1,8	2,2
	14	1,7	2,1	2,5
	19	2,3	2,7	3,1
Tijolo cerâmico maciço (ABNT NBR 15270-1)	9	1,6	2,0	2,4
	11,5	2,1	2,5	2,9
	14	2,5	2,9	3,3
	19	3,4	3,8	4,2
Tijolo sílico-calcário vazado (Classe E - ABNT NBR 14974-1)	9	1,1	1,5	1,9
	14	1,5	1,9	2,3
	19	1,9	2,3	2,7
Bloco sílico-calcário perfurado (Classes E, F e G - ABNT NBR 14974-1)	11,5	1,9	2,3	2,7
	14	2,1	2,5	2,9
	17,5	2,8	3,2	3,6
ALVENARIA DE VEDAÇÃO				
Bloco do concreto vazado (ClaSse C -ABNT NBR 6136)	6,5	1,0	1,4	1,8
	9	1,1	1,5	1,9
	11,5	1,3	1,7	2,1
	14	1,4	1,8	2,2
	19	1,8	2,2	2,6
Bloco cerâmico vazado (Furo horizontal - ABNT NBR 15270-1)	9	0,7	1,1	1,6
	11,5	0,9	1,3	1,7
	14	1,1	1,5	1,9
	19	1,4	1,8	2,3
Bloco de concreto celular autoclavado (Classe C25-ABNT NBR 13438)	7,5	0,5	0,9	1,3
	10	0,6	1,0	1,4
	12,5	0,8	1,2	1,6
	15	0,9	1,3	1,7
	17,5	1,1	1,5	1,9
	20	1,2	1,6	2,00
Bloco do vidro (decorativo, sem resistência ao fogo)	8	0,8	-	-

NOTA Na composição de pesos de alvenarias desta Tabela foi considerado o seguinte:

- argamassa de assentamento vertical e horizontal de cal, cimento e areia com 1 cm de espessura e peso específico de 19 kN/m³;
- revestimento com peso específico médio de 19 kN/m³;
- proporção de um meio bloco para cada três blocos inteiros;
- sem preenchimento de vazios (com graute etc.).

3.9.3 Distribuição do carregamento em lajes de concreto

Para elementos de laje com fator de forma, $\lambda \leq 2$, o procedimento para cálculo do carregamento distribuído é dado conforme equação (3.47).

$$G_{EC}^{alv} = \frac{(a+b).H_{alv}.e_{alv}.\gamma_{alv}}{l_x.l_y} \tag{3.47}$$

Onde:

G_{EC}^{alv} – Carga permanente da alvenaria (kN/m²);

H_{alv} – Pé-direito da alvenaria (m),

a, b – Comprimento da alvenaria em planta (m);

e_{alv} – Espessura da alvenaria (m);

γ_{alv} – Peso específico da alvenaria (kN/m³);

l_x, l_y – Vãos teóricos da laje nas duas direções.

O projetista pode optar por determinar o seu próprio valor de carga de alvenaria ou determinar utilizando a norma NBR 6120 [22]. Em caso de necessidade de determinação do valor da carga de alvenaria pode substituir o termo $e_{alv}.\gamma_{alv}$, equação (3.47), pelo valor da equação (3.48).

$$e_{alv}.\gamma_{alv} = e_{reb}.\gamma_{reb} + e_{tij}.\gamma_{tij} \tag{3.48}$$

Onde:

e_{reb} – Espessura do reboco da face interna mais da face externa do elemento de vedação (m);

γ_{reb} – Densidade da argamassa do reboco, formada por cal, areia e cimento (kN/m³);

e_{tij} – Espessura do elemento de vedação (m);

γ_{tij} – Densidade do elemento de vedação (kN/m³).

Caso o projetista não tenha necessidade de controlar esse valor pode-se recorrer ao Quadro 3.20 ou Quadro 3.19 substituindo o valor da carga da alvenaria pelo termo $e_{alv}.\gamma_{alv}$ da equação (3.47). Portanto, para as lajes com fator de forma, $\lambda \leq 2$, a carga da vedação será distribuída em uma área.

Em caso de lajes com fator de forma $\lambda > 2$ e vigas onde se deseja uma distribuição linear ou pontual do carregamento, o procedimento se torna semelhante. Porém, nas lajes com esse fator de forma o projetista poderá optar por distribuir tais carregamentos por regiões da laje criando assim duas zonas de carregamento. Tal procedimento influencia nas distribuições das armaduras em lajes, pois na região com a suposta carga de alvenaria, a taxa de armadura tende a ser maior. A Figura 3.24 apresenta os modelos utilizados para determinação de carga de vedações em lajes de concreto armado.

Figura 3.24 – Carga de parede sobre a laje armada em uma direção.

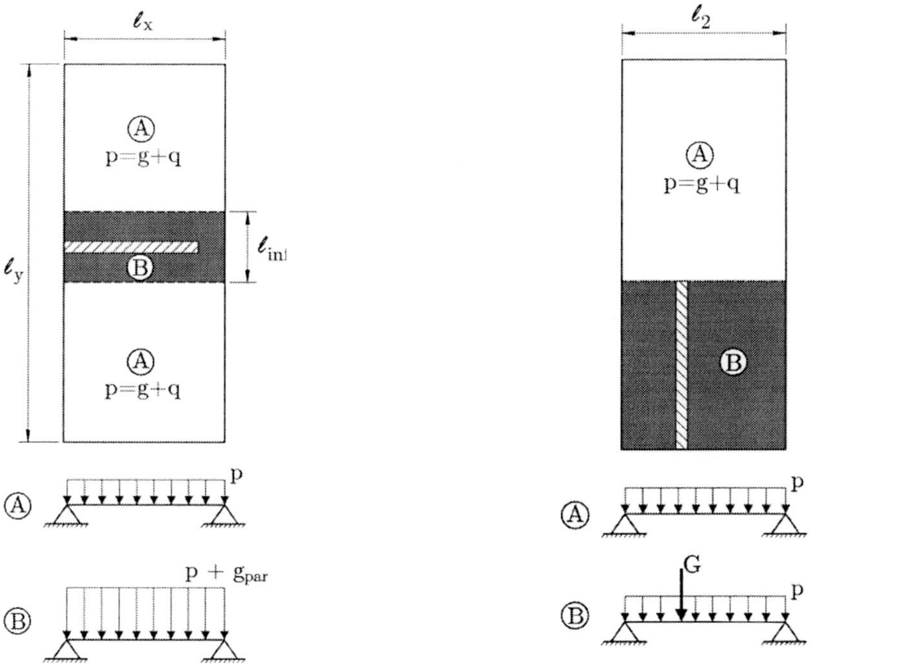

(a) Paralela à dimensão l_x (b) Perpendicular à dimensão l_x

A equação (3.49) apresenta critério de cálculo para a situação da Figura 3.24a. Deve-se lembrar que apenas a região B será carregada com a carga de alvenaria.

$$G_{EC}^{alv} = \frac{(H_{alv}.\, e_{alv}.\, l_{alv}).\, \gamma_{alv}}{l_x.\, (l_{inf})} \tag{3.49}$$

Onde:

G_{EC}^{alv} – Carga permanente da alvenaria (kN/m²);

H_{alv} – Pé-direito da alvenaria (m);

e_{alv} – Espessura da alvenaria (m);

l_{alv} – Comprimento da alvenaria (m);

γ_{alv} – Peso específico da alvenaria (kN/m³).

O critério para determinação da faixa de carregamento é baseado em antigo critério disposto na NBR 6118 [22]. Que as cargas se distribuem a 45º até o plano médio da laje. O valor de l_{inf} é dado pela equação (3.50).

$$l_{inf} = e_{alv} + h_{laje} \tag{3.50}$$

Onde:

e_{alv} – Espessura da alvenaria (m);

h_{laje} – Altura da laje (m).

Para visualizar melhor o formato da distribuição do carregamento apresenta-se a Figura 3.25.

Figura 3.25 – Faixa de distribuição de carregamentos da alvenaria em lajes.

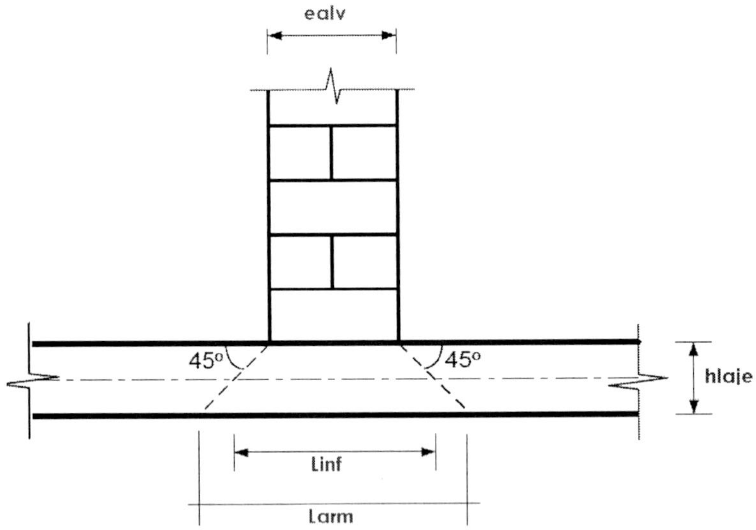

Para a situação da Figura 3.24b utiliza-se a equação (3.51) tal critério de cálculo é apresentado a seguir. Lembrando que a carga determinada nesse processo é uma carga do tipo pontual e será utilizada apenas na região de carregamento B.

$$G_{EC}^{alv} = H_{alv} . e_{alv} . \gamma_{alv} \tag{3.51}$$

Onde:

G_{EC}^{alv} – Carga permanente da alvenaria (kN).

Salientamos que aqui também aplica a situação do termo $e_{alv} . \gamma_{alv}$ ficando a cargo do projetista a definição do critério a ser escolhido.

Para o caso de vigas, não existem distribuições de carregamento em regiões, pois as condições são: (a) Alvenaria distribuída sob o eixo da viga; ou (b) Alvenaria cruzando o eixo da viga. Ambas as formas seguem proposições similares às equações (3.49) e (3.51). No caso de alvenarias posicionadas no eixo das vigas a carga total é dada pela equação (3.52). Em caso da opção b, a equação (3.51) se mantém para vigas.

$$G_{EC}^{alv} = (H_{alv} . e_{alv}) . \gamma_{alv} \tag{3.52}$$

Após a apresentação das principais ações atuantes em edifícios de concreto armado, cabe aqui ressaltar a importância de o engenheiro avaliar situações que não estejam enquadradas nestas ações usuais apresentadas pela NBR 6120 [22], o que leva à necessidade de se pesquisar por autores de trabalhos científicos ou recomendações presentes em outras bibliografias de práticas projetuais que abordem o tipo de ação com sua proposta de carregamento.

O estudante de engenharia irá perceber, ao ter contato com *softwares* de cálculo estrutural, que atualmente o trabalho de dimensionamento e detalhamento se tornou bastante automatizado, não sendo necessário calcular todos os elementos de forma manual e individual, como era antes da popularização de tecnologias computacionais. No entanto, perceber-se-á que mesmo com diversas ferramentas para auxiliar o engenheiro no dia a dia de projetos estruturais, a determinação das ações atuantes nas estruturas ainda é um processo totalmente dependente da subjetividade do engenheiro em tomar decisões. E isso mostra que mesmo existindo ferramentas tão avançadas de cálculo nada substitui, até então, o senso crítico do engenheiro na concepção, o que pode levar a sistemas estruturais extremamente eficientes ou a sistemas que por serem concebidos de forma equivocada podem levar à ruína da estrutura.

Exemplo Resolvido 3.4

Considere um pavimento hipotético para cálculo das cargas atuantes em lajes e vigas. Os carregamentos que atuam sobre a laje devem ser determinados por unidade de área e os carregamentos que atuam sobre a viga devem ser determinados em função do comprimento da peça (carga uniformemente distribuída). Considere para esse projeto os seguintes dados:

- A edificação é para uso residencial;
- Revestimento de contrapiso + piso em porcelanato 60 x 60 cm com espessura de 7 cm;
- Forro de gesso em placas em todo pavimento e = 2,5 cm;
- Contrapiso em argamassa de cimento e areia e = 3,0 cm;
- Laje de concreto armado de 10 cm;
- Viga com dimensões de 14 x 40 cm;
- Pé esquerdo 3,10 cm;
- Todas as vigas são suporte para uma alvenaria de vedação em tijolo furado de 14 cm com reboco de

2 cm em cada face.

Como o exemplo solicita a determinação de carregamentos nas lajes e vigas vamos inicialmente estabelecer os carregamentos nos elementos de laje. Esta carga será calculada em função de uma área, visto que os esforços também seguirão esse padrão.

Considerando que o peso próprio da laje é dado conforme equação (3.40). Portanto, o valor do carregamento de peso próprio da laje será:

$$G_{pp}^{laje} = 0{,}10 \,.\, 25 = 2{,}5\ kN/m^2$$

Deve-se salientar que o peso próprio dos elementos em concreto armado é calculado com base em uma densidade de 25 kN/m^3 conforme Quadro 3.7.

Para determinação da carga referente ao piso e forro existem duas possibilidades. Na possibilidade 1, podemos avaliar detalhadamente a carga no mesmo formato da equação (3.40) que é o de determinar a espessura e densidade do material obtendo assim a carga total. A possibilidade 2 é fazer uso dos quadros da própria norma NBR 6120 [22]. Para a solução deste exemplo vamos empregar a possibilidade 2.

Desta forma a carga de revestimento de piso segue o Quadro 3.14 e tem o valor de $1{,}4\ kN/m^2$. Para a carga referente ao forro vamos utilizar o Quadro 3.18 com o valor de $0{,}15\ kN/m^2$ que é um forro de gesso em placas com a inclusão do peso do suporte. Portanto, a carga total no pavimento é de:

$$G = 2{,}5 + 0{,}15 + 1{,}40 = 4{,}05\ \mathrm{kN/m^2}$$

Como a estrutura tem uso residencial, adotaremos que para este caso em específico, conforme Quadro 3.8, o valor de $1{,}5\ kN/m^2$ para carga variável (Q).

Para a viga de concreto temos o peso próprio que será calculado conforme equação (3.44).

$G_{pp}^{viga} = (0{,}40\ .\ 0{,}14)\ .\ 25 = 1{,}40\ kN/m$

Já a carga de alvenaria que está sobre a viga é dada conforme Quadro 3.20. Neste exemplo a carga por área da alvenaria é de $1{,}90\ kN/m^2$. Considerando que o pé-esquerdo é de 3,10 m e a viga possui altura de 0,40 m a altura total de alvenaria é de 2,70 m.

$G_{pp}^{alv} = 2{,}70\ .\ 1{,}90 = 5{,}13\ kN/m$

A Figura a seguir apresenta o esquema final de carregamento para a viga de concreto armado em questão. Salientamos que esta viga ainda receberia os esforços advindos da laje que seremos capazes de calcular no próximo capítulo.

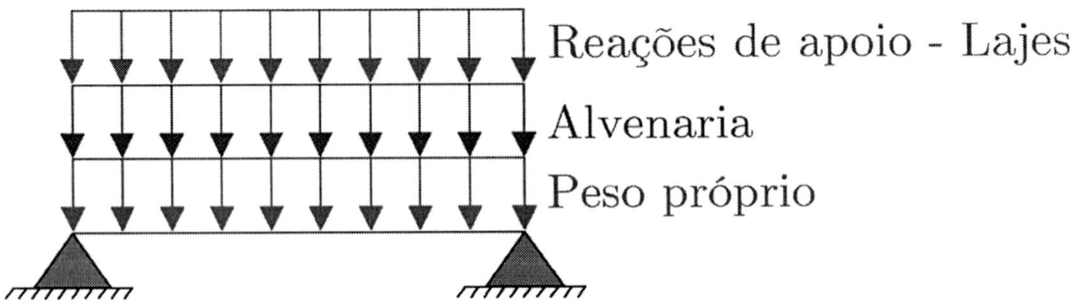

Exemplo Resolvido 3.5 [31].

Determinar a carga das paredes atuantes na laje representada a seguir. A altura das paredes corresponde a 3,00 m e são constituídas de tijolo furado de 11,50 cm, reboco de 2,00 cm em cada face.

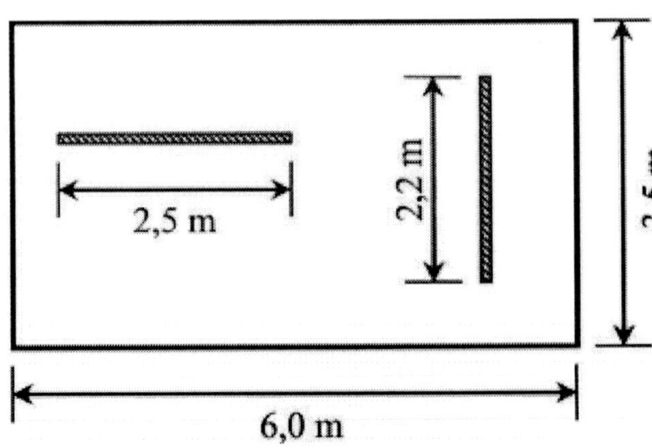

Da mesma forma que no exemplo anterior, buscaremos no Quadro 3.20 o valor da carga por área de alvenaria, que para este exemplo é de $1{,}70\ kN/m^2$.

Além disso, verificaremos qual a relação entre as dimensões da laje de forma a verificar se a mesma é armada em uma direção ou duas.

$\lambda = 6{,}0/3{,}50 = 1{,}71$ Laje armada em duas direções (LA2D)

Portanto, com essa condição estabelecida, faremos toda a carga de alvenaria distribuída na área da laje. Logo será necessário o cálculo do somatório de todos os comprimentos de alvenaria.

$$L_{total} = \sum l_i = 2{,}50 + 2{,}70 = 4{,}70\ m$$

Então aplicamos a equação (3.47) para determinar a carga total de alvenaria por área de laje. Vale salientar que o valor obtido no Quadro 3.20 corresponde à parcela $e_{alv}.\gamma_{alv}$ da equação (3.47).

$$G_{EC}^{alv} = \frac{4{,}70\ .\ 1{,}70\ .\ 3{,}00}{3{,}50\ .\ 6{,}00} = 1{,}14\ kN/m^2$$

Exemplo Resolvido 3.6 [28]

O edifício modelo apresentado na figura a seguir está localizado em uma zona urbana de uma grande cidade em terreno plano. Todas as edificações vizinhas são do mesmo porte ou mais baixas que o edifício em questão, havendo diversas casas inseridas entre os edifícios. Portanto, o objetivo deste exemplo é calcular a carga de vento em cada pavimento para os valores a 0º e 90º em relação à edificação considerando as prescrições da NBR 6123 [26].

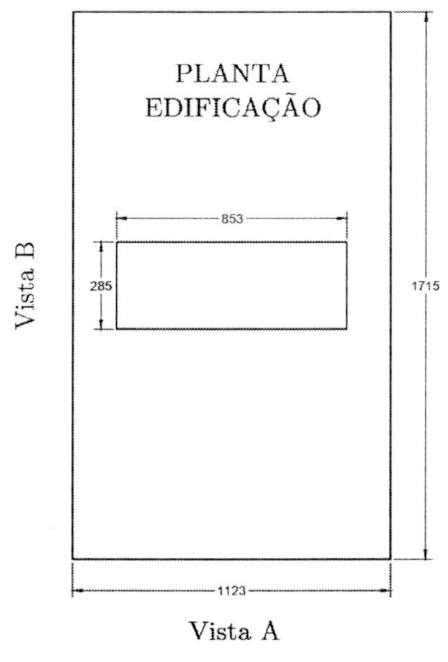

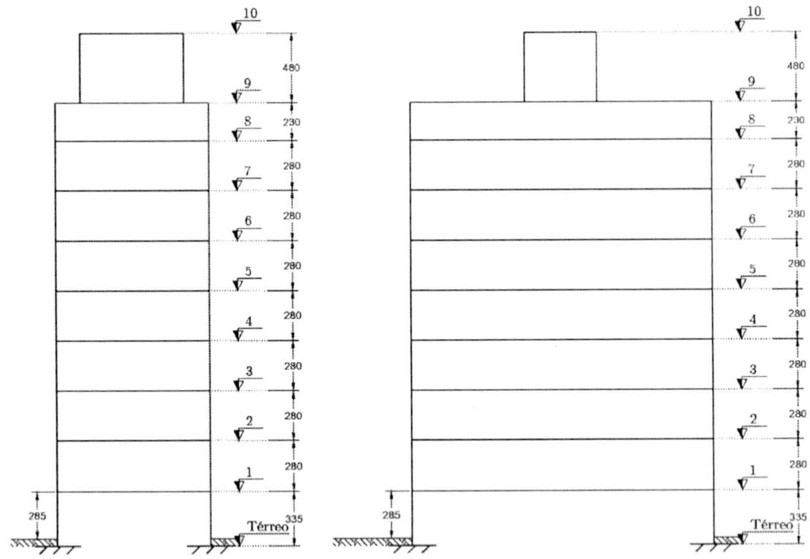

(a) Vista A (b) Vista B

Desconsiderar durante o processo de cálculo o efeito da excentricidade do vento ao atingir a estrutura de concreto. Para esse problema deve-se considerar a velocidade básica do vento em 45 m/s.

Sobre os níveis dos pavimentos, considerar as alturas descritas nas figuras com uma pequena observação para o térreo que é considerado 50 cm acima da cota do bloco de fundação. Portanto, a altura do térreo é dada como 2,85 metros. Para a caixa d'água/casa de máquinas, considerar as projeções de (2,85 x 4,80) e (8,53 x 4,80).

Considerando os dados informados acima, determine a carga de vento que atua na direção ***x*** (face incidente de 17,15 m) do edifício.

Solução

Primeiro devemos calcular os fatores para determinação da velocidade característica do vento.

Como a edificação está localizada em terreno plano, o valor do fator S_1=1,00. Já para o fator S_2 , será calculado por três fatores (dimensões, cota dos andares, rugosidade do terreno) e como ele é dado em função da cota z manteremos essa formatação para facilitar a criação de uma planilha de dados. Portanto, considerando que o edifício é classe B (pois uma das três dimensões do edifício altura, largura e comprimento) e categoria IV. Portanto:

- b = 0,85;
- p = 0,125;
- F_r = 0,98.

$$S_2 = 0{,}85 \cdot 0{,}98 \left(\frac{z}{10}\right)^{0{,}125} = 0{,}833 \left(\frac{z}{10}\right)^{0{,}125}$$

Devido ao uso residencial, o fator $S_3 = 1{,}00$ e a velocidade característica (ver equação (3.23)) é dada em função de uma cota z:

$V_k = 28{,}11.\,z^{0{,}125}$

Agora é possível determinar a pressão dinâmica (q) conforme equação (3.28):

$$\boldsymbol{q = 0,613.\left(28,11.\,z^{0,125}\right)^2 = 484,38.\,z^{0,25}}$$

A força que atuará em cada nível da edificação será dada pelo cálculo da força de arrasto. Neste cálculo adotaremos a $A_e = 1{,}00$ para que seja possível fazer o cálculo até mesmo em andares diferentes como é o caso do primeiro piso que possui uma altura de 2,85 m e também a região acima do último pavimento que contempla mesa de motores e caixa d'água que possui uma altura de 4,80 m.

Outra necessidade é a determinação do coeficiente de arrasto C_a conforme Figura 3.14. Como não foi feita uma avaliação do modelo de escoamento do fluido, adotamos o vento não turbulento a favor da segurança. Deve-se salientar que o vento deverá ser calculado em função da direção que aqui adotaremos 0° para o vento incidente na face de 17,15 m e o vento 90° para incidência sobre a face de 11,23 m.

Desta forma, temos na direção ***x*** ventos a 0° e na direção ***y*** temos ventos a 90° os seguintes valores de arrasto, respectivamente:

$a_x = 11{,}23\ m = l_2;$
$b_x = 17{,}15\ m = l_1;\ h = 29{,}55\ m.$
$$\frac{l_1}{l_2} = \frac{17{,}15}{11{,}23} = 1{,}52$$
$$\frac{h}{l_1} = \frac{29{,}55}{17{,}15} = 1{,}72$$
$Ca_x = 1{,}33$

$a_y = 11{,}23\ m = l_1;$
$b_y = 17{,}15\ m = l_2.$
$$\frac{l_1}{l_2} = \frac{11{,}23}{17{,}15} = 0{,}65$$
$$\frac{h}{l_1} = \frac{29{,}55}{11{,}23} = 2{,}63$$
$Ca_y = 1{,}10$

Assim sendo, podemos determinar os valores da Força de Arrasto tanto na direção ***x*** quanto na ***y***.

$Fa_x = 1{,}33\,.\,484{,}89\,.\,z^{0{,}25}.\,1{,}0$

$Fa_x = 644{,}90.\,z^{0{,}25}$ Força em N/m

$Fa_y = 1{,}10.484{,}89.\,z^{0{,}25}.\,1{,}0$

$Fa_y = 533{,}38.\,z^{0{,}25}$ Força em N/m

Como a nossa referência para determinação da carga de vento é a mesma encontrada na Figura 3.16, precisaremos estabelecer a carga por nível de altura da edificação (z_i). Portanto, o primeiro pavimento receberá a projeção de uma largura efetiva de 11,23 e 17,15 m por uma altura de 2,83 m (2,85/2 + 2,80/2). Já os pavimentos 2 a 7 têm a mesma largura efetiva com altura de 2,80 m (2,80/2 + 2,80/2). Já o pavimento 8 receberá a carga de vento para uma altura de 2,55 m (2,80/2 + 2,30/2). O pavimento 9 acumulará as forças advindas da parcela restante da força de vento da edificação (contribuição 9º pavto e topo do edifício – 10º pavto). As contribuições podem ser visualizadas na Figura a seguir:

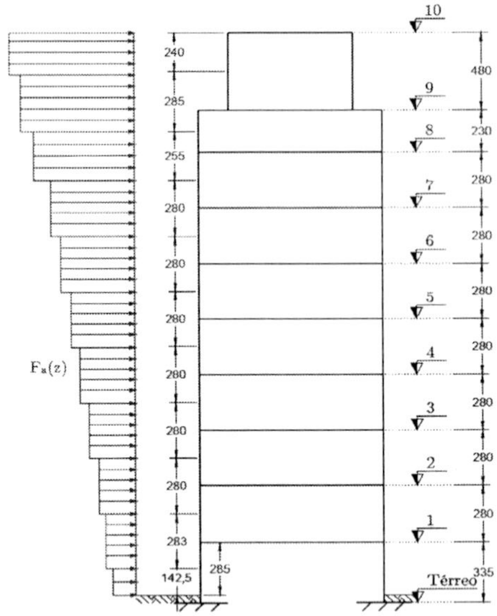

Apresentando o exemplo para o vento na direção ***x*** com largura de 17,15 m.

$$Fa1_x = 644{,}90.\,2{,}85^{0{,}25}.\,(17{,}15\,.\,2{,}83) = 40.624{,}58 = 40{,}62\;kN$$

$$Fa2-7_x = 644{,}90.\,z^{0{,}25}.\,(17{,}15\,.\,2{,}80) = 30.968{,}10.\,z^{0{,}25} = 30{,}97.\,z^{0{,}25}$$

$$Fa8_x = 644{,}90.\,22{,}45^{0{,}25}.\,(17{,}15\,.\,2{,}55) = 61390{,}44 = 61{,}39\;kN$$

$$Fa9+10_x = 644{,}90.\,24{,}75^{0{,}25}.\,(17{,}15\,.\,2{,}30/2) + 644{,}90.\,29{,}55^{0{,}25}.\,(2{,}85\,.\,4{,}80)$$
$$= 28369{,}27 + 20569{,}22 = 48{,}94\;kN$$

Considerando os valores obtidos acima podemos determinar o esquema de carregamento de vento na direção ***x*** ou 0° do edifício.

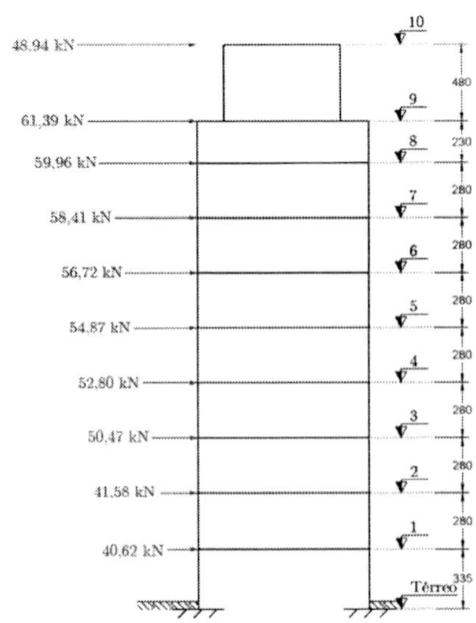

3.10 Referências

[1] Carvalho RC, Figueiredo Filho JR de. Livro - Cálculo e Detalhamento de Estruturas Usuais de Concreto Armado no Submarino.com. vol. 1. EdUFSCar; 2014.

[2] Beck AT. Confiabilidade e Segurança das Estruturas. 1ª edição. GEN LTC; 2019.

[3] Almeida SRM de. Conceitos sobre segurança nas estruturas 2017.

[4] Henriques AAR. Aplicação de novos conceitos de segurança no dimensionamento do betão estrutural. Doutor em Engenharia Civil. Universidade do Porto, 1998.

[5] Pantoja J da C. Geração automática via otimização topológica e avaliação de segurança de modelos de bielas e tirantes. DOUTOR EM CIÊNCIAS DE ENGENHARIA CIVIL. PONTIFÍCIA UNIVERSIDADE CATÓLICA DO RIO DE JANEIRO, 2012. https://doi.org/10.17771/PUCRio.acad.20548.

[6] Castro LA. Análise da segurança no projeto de estruturas: método dos estados limites. Mestrado em Estruturas. Universidade de São Paulo, 1997. https://doi.org/10.11606/D.18.2018.tde-20032018-093641.

[7] Mancini LC. Pré-dimensionamento de estruturas metálicas em fase de concepção arquitetônica. Universidade Federal de Ouro Preto, 2003.

[8] Sales JJ de, Neto JM, Malite M. Segurança nas Estruturas. 2015.

[9] Carnevale PB. Comparação entre o dimensionamento de uma estrutura offshore pelo método das tensões admissíveis e pelo método dos estados limites. Universidade Federal do Rio de Janeiro, 2006.

[10] Neves R de A. Desenvolvimento de modelos mecânico-probabilísticos para estruturas de pavimentos de edifícios. Doutorado em Estruturas. Universidade de São Paulo, 2004. https://doi.org/10.11606/T.18.2004.tde-13042005-081959.

[11] Ataíde CAV, Corrêa MRS. Estudo comparativo entre o método das tensões admissíveis e o método dos estados limites para a alvenaria estrutural 2006;8:30.

[12] Melchers RE, Beck AT. Structural reliability analysis and prediction. Third edition. Hoboken, NJ: Wiley; 2018.

[13] Associação Brasileira de Normas Técnicas. ABNT NBR 8681: Ações e segurança nas estruturas - procedimento. Rio de Janeiro (RJ): ABNT; 2003.

[14] Associação Brasileira de Normas Técnicas – ANBT. NBR 6118. ABNT NBR 6118: Projeto de estruturas de concreto – procedimento. 2014.

[15] Associação Brasileira de Normas Técnicas. ABNT NBR 6118: Projeto de estruturas de concreto – procedimento. Rio de Janeiro (RJ): ABNT; 2014.

[16] Mascia N. Sistemas estruturais de edificações e exemplos 2006.

[17] Jacinto LA do C. Avaliação da segurança de pontes existentes. Doutorado em Engenharia Civil. Universidade Nova de Lisboa, 2011.

[18] Beck AT, Souza Jr. AC de. A first attempt towards reliability-based calibration of Brazilian structural design codes. J Braz Soc Mech Sci & Eng 2010;32:119–27. https://doi.org/10.1590/S1678-58782010000200004.

[19] Souza Junior AC de. Aplicação de confiabilidade na calibração de coeficientes parciais de segurança de normas brasileiras de projeto estrutural. Mestrado em Engenharia de Estruturas. Escola de Engenharia de São Carlos (EESC), Universidade de São Paulo (USP), 2009. https://doi.org/10.11606/D.18.2009.tde-15062009-090502.

[20] Franco Sérgio de G. Aspectos da abodagem probabilística na análise estrutural de vasos de pressão de aplicação nuclear. Mestrado em Reatores Nucleares de Potência e Tecnologia do Combustível Nuclear. Universidade de São Paulo (USP), 1984.

[21] Jacinto LA do C. Betão Estrutural I. Lisboa: Instituto Superior de Engenharia de Lisboa; 2012.

[22] Associação Brasileira de Normas Técnicas. ABNT NBR 6120: Carga para o cálculo de estruturas de edificações. 1980.

[23] Polónia Rios M. Efeito de amortecedores no comportamento dinâmico de edifícios altos sob cargas de vento. Mestrado em Engenharia Civil. Pontifícia Universidade Católica do Rio de Janeiro (PUC-RJ), 2015. https://doi.org/10.17771/PUCRio.acad.25761.

[24] Mendis P, Ngo T, Haritos N, Hira A, Samali B, Cheung J. Wind Loading on Tall Buildings n.d.:15.

[25] Fontoura PCCN de O. Estudo experimental em túnel de vento dos efeitos de vizinhança em edifícios altos. Doutorado em estruturas e Construção Civil. Universidade de Brasília (UnB), 2014.

[26] Associação Brasileira de Normas Técnicas. ABNT NBR 6123: Forças devidas ao vento em edificações. Rio de Janeiro (RJ): ABNT; 1988.

[27] Limas LF, Loredo-Souza AM. Determinação da influência da forma da seção transversal na resposta dinâmica de pontes através de ensaios em túnel de vento e identificação de sistemas 2008;5:36.

[28] Araújo JM de. Projeto Estrutural de Edifícios de Concreto Armado. Rio Grande: Editora Dunas; 2014.

[29] Blandón NAR. A dissipação de energia em estruturas de edifícios sob ação sísmica. Doutorado em ciências de engenharia civil. Universidade Federal do Rio de Janeiro (UFRJ), 2003.

[30] Bastos PS dos S. Lajes de concreto armado. Bauru: Unesp; 2020.

[31] Dalledone R. Lajes usuais de concreto armado. Curitiba: UFPR; 20--.

4

ESFORÇOS E VERIFICAÇÕES INICIAIS DO SISTEMA ESTRUTURAL

Nesta seção trataremos sobre o cálculo dos esforços nas estruturas baseado nas ações calculadas no capítulo três. Em termos de cálculo dos esforços verificaremos a ocorrência destes em todos os elementos do sistema sejam eles lajes, vigas ou pilares. Além disso, estudaremos as verificações iniciais que devem ser realizadas em âmbito de projeto antes de iniciarmos o processo de detalhamento das peças.

4.1 Tipos de análise que podem realizadas

Antes de começar a falar sobre os modelos estruturais e como podem ser obtidos os esforços nas estruturas, é necessário falar sobre os modelos de análise estrutural. São duas as perspectivas possíveis para análise de esforços em uma estrutura: (a) A análise linear; (b) A análise não linear.

Na análise linear, as equações de equilíbrio são elaboradas com base na geometria inicial da estrutura (Antes da estrutura sofrer deslocamentos ou rotações). Naturalmente, se o sistema estrutural sofrer grandes mudanças na sua geometria, aquelas equações de equilíbrio deixam de ser válidas, tendo a necessidade de reformulação a cada mudança de geometria, causando perda de linearidade nas relações deslocamento e deformação [1]. Além disso, matematicamente pode-se afirmar que a estrutura possui uma relação linear entre cargas e deslocamentos. Essas hipóteses e formulações são regidas pela Teoria da Elasticidade Linear.

A NBR 6118 [2] (item 14.5.2) permite o uso da análise linear no dimensionamento e verificação de peças de concreto armado, desde que sejam obedecidos os limites de ductilidade das peças, além das devidas correções nos modelos físico-matemáticos. Caso esses limites não sejam respeitados, é recomendável análises mais precisas como a análise não linear física e geométrica.

Zumaeta Moncayo [3] afirma que o dimensionamento de estruturas por modelos não lineares que utilizem, por exemplo dos diagramas momento curvatura, informações não lineares é dispendioso quando feito sem o auxílio de computadores.

A NBR 6118 [2] também permite a chamada análise não linear com redistribuição de esforços, onde são válidas as mesmas condições de ductilidades.

Por outro lado, análises não lineares podem-se dividir em alguns tipos específicos. São eles:

a) Análise Não Linear Geométrica;
b) Análise Não Linear de Contato.
c) Análise Não Linear Física.

A Figura 4.1 apresenta um exemplo típico de instabilidade de barras comprimidas devido uma não linearidade geométrica. Pode-se perceber que um momento $F.l.sen\theta$ deveria ser contabilizado na base da estrutura visto a existência da influência da mudança de coordenadas da geometria da peça.

Figura 4.1 – Comportamento de uma barra de 1 grau de liberdade (*gdl*) submetida a uma carga de compressão F [1].

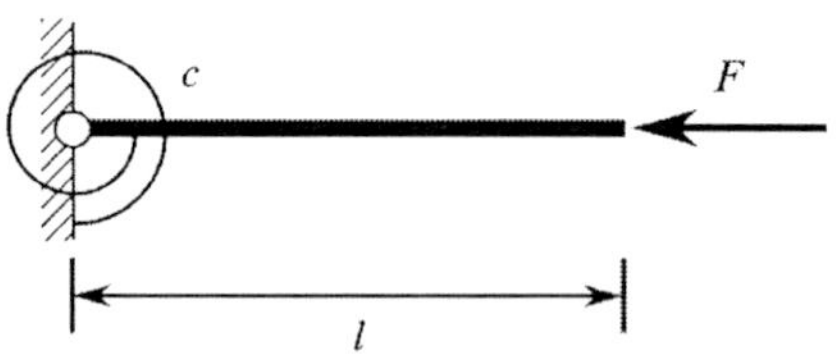

(a) Estrutura indeformada sobre ação da carga F.

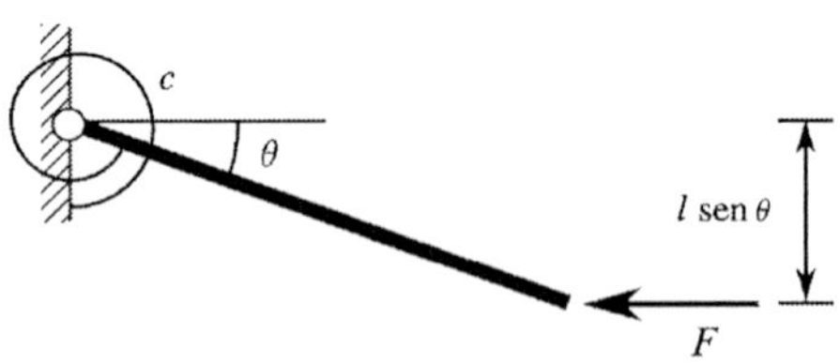

(b) Estrutura deformada sobre ação da carga F.

A não linearidade por contato ocorre com bastante frequência quando as condições de contorno são dependentes do campo de deslocamentos da estrutura. Segundo Lacerda [1], essa situação ocorre com grande frequência em análises de contato ou impacto entre dois corpos. Kim [4] traz como exemplo o contato de duas placas rígidas com um cilindro de borracha. Na Figura 4.2 é visível que as condições de contorno variam em função do acréscimo de deslocamento que ocorre no sistema.

Figura 4.2 – Comportamento não linear das condições de contorno

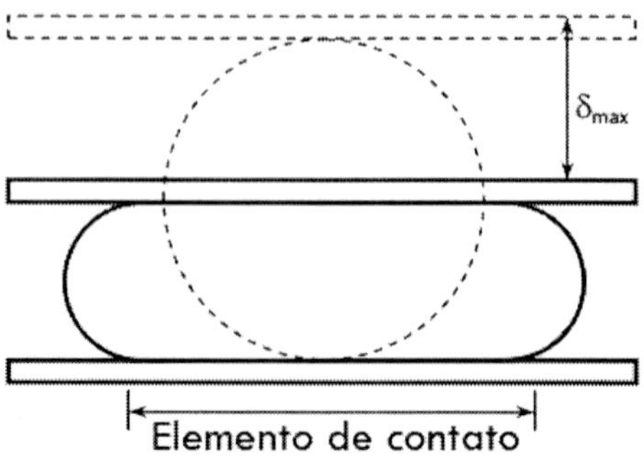

(a) Placa rígida aplicada sobre um cilindro de borracha.

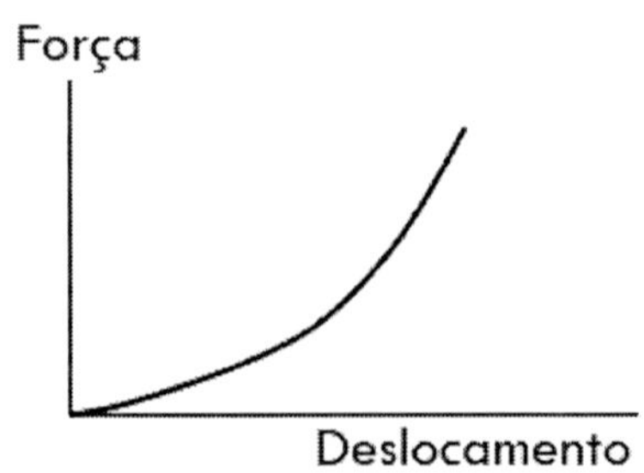

(b) Relação carga *versus* deslocamento para o problema.

A fonte de não linearidade física advém do fato de que as matrizes e/ou equações constitutivas (tensões *versus* deformações) apresentam relações não lineares, ou seja, a Lei de Hooke não é atendida. A análise de natureza não linear física está associada à rigidez de uma seção transversal, sendo que, nesse caso, pode ocorrer perda ou ganho da mesma. Esse fato está ligado ao comportamento experimental do material.

No caso do concreto, o enfoque dado é em relação ao comportamento não linear físico que é atribuído ao processo de macro e micro fissuração do material. Tal fenômeno é intrínseco a esse tipo de compósito cimentício. No caso das armaduras do concreto, o comportamento não linear é atribuído ao fenômeno da plasticidade. A Figura 4.3 apresenta um comportamento típico de natureza não linear física para o concreto e o aço.

Figura 4.3 – Comportamento não linear físico do concreto (a) e do aço (b) [5].

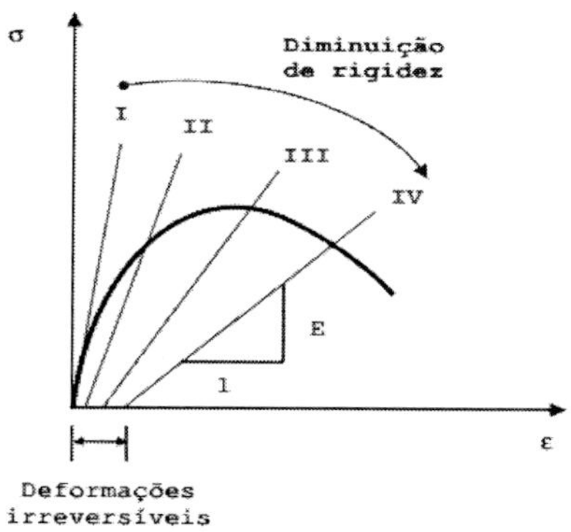

(a) Comportamento não linear físico do concreto.

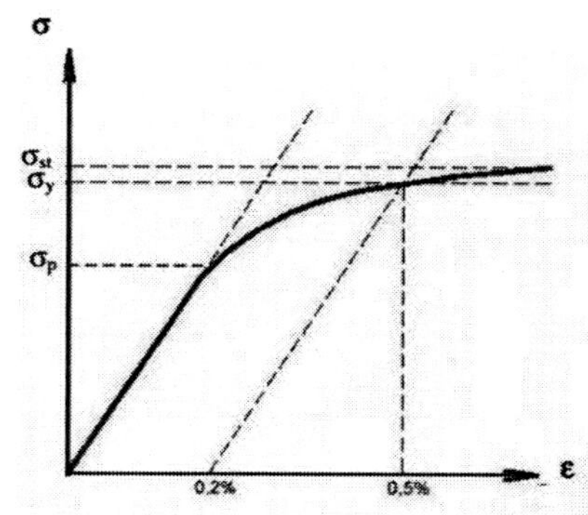

(b) Diagrama tensão *versus* deformação de aços tratados a frio.

Os requisitos de análise não linear são complexos e para sua aplicação é necessário conhecer o detalhe final das peças como também a posição das barras de aço. Portanto, a avaliação de uma estrutura com análise não linear é feita em casos de estruturas mais complexas.

4.1.1 As considerações estabelecidas na NBR 6118

Para qualquer verificação de peças estruturais é necessário fazer a avaliação dos esforços do sistema, de forma que seja possível verificar os seus Estados Limites.

Em termos normativos são dois os tipos de análise estrutural a serem considerados: A análise de 1ª ordem onde os esforços da estrutura são determinados considerando a geometria inicial da estrutura, ou seja, sua posição indeformada. Já a situação de análise de segunda ordem leva em conta a possibilidade do comportamento não linear dos materiais além da configuração deformada da estrutura na análise estrutural [6].

A consideração da não linearidade física é feita através do uso de um processo simplificado que consiste na aplicação de coeficientes redutores da relação de rigidez à flexão $(E.I)$ de cada elemento em uma análise global da estrutura. A NBR 6118 [2] apresenta esse critério no item 15.7.3. São eles:

a) Lajes: $(E.I)_{sec} = 0{,}30.E_{ci}.I_c$;

b) Vigas: $(E.I)_{sec} = 0{,}40.E_{ci}.I_c$ para $A_s{}' \neq A_s$

c) Vigas: $(E.I)_{sec} = 0{,}50.E_{ci}.I_c$ para $A_s{}' = A_s$

d) Pilares: $(E.I)_{sec} = 0{,}80.E_{ci}.I_c$

Onde $(E.I)_{sec}$ é a rigidez à flexão secante da estrutura ou do elemento e $E_{ci}I_c$ é a rigidez à flexão da seção bruta no Estádio I considerando um módulo de elasticidade tangente do concreto. Nas vigas deve-se ficar atento pois existem duas condições para quando se sabe a quantidade de armadura comprimida ($A_s{}'$) e tracionada da seção (A_s). Como durante a análise estrutural ainda não se conhece a armadura é comum empregar a situação a favor da segurança, portanto, *softwares* como o TQS empregam a relação $0{,}40.E_{ci}.I_c$.

O problema do efeito de segunda ordem é dado na sua forma mais genérica conforme Figura 4.3b. É possível perceber que nesta condição, além da possibilidade de consideração de uma não linearidade física, o modelo sofrerá influência da posição deformada da estrutura que de certa forma incrementará valores de momentos na estrutura. Percebem que da Figura 4.3a para a Figura 4.3b um incremento de momento $F_H . l_e$ foi feito na base da edificação modelo.

Figura 4.4 – Análise dos efeitos globais na estrutura [3].

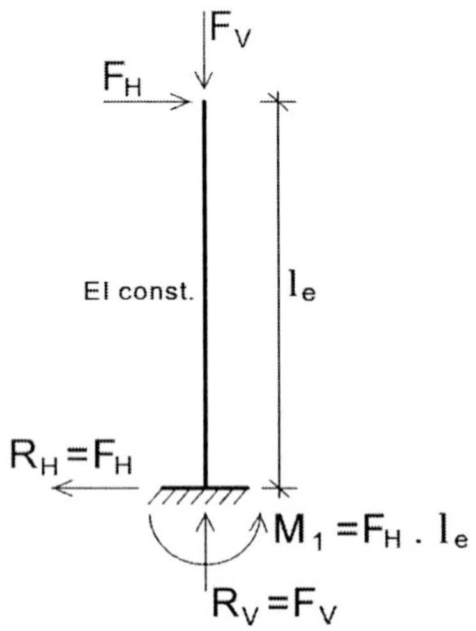

(a) Efeito de 1ª ordem.

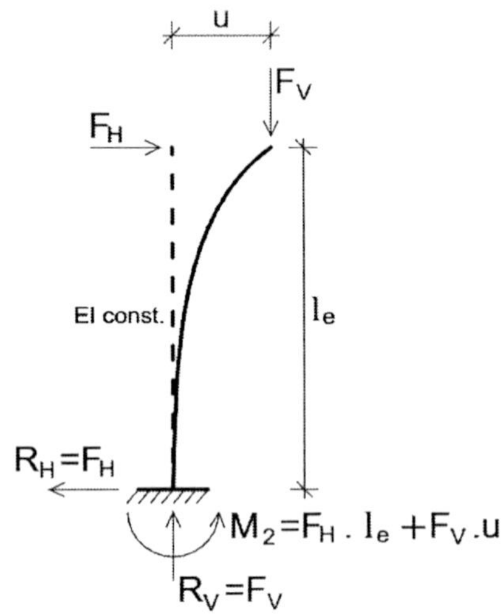

(b) Efeito de 1ª e 2ª ordens.

De uma maneira geral criaremos um certo regramento para a análise estrutural que segue as mesmas condições estabelecidas por *softwares* tradicionais de análise estrutural voltada ao concreto armado. Durante avaliações no Estado Limite Último (Estabilidade, Segurança à ruína e dimensionamento) será empregado o coeficiente redutor de rigidez à flexão, mostrado anteriormente. Para a avaliação em Estado Limite de Serviço (Deslocamentos Laterais, Flechas, Fissuração, Vibração) será empregado o módulo de elasticidade secante do material sem uso do coeficiente redutor (ver Figura 4.6).

Em termos de projeto estrutural, os efeitos globais vão ser avaliados em função do padrão de deslocamentos da estrutura. Uma estrutura será considerada, de nós fixos, quando os deslocamentos horizontais dos nós são pequenos e, por decorrência, os efeitos globais de 2ª ordem são desprezíveis (inferiores a 10 % dos respectivos esforços de 1ª ordem). Nessas estruturas, basta considerar os efeitos locais e localizados de 2ª ordem (ver item 15.4.2 NBR 6118 [2]).

Já as estruturas de nós móveis são aquelas onde os deslocamentos horizontais não são pequenos e, em decorrência, os efeitos globais de 2º ordem são importantes (superiores a 10 % dos respectivos esforços de 1º ordem). Nessas estruturas devem ser considerados tanto os esforços de 2ª ordem globais como os locais e localizados (Figura 4.5).

Figura 4.5 – Tipos de efeitos na estrutura [7].

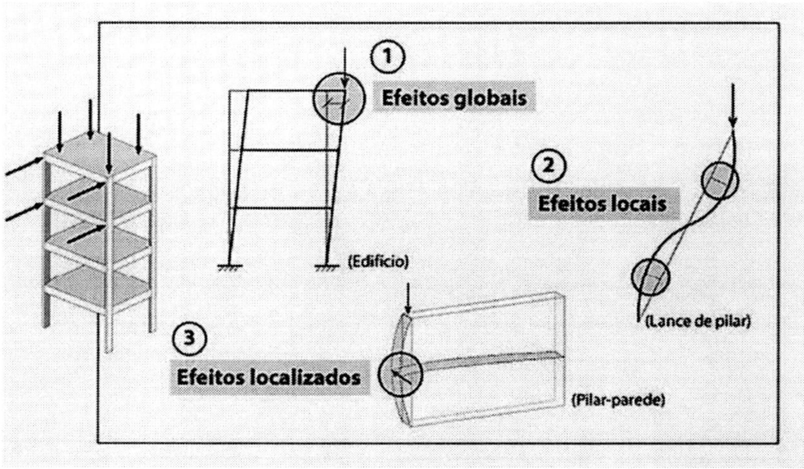

Vale salientar que a análise de estabilidade ajudará a estimar o coeficiente que mede a importância desses efeitos de segunda ordem e que deverão ser empregados mais adiante na análise e dimensionamento das peças estruturais de concreto. Seções a seguir irão auxiliar na explicação dessa avaliação de estabilidade tão importante no estudo de estruturas.

Figura 4.6 – Análise dos efeitos globais na estrutura empregada no *software* TQS [8].

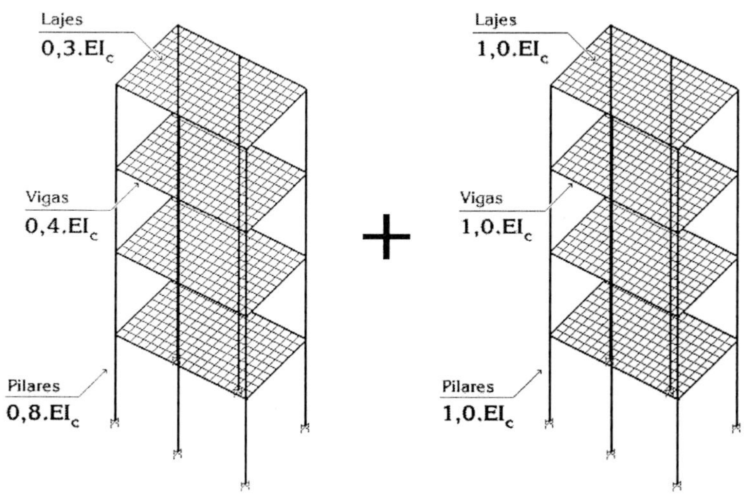

4.2 Generalidades dos modelos para análise estrutural

Após uma previsão do carregamento inicial e então pré-dimensionamento dos elementos é comum no dia a dia de projeto que se façam avaliações iniciais do conjunto estrutural, principalmente para verificar se as peças atenderiam requisitos de estabilidade e desempenho em serviço. Portanto, antes dessa verificação é necessário saber os esforços que atuam na estrutura e existem vários procedimentos analíticos ou computacionais para fazer. Na maioria dos casos será empregado o método dos deslocamentos para cálculo dos esforços em pórticos e grelhas

Porém, na graduação em engenharia é raro que se determinem esforços em estruturas de três dimensões, por exemplo, pórticos espaciais. Assim sendo, o leitor deve estar se perguntando, como você vai me ensinar a dimensionar se todas as estruturas são 3D?

Em suma, utilizaremos na maioria dos casos a discretização do modelo contínuo das peças, mesmo processo que é realizado em análise estrutural 1 e 2, conforme visto na Figura 4.7.

Figura 4.7 – Discretização de estruturas. (a) Prédio de múltiplos pavimentos em uma estrutura de pórtico [9]; (b) Pórtico estrutura pré-fabricado modelo real e idealizado [10].

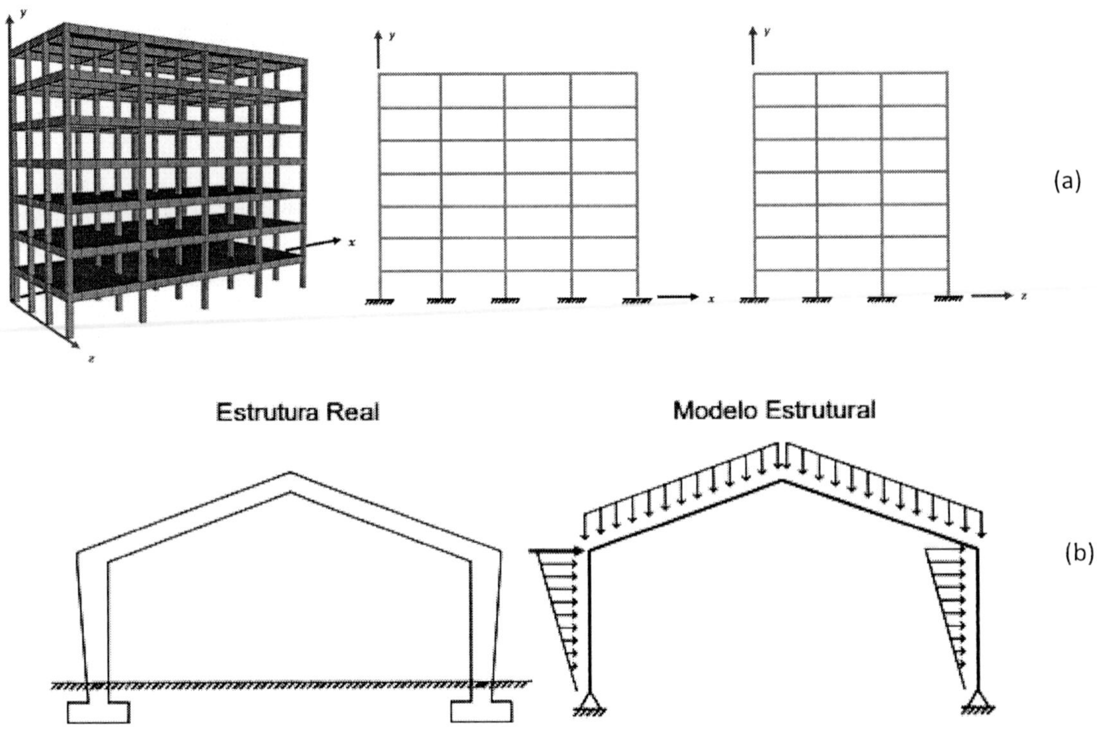

Kimura [7] apresenta uma divisão didática de cada um desses possíveis modelos estruturais, sendo esses apresentados no Quadro 4.1. O autor ainda afirma que não existe uma "receita de bolo" fechada para cada tipo de edificação um modelo, durante toda atividade de elaboração de um projeto, o engenheiro estrutural deve verificar cuidadosamente quais as limitações do modelo para que assim possa projetar a estrutura mais realista possível.

Quadro 4.1 – Resumo dos modelos estruturais por Kimura [7].

Modelo	**Caracterização** **Subgrupo** **Observação**
Modelo de viga contínua + lajes por métodos aproximados	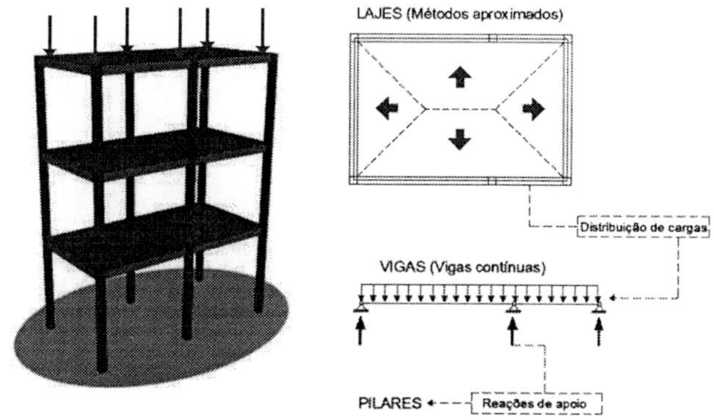
Pórtico H + Pilares	
Grelha somente de vigas	
Grelha de vigas e lajes	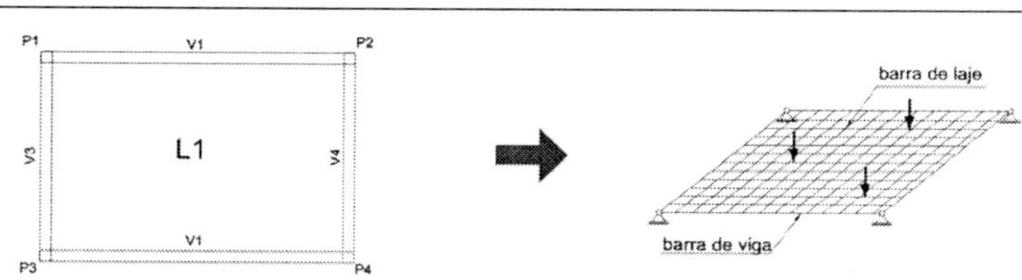
Pórtico plano	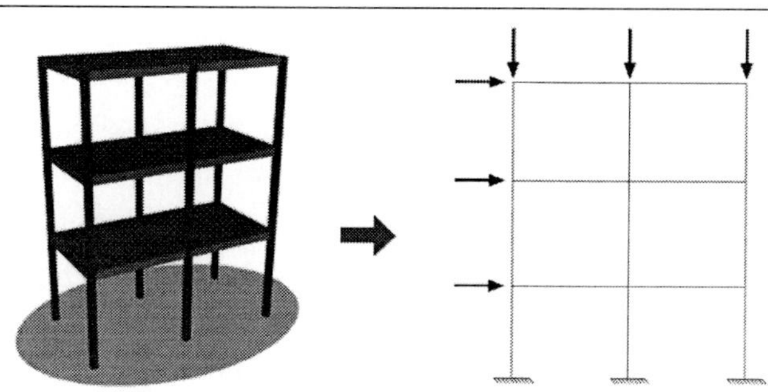

Pórtico espacial ou tridimensional	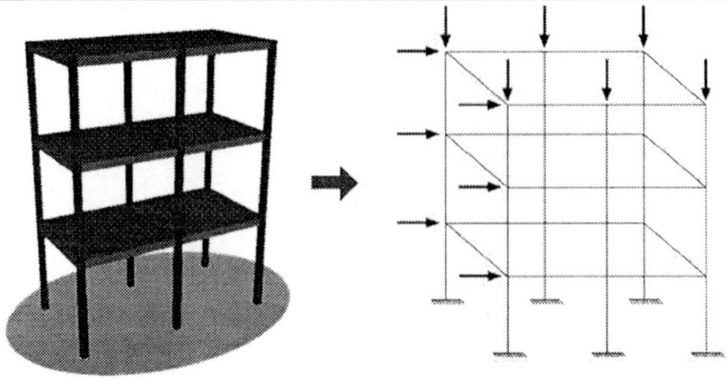

Para nossa sorte, como foi visto, são diversas as tipologias estruturais com possibilidade de emprego em um projeto, logo o engenheiro deverá preocupar-se com o estabelecimento desse modelo físico-matemático que representará da maneira mais fiel possível a estrutura real idealizada. No dia a dia de projetos o modelo mais empregado é o sistema de pórticos espaciais [7].

4.2.1 A análise do subsistema horizontal de lajes e vigas contínuas

Este modelo de avaliação foi empregado nos primórdios do cálculo estrutural e normalmente é o modelo que se emprega no ensino das disciplinas de Estruturas de Concreto. Nesse modelo a laje (subsistema horizontal) será entendida como uma placa e as suas reações são distribuídas pelas vigas de apoio.

Segundo Kimura [7] o modelo de análise de lajes dessa forma caiu em desuso, porém, é um método de simples entendimento para introdução ao cálculo estrutural e ainda deve ser empregado sim, para validação de resultados.

Em suma existem dois processos para avaliação dos esforços em painel de lajes, são eles:

- Método Elástico: Baseado na Teoria da Elasticidade Linear. Portanto, aqui o concreto é considerado como um material íntegro (sem fissuras). Tal modelo empregará a teoria de Kirchhoff-Love. Esse processo é comumente empregado para obtenção dos esforços de flexão e flecha [11];
- Método de Ruptura: Baseado nos mecanismos de ruptura da laje, esse modelo é comumente empregado para avaliação das reações de apoio nos elementos de suporte (normalmente vigas). Esse método também é conhecido como método do telhado ou charneiras plásticas [11].

A teoria empregada para solucionar o problema de placas pelo Método Elástico foi desenvolvida pelos pesquisadores Augustus Edward Hough Love e Gustav Robert Kirchhoff, tal teoria é conhecida como a teoria de Kirchhoff-Love que é baseada na Teoria da Elasticidade Linear. A teoria de Kirchhoff-Love também denominada teoria das placas finas baseia-se em simplificações da teoria da elasticidade tridimensional, e de acordo com Araújo [12] deve-se admitir algumas hipóteses para que a mesma seja válida, são elas:

a) O material da placa deve ser elástico linear, homogêneo e isotrópico;

b) A espessura da placa deve ser pequena em relação as outras dimensões;

c) As deflexões devem ser pequenas quando comparadas à espessura da placa e normais ao plano indeformado inicial;

d) As rotações da superfície média deformada devem ser pequenas em relação à unidade;

e) Deve ocorrer a linearidade geométrica, ou seja, pequenos deslocamentos, os quais permitem que o estado de deformação da estrutura não afete os esforços, e consequentemente as tensões;

f) Por fim, as tensões normais à superfície média são desprezíveis ($\sigma_z \cong 0$).

Nesse modelo as placas são avaliadas separadamente, as vigas do contorno não têm interação com o elemento de placa, fato que cria uma condição de maior simplicidade ao método. Apesar de sabermos que tal interação ocorre de fato, no modelo real, em situações que o edifício apresenta simetria, lajes de geometria regular os resultados da teoria de placas são aceitos e por muitos anos foram assim empregados. Portanto, é de se imaginar que em uma mudança brusca de geometria e assimetrias esse modelo irá perder eficiência [7].

Além disso, esse modelo de placa desenvolvido por Kirchhoff-Love e replicado no começo do século XXI, em formato de tabelas, foi desenvolvido para lajes planas e maciças, lajes nervuradas não foram contempladas nesse arcabouço teórico.

4.2.1.1 Modelo elástico e as tabelas para esforços de flexão e flecha

Com base na Teoria da Elasticidade Linear para obter-se as relações entre as deformações e os deslocamentos, é necessário considerar a deformada de uma placa submetida a uma carga normal ao plano médio, no caso $p(x, y)$, em uma seção paralela ao eixo x [12]. A Figura 4.8 mostra a placa, o carregamento aplicado e as deformações decorrentes da aplicação desta carga.

Figura 4.8 – Geometria da placa, carregamento e deformada de uma seção transversal [12].

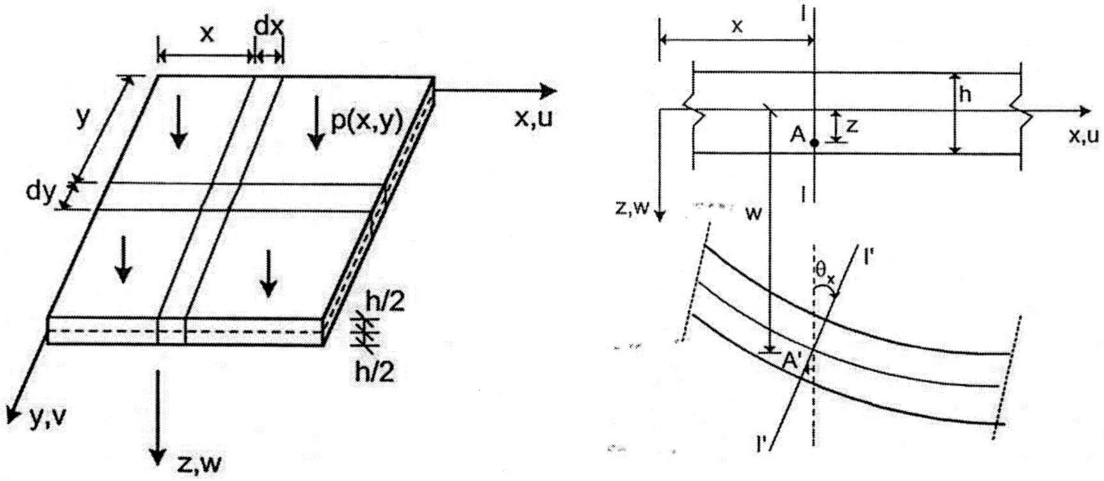

Considerando que as seções permanecem planas antes e após as deformações é possível escrever os deslocamentos da placa no ponto A em função das rotações θ_x e θ_y, conforme equações (4.1) a (4.3)[1]:

---

[1] A dedução das equações do problema de placa pode ser encontrada no texto de Ansel C. Ugural [13].

$$w(x, y, z) = w(x, y) \tag{4.1}$$

$$u(x, y, z) = -z.\theta_x = -z.\frac{\partial w(x, y)}{\partial x} \tag{4.2}$$

$$v(x, y, z) = -z.\theta_y = -z.\frac{\partial w(x, y)}{\partial y} \tag{4.3}$$

Lembrando que para a situações de pequenos deslocamentos é válido admitir que $\theta_x \cong tg\ \theta_x = dw/dx$ para o caso unidimensional, portanto, o caso pode ser entendido para a questão das placas. Aplicando então as relações de deformação da teoria da elasticidade é possível obter as mesmas em termos da curvatura e deflexão do elemento:

$$\varepsilon_{xx} = -z\frac{\partial^2 w}{\partial x^2} \tag{4.4}$$

$$\varepsilon_{yy} = -z\frac{\partial^2 w}{\partial y^2} \tag{4.5}$$

$$\gamma_{xy} = -2z\frac{\partial^2 w}{\partial x \partial y} \tag{4.6}$$

Estabelecendo a Lei de Hooke generalizada e tomando as tensões e deformações na direção $\vec{z}$ iguais a zero é possível determinar as tensões no plano médio do elemento de placa:

$$\sigma_x = \frac{E}{(1 - v^2)}(\epsilon_x + v\epsilon_y) = -\frac{E.z}{(1 - v^2)}\left(\frac{\partial^2 w}{\partial x^2} + v\frac{\partial^2 w}{\partial y^2}\right) \tag{4.7}$$

$$\sigma_y = \frac{E}{(1 - v^2)}(\epsilon_y + v\epsilon_x) = -\frac{E.z}{(1 - v^2)}\left(\frac{\partial^2 w}{\partial y^2} + v\frac{\partial^2 w}{\partial x^2}\right) \tag{4.8}$$

$$\tau_{xy} = -\frac{E.z}{(1 + v)}\frac{\partial^2 w}{\partial x \partial y} \tag{4.9}$$

Os momentos de torção e flexão, por unidade de comprimento, podem ser obtidos a partir da integral das tensões ao longo da espessura da placa, conforme equações (4.10) a (4.12):

$$M_x = \int_{-\frac{h}{2}}^{\frac{h}{2}} \sigma_x \,.\, z\, dz \tag{4.10}$$

$$M_y = \int_{-\frac{h}{2}}^{\frac{h}{2}} \sigma_y \,.\, z\, dz \tag{4.11}$$

$$M_{xy} = \int_{-\frac{h}{2}}^{\frac{h}{2}} \tau_{xy} \,.\, z\, dz = \int_{-\frac{h}{2}}^{\frac{h}{2}} \tau_{yx} \,.\, z\, dz = M_{yx} \ \ (\tau_{xy} = \tau_{yx}) \tag{4.12}$$

Ao substituir as equações (4.7) a (4.9) nas equações de momento, têm-se os momentos em termos da curvatura e deflexão da placa, por unidade de comprimento. Tal manipulação também pode ser realizada para os esforços cortantes.

$$M_x = -D\left(\frac{\partial^2 w}{\partial x^2} + v\frac{\partial^2 w}{\partial y^2}\right) \tag{4.13}$$

$$M_y = -D\left(\frac{\partial^2 w}{\partial y^2} + v\frac{\partial^2 w}{\partial x^2}\right) \tag{4.14}$$

$$M_{xy} = M_{yx} = -(1 - v)D\frac{\partial^2 w}{\partial x \partial y} \tag{4.15}$$

Sendo que D é dado como a rigidez à flexão da placa, conforme equação (4.16):

$$D = \frac{E.h^3}{12(1 - v^2)} \tag{4.16}$$

Onde:

E – Módulo de elasticidade do material;

h – Espessura da placa;

v – Coeficiente de Poisson do material.

Figura 4.9 – Esforços por unidade de comprimento em elemento infinitesimal de placa [13].

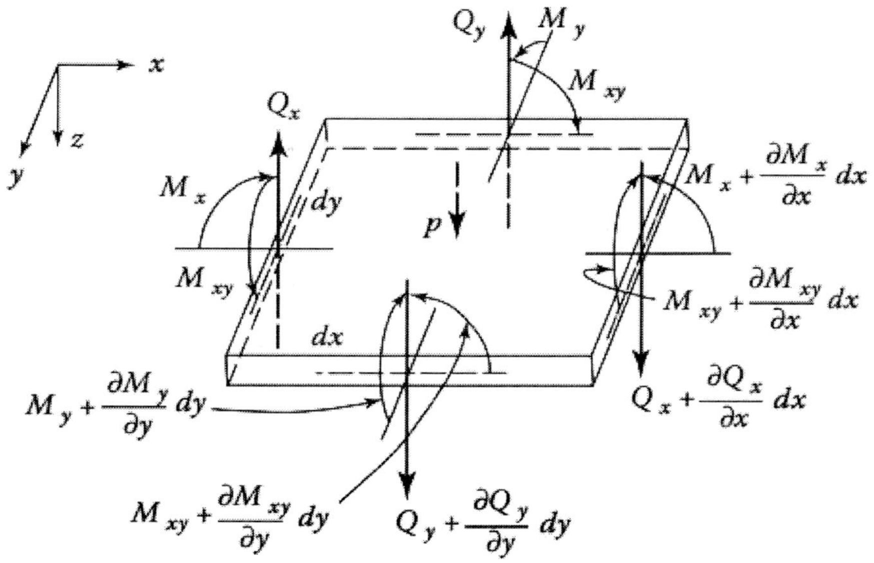

Com base na Figura 4.9 e aplicando o equilíbrio de forças na direção $\vec{z}$ a resultante é dada pela equação (4.18):

$$\left(\frac{\partial Q_x}{\partial x}dx\right).dy + \left(\frac{\partial Q_y}{\partial y}dy\right).dy + p.dx.dy = 0 \tag{4.17}$$

$$\frac{\partial Q_x}{\partial x} + \frac{\partial Q_y}{\partial y} + p = 0 \tag{4.18}$$

Com base na Figura 4.9 e aplicando o equilíbrio de momentos em torno da direção $\vec{x}$ a resultante é dada pela equação (4.18). Percebam que o produto entre termos infinitesimais foi omitido $\left(\frac{\partial Q_y}{\partial y}.dy.dx\right)$.

$$\left(\frac{\partial M_{xy}}{\partial x}dx\right).dy + \left(\frac{\partial M_y}{\partial y}dy\right).dx - (Q_y.dx).dy = 0 \quad (4.19)$$

$$\frac{\partial M_{xy}}{\partial x} + \frac{\partial M_y}{\partial y} - Q_y = 0 \quad (4.20)$$

O mesmo equilíbrio pode ser aplicado em torno da direção $\vec{y}$ resultando na equação (4.21):

$$\frac{\partial M_{yx}}{\partial y} + \frac{\partial M_x}{\partial x} - Q_x = 0 \quad (4.21)$$

Introduzindo os valores de Q_x e Q_y na equação (4.18) e fazendo algumas manipulações é possível determinar a equação diferencial de equilíbrio de placas fletidas em termos das deflexões, onde w é a função que representa os deslocamentos ortogonais ao plano de carregamento da placa e p é a carga ortogonal total uniformemente distribuída ao plano da placa.

$$\frac{\partial^4 w}{\partial x^4} + 2\frac{\partial^4 w}{\partial y^2 \partial x^2} + \frac{\partial^4 w}{\partial y^4} = \frac{p(x,y)}{D} \quad (4.22)$$

A equação (4.22) só tem solução analítica para alguns casos particulares, por exemplo, em placas circulares. Devido a essa dificuldade de solução, formas alternativas foram encontradas para determinar os esforços e deslocamentos em placas com geometrias retangulares com diversas condições de contorno. Com essa situação foi possível construir as famosas tabelas de lajes amplamente empregadas no dia a dia de projetos estruturais. São exemplos de tabelas para cálculo de esforços em lajes:

- Czerny;
- Bares;
- Marcus;
- Kalmanok.

Essas tabelas aplicaram o modelo de solução da equação (4.22) através do uso de séries de Fourier (também chamada de Solução de Navier - 1820) para representação do carregamento p. Tal conceito consiste em transformar as equações diferenciais em equações algébricas, fato que corrobora para a solução do problema matemático [14,15]. A Figura 4.10 apresenta a solução de uma placa retangular com carga uniformemente distribuída de lados simplesmente apoiados.

Figura 4.10 – Placa retangular com carga uniformemente distribuída de lados simplesmente apoiados [14,15].

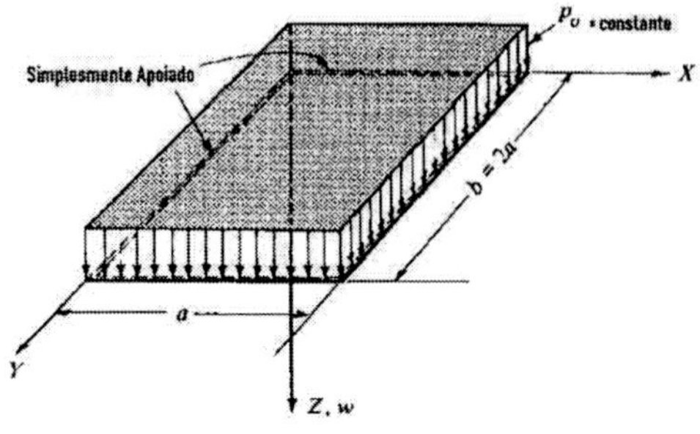

$$w(x,y) = \frac{16.p_0}{\pi^6.D}\sum_{m=1}^{\infty}\sum_{n=1}^{\infty}\frac{sin\left(\frac{m.\pi.x}{a}\right)sin\left(\frac{n.\pi.y}{b}\right)}{m.n.\left(\frac{m^2}{a^2}+\frac{n^2}{b^2}\right)}, m,n\ ímpar$$

Fazendo b= $2.a$

$$w_{max} = \frac{0{,}0101.p_0.a^4}{D}$$

Neste livro são utilizadas as Tabelas de Bares modificadas pelo prof. Libânio Pinheiro da Escola de Engenharia de São Carlos (EESC) [16] para que sejam efetuados o cálculo de momentos no sistema estrutural de lajes.

As tabelas de Bares adaptadas por Pinheiro [16] possuem como entrada as dimensões em planta da laje e o seu modelo de vinculação conforme as condições estabelecidas pelo engenheiro projetista. Em suma são três as possibilidades (ver descrição gráfica Figura 4.11):

- Apoio articulado que permite a rotação do elemento;
- Apoio engastado;
- Bordo livre.

Figura 4.11 – Tipos de apoio para laje.

A escolha desses apoios pode seguir uma série de critérios práticos que permitem sua seleção, são eles:

a) Engaste perfeito: Considerado em elementos de laje em balanço como marquises, varandas, etc. É usado também nas bordas onde há continuidade entre duas lajes vizinhas de dimensões e rigidez semelhantes (ver Figura 4.12);

Figura 4.12 – Exemplo de laje em balanço engastado na viga [17].

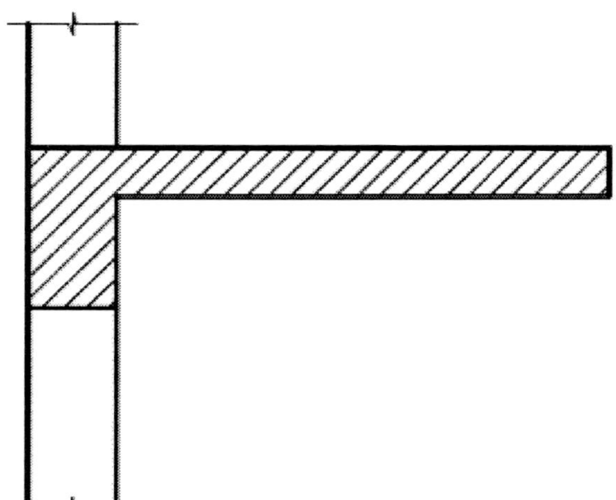

b) Sobre a continuidade das lajes com espessuras diferentes, como mostrado na Figura 4.13, é possível definir uma condição de engastamento conforme indicações de Campos Filho [18];

Figura 4.13 – Indicações de engastamento para lajes continuas com diferentes espessuras [15].

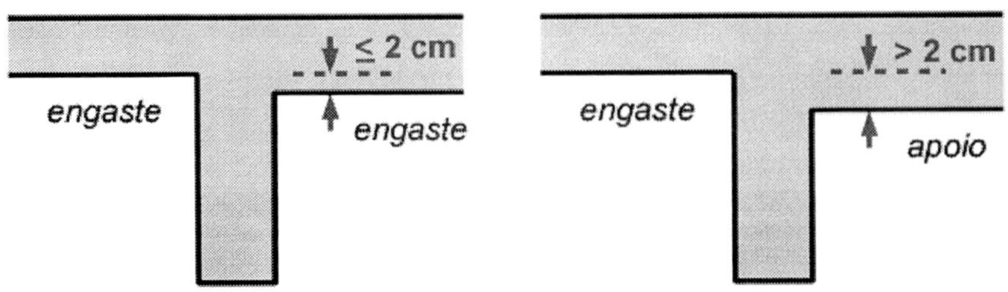

c) Toda a laje que tiver um lado adjacente a uma laje rebaixada tem este lado apoiado; toda a laje rebaixada deve ser considerada apoiada, salvo condições em que se tiver outros três lados livres conforme descrito em Campos Filho [18]. A Figura 4.14 apresenta essa condição;

Figura 4.14 – Indicações de engastamento para lajes rebaixadas com diferentes espessuras [15].

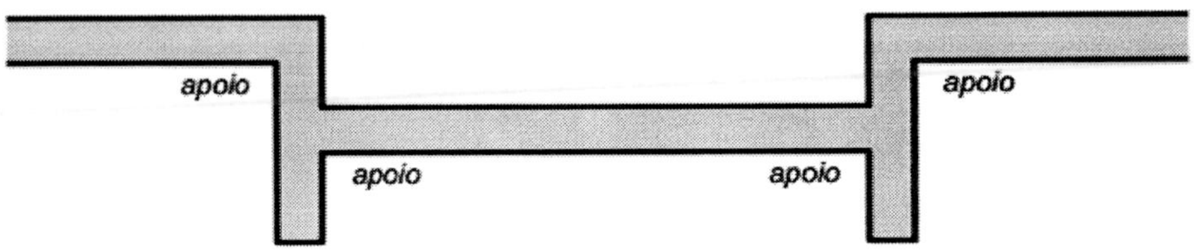

d) Quando em um lado da laje ocorrerem duas situações de vínculo (apoiado e engastado), a favor da segurança considera-se todo o lado apoiado; se o engaste for superior a 85% do comprimento do lado, pode-se considerar como engastado [18];

e) No caso onde as lajes não têm continuidade ao longo de toda a borda comum, o critério simplificado para se considerar a vinculação é apresentado logo abaixo junto à Figura 4.15.

Figura 4.15 – Lajes adjacentes sem continuidade total [17].

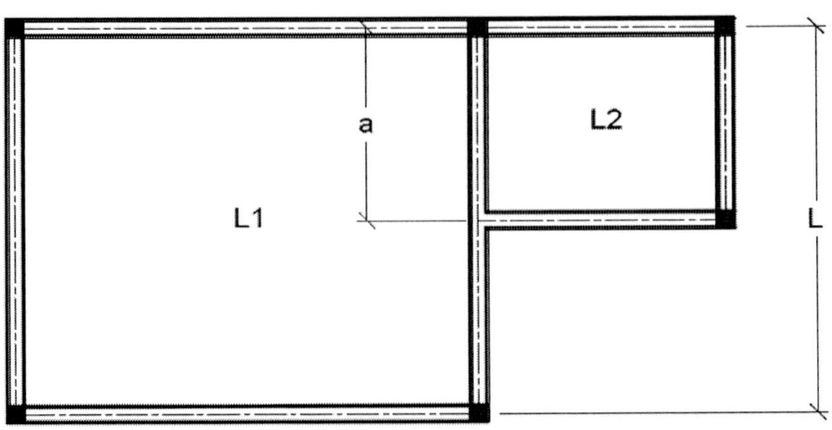

As equações (4.23) e (4.24) apresentam a condição para verificar o engastamento das peças:

L1 com bordo engastado em L2 quando:

$$a \geq \frac{2}{3}.L \rightarrow L1 \qquad (4.23)$$

E L1 com bordo simplesmente apoiado em L2:

$$a < \frac{2}{3}.L \rightarrow L1 \qquad (4.24)$$

Para todas ocasiões L2 será engastado em todo o bordo adjacente a laje L1.

A Figura 4.16 apresenta esses diversos tipos de vinculações existentes em tabelas de cálculo de esforços de lajes. Lembrando que essas tabelas são válidas para elementos de lajes maciças armadas em duas direções (A numeração indica a condição de apoio idealizada).

As lajes maciças armadas em uma única direção possuem comportamento similar ao de uma viga com base larga e de pouca altura, portanto, é comum adotar a análise estrutura de lajes armadas em uma direção ($\lambda > 2$) como vigas (ver Figura 4.17).

Figura 4.16 – Esboço de apoios em lajes de concreto maciço [16,17].

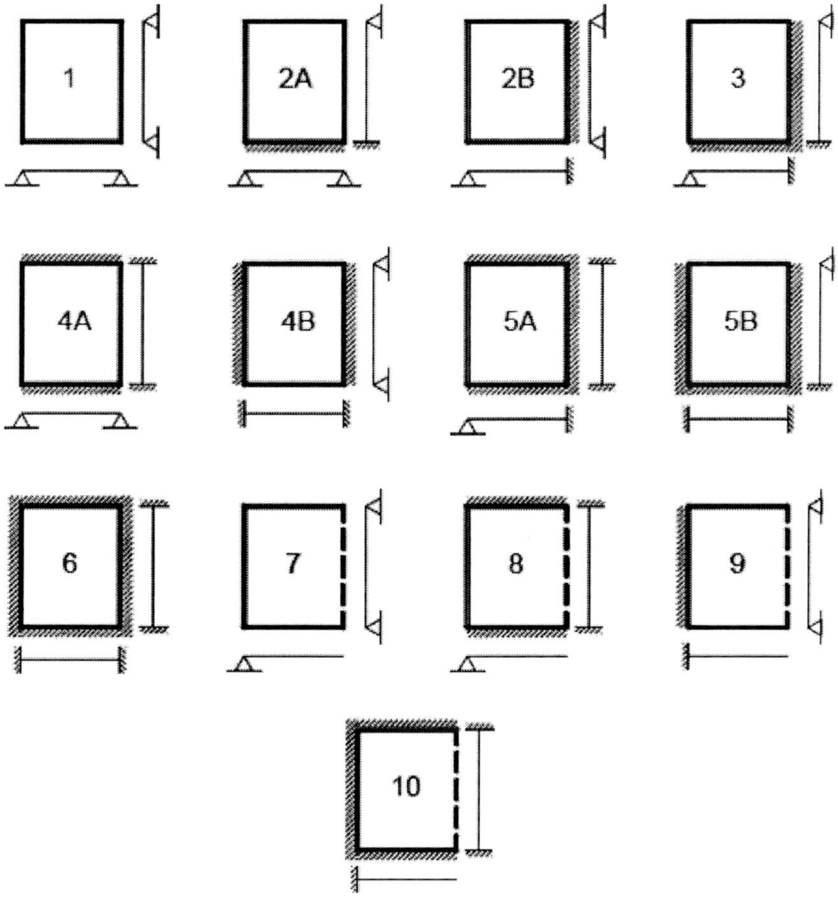

Figura 4.17 – Lajes armadas em uma e duas direções [19].

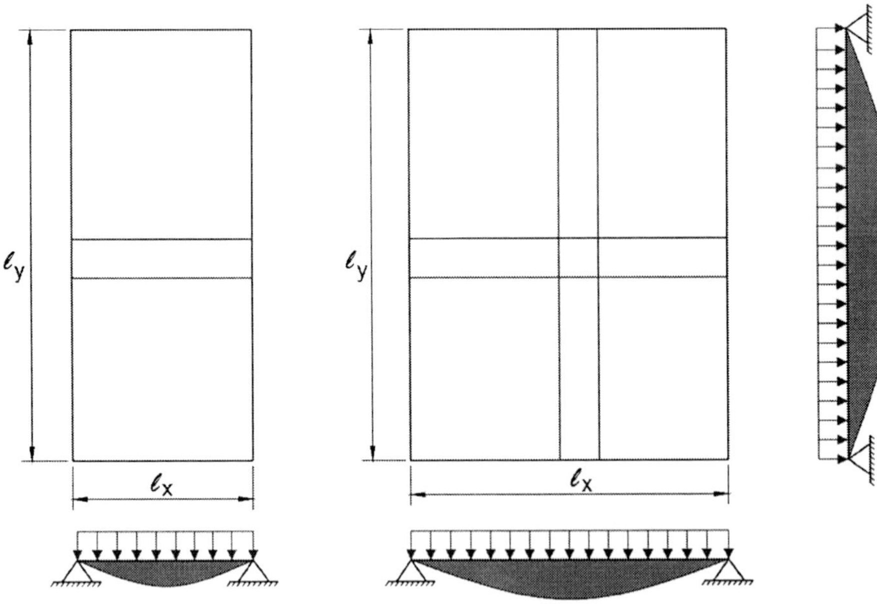

Deve-se salientar aqui que as tabelas permitem o cálculo dos esforços de maneira isolada (ver Figura 4.18).

Figura 4.18 – Exemplo da representação de momentos fletores em lajes de concreto [19].

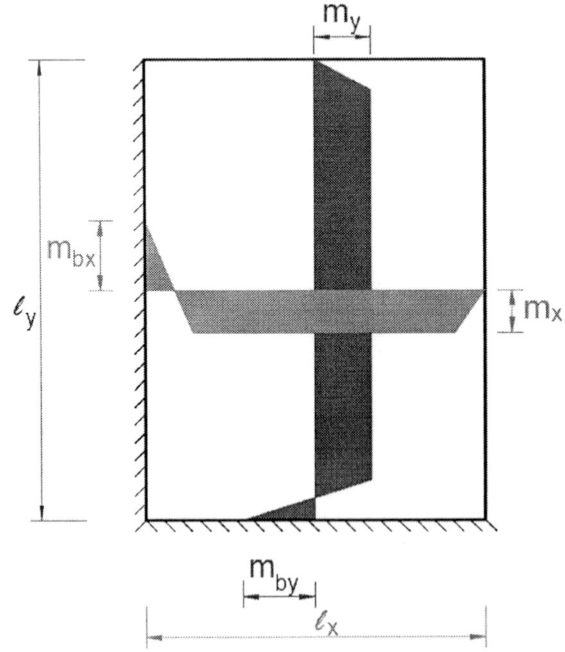

Dal Prá [20] lista algumas considerações que Bares adotou no desenvolvimento das Tabelas, são elas:

a) Fornece apenas o deslocamento máximo;

b) As placas são retangulares, então para resolver placas irregulares é necessário empregar outro método ou, em certos casos, fazer uso de aproximações;

c) Considera que o apoio seja perfeitamente engastado ou rotulado;

d) Não é fornecido o diagrama exato de momentos fletores negativos, então as armaduras são estendidas até um comprimento preestabelecido, que não representa o comprimento necessário (para cobrir o diagrama de momentos fletores acrescendo-se 10.φ), mas que foi calibrado para considerar a mais desfavorável das combinações de vinculações;

e) Não considera que a fissuração reduz a rigidez, então subestima os deslocamentos;

f) Algumas disposições estruturais induzem esforços importantes, que a solução encontrada pelo uso das Tabelas de Bares não identifica, por exemplo, pilar muito rígido situado na metade das vigas que servem de apoio para uma laje;

g) A consideração de apoio rígido é uma aproximação da realidade, deste modo pode-se afirmar que as lajes apresentam resultados tão mais próximos das tabelas, quanto mais rígidos são os apoios. Comumente verifica-se que, devido ao fato de haver apoios deslocáveis, os momentos fletores positivos e as flechas tendem a serem maiores que aqueles obtidos pelo uso das Tabelas de Bares e os momentos fletores negativos, a ser menores;

h) Considera que as placas possuem condição de contorno indeslocável na vertical.

Tem-se que pelo método das Tabelas de Bares, os momentos são dados pelas equações (4.25) a (4.28). Tais tabelas são amplamente difundidas na internet.

$$m_x = \mu_x.\frac{p.l_x^2}{100} \tag{4.25}$$

$$m'_x = \mu'_x.\frac{p.l_x^2}{100} \tag{4.26}$$

$$m_y = \mu_y.\frac{p.l_x^2}{100} \tag{4.27}$$

$$m'_y = \mu'_y.\frac{p.l_x^2}{100} \tag{4.28}$$

Onde:

m_x, m'_x – Momentos fletores, positivos e negativos respectivamente, que têm como direção ortogonal o vão l_x;

m_y, m'_y – Momentos fletores, positivos e negativos respectivamente, que têm como direção ortogonal o vão l_y;

$\mu_x, \mu'_x, \mu_y, \mu'_y$ – Coeficientes obtidos na Tabela de Bares;

p – Carregamento uniformemente distribuído na placa.

É válido ressaltar que devido a teoria de placas mostrada anteriormente os esforços são obtidos em função da direção. Logo, momentos e esforços de cisalhamento (as reações) devem ser obtidos em uma unidade de esforço por comprimento (por exemplo: kN.m/m ou kN/m). O Quadro 4.2 apresenta um exemplo da tabela de Bares.

Quadro 4.2 – Exemplo de um trecho da tabela de Bares [17].

MOMENTOS FLETORES EM LAJES COM CARGA UNIFORME												
$\lambda = \frac{\ell_x}{\ell_y}$	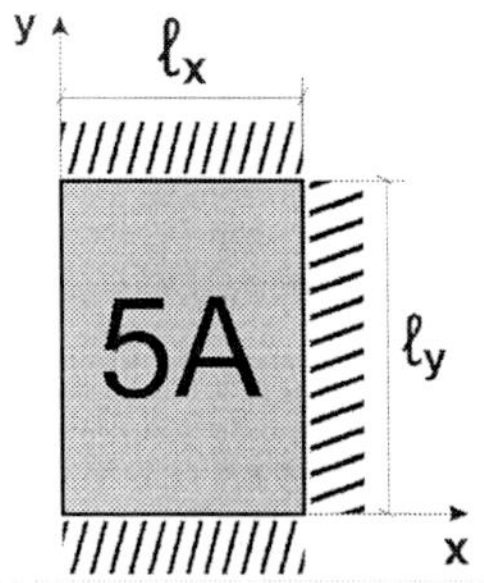				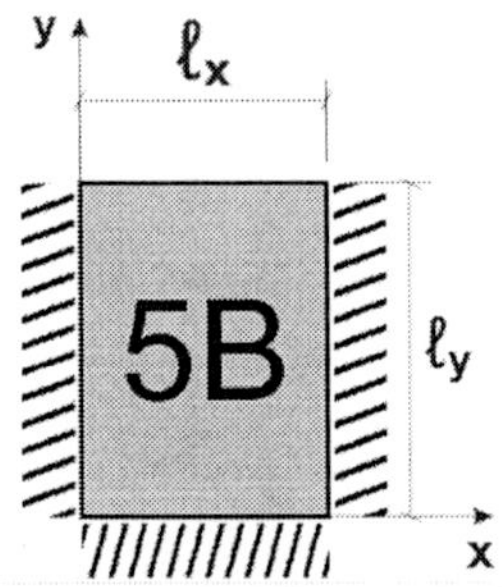				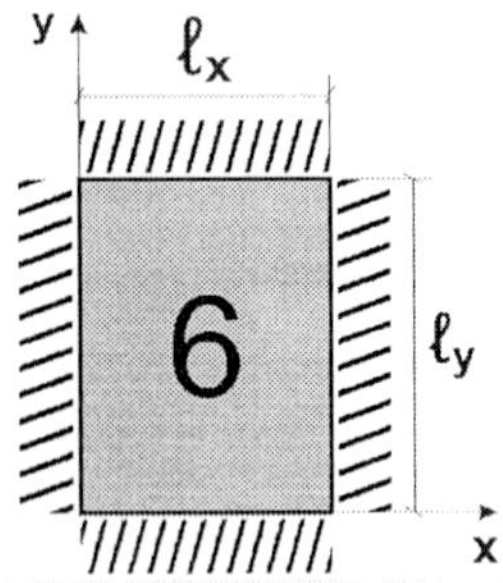			
λ	μ_x	μ'_x	μ_y	μ'_y	μ_x	μ'_x	μ_y	μ'_y	μ_x	μ'_x	μ_y	μ'_y
1,00	2,02	5,46	2,52	6,17	2,52	6,17	2,02	5,46	2,02	5,15	2,02	5,15
1,05	2,27	5,98	2,56	6,46	2,70	6,47	1,97	5,56	2,22	5,50	2,00	5,29
1,10	2,52	6,50	2,60	6,75	2,87	6,76	1,91	5,65	2,42	5,85	1,98	5,43
1,15	2,76	7,11	2,63	6,97	3,02	6,99	1,84	5,70	2,65	6,14	1,94	5,51
1,20	3,00	7,72	2,65	7,19	3,16	7,22	1,77	5,75	2,87	6,43	1,89	5,59
1,25	3,23	8,81	2,64	7,36	3,28	7,40	1,70	5,75	2,97	6,67	1,83	5,64
1,30	3,45	8,59	2,61	7,51	3,40	7,57	1,62	5,76	3,06	6,90	1,77	5,68
1,35	3,66	8,74	2,57	7,63	3,50	7,70	1,55	5,75	3,19	7,09	1,71	5,69
1,40	3,86	8,88	2,53	7,74	3,59	7,82	1,47	5,74	3,32	7,28	1,65	5,70
1,45	4,05	9,16	2,48	7,83	3,67	7,91	1,41	5,73	3,43	7,43	1,57	5,71
1,50	4,23	9,44	2,43	7,91	3,74	8,00	1,35	5,72	3,53	7,57	1,49	5,72
1,55	4,39	9,68	2,39	7,98	3,80	8,07	1,29	5,69	3,61	7,68	1,43	5,72
1,60	4,55	9,91	2,34	8,02	3,86	8,14	1,23	5,66	3,69	7,79	1,36	5,72
1,65	4,70	10,13	2,28	8,03	3,91	8,20	1,18	5,62	3,76	7,88	1,29	5,72
1,70	4,84	10,34	2,22	8,10	3,95	8,25	1,13	5,58	3,83	7,97	1,21	5,72
1,75	4,97	10,53	2,15	8,13	3,99	8,30	1,07	5,56	3,88	8,05	1,17	5,72
1,80	5,10	10,71	2,08	8,17	4,02	8,34	1,00	5,54	3,92	8,12	1,13	5,72
1,85	5,20	10,88	2,02	8,16	4,05	8,38	0,97	5,55	3,96	8,18	1,07	5,72
1,90	5,30	11,04	1,96	8,14	4,08	8,42	0,94	5,56	3,99	8,24		
1,95	5,40	11,20	1,88	8,13	4,10	8,45	0,91	5,60	4,02	8,29		
2,00	5,50	11,35	1,80	8,12	4,12	8,47	0,88	5,64	4,05	8,33		
> 2,00	7,03	12,50	1,80	8,12	4,17	8,33	0,88	5,64	4,17	8,33		

Para lajes armadas em uma direção, o procedimento de cálculo é semelhante ao de uma viga com largura (b_w) de 1 metro. Portanto, valem as equações de esforços aprendidas na disciplina de análise estrutural, conforme Figura 4.19 a Figura 4.21.

Figura 4.19 – Momento Fletor e esforço cortante em uma viga apoiada-apoiada [17].

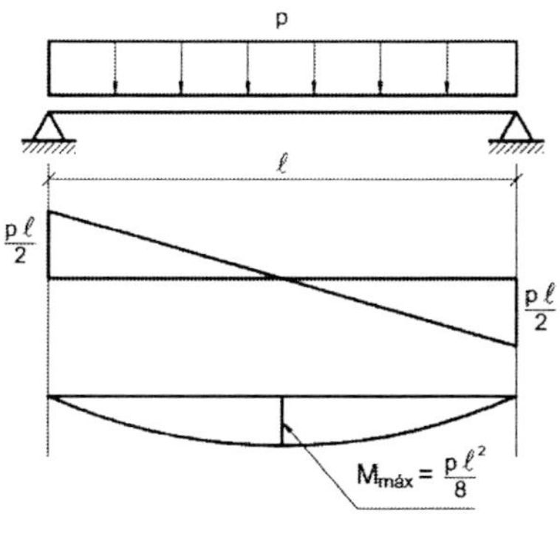

Figura 4.20 – Momento Fletor e esforço cortante em uma viga engastada – apoiada [17].

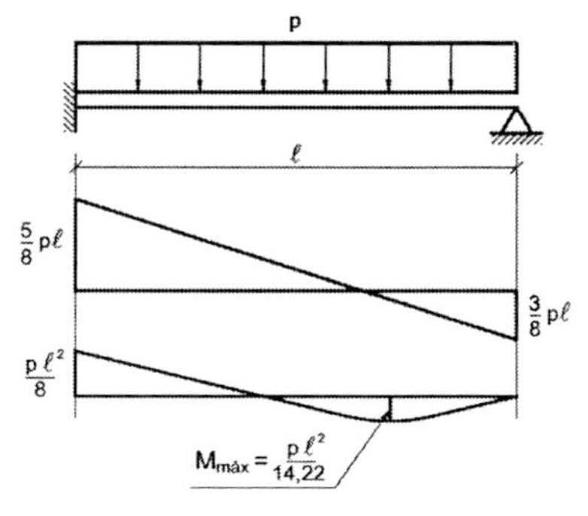

Figura 4.21 – Momento Fletor e esforço cortante em uma viga engastada – engastada [17].

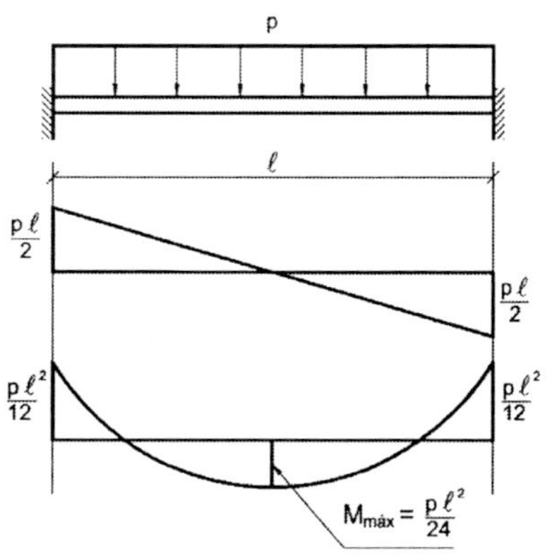

Aqui salientamos que tal situação também é válida para as flechas diretas sem efeito de fluência ($a_{t=0}$). As tabelas trazem um equacionamento para esse modelo de placa (equação 4.29) como também para o modelo de viga (equação 4.30)

$$a_{t=0} = \frac{\alpha}{100}\frac{b_w}{12}\frac{p.l_x^{\ 4}}{E.I} \qquad \text{Equação placa} \qquad (4.29)$$

$$a_{t=0} = \frac{5}{384}\frac{p.l_x{}^4}{E.I}$$ Equação para sistema apoiada-apoiada (4.30)

4.2.1.2 Modelo plástico e as linhas de ruptura para determinação das reações

As ações atuantes nas lajes são transferidas para as vigas de apoio. Embora essa transferência aconteça com as lajes em comportamento elástico, o procedimento de cálculo proposto pela NBR 6118 [2] baseia-se no comportamento em regime plástico, a partir da posição aproximada das linhas de plastificação, também denominadas charneiras plásticas. Este procedimento é conhecido como processo das áreas, método do telhado ou método das linhas de ruptura [21].

Para o cálculo das reações de apoio das lajes maciças retangulares com carga uniforme, podem ser feitas as seguintes aproximações:

a) As reações em cada apoio são as correspondentes às cargas atuantes nos triângulos ou trapézios determinados através das charneiras plásticas correspondentes à análise efetivada com os critérios de 14.7.4 NBR 6118 [2], sendo que essas reações podem ser, de maneira aproximada, consideradas uniformemente distribuídas sobre os elementos estruturais que lhes servem de apoio;

b) Quando a análise plástica não for efetuada, as charneiras podem ser aproximadas por retas inclinadas, a partir dos vértices, com os seguintes ângulos:

b.1) 45° entre dois apoios do mesmo tipo;

b.2) 60° a partir do apoio considerado engastado, se o outro for considerado simplesmente apoiado;

b.3) 90° a partir do apoio, quando a borda vizinha for livre.

Verificando a Figura 4.22 abaixo pode-se identificar a distribuição de áreas de influência que cada bordo irá receber de acordo com o método das charneiras plásticas. Portanto, as reações de apoio são dadas pela equação (4.31) onde A_i é a área de influência recebida pela viga i de referência e l_i é o vão da viga desejado.

Figura 4.22 – Distribuição de reações através do método das charneiras plásticas [21].

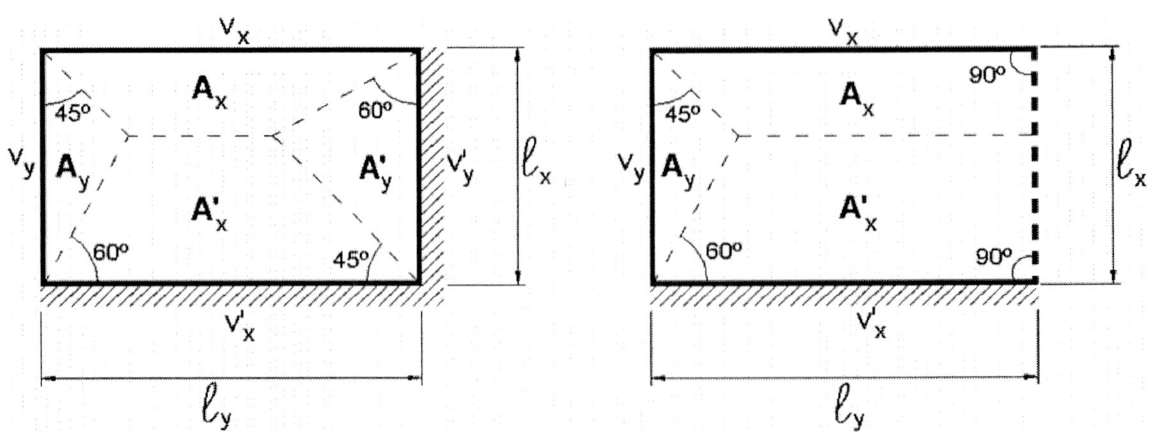

$$V = \frac{p.A_i}{l_i}$$ (4.31)

Em lajes armadas em uma direção ($\lambda > 2$) deve-se salientar que a distribuição das cargas é assumida na sua maioria pelas vigas perpendiculares ao vão principal (l_x). Autores como Bastos [17] e Carvalho e Figueiredo Filho [11] recomendam que nesses casos a viga de borda não fique "descarregada" para isso assume-se que o carregamento na viga de bordo, conforme Figura 4.23.

Figura 4.23 – Carga nas vigas laterais paralelas à direção principal da laje armada em uma direção [17].

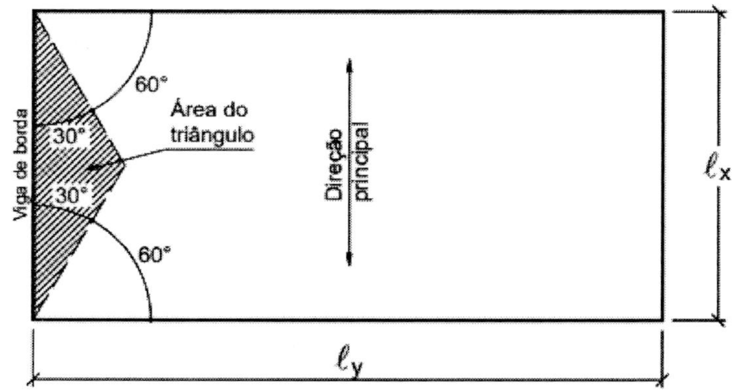

Os professores James Wight e James MacGregor [22] discutem com mais detalhes o comportamento experimental das lajes que motivou a criação dos modelos de ruptura plástica empregado em diversas normativas. Estes estágios podem ser vistos na Figura 4.24.

Figura 4.24 – Panorama de fissuração de uma placa com quatro lados apoiados [17].

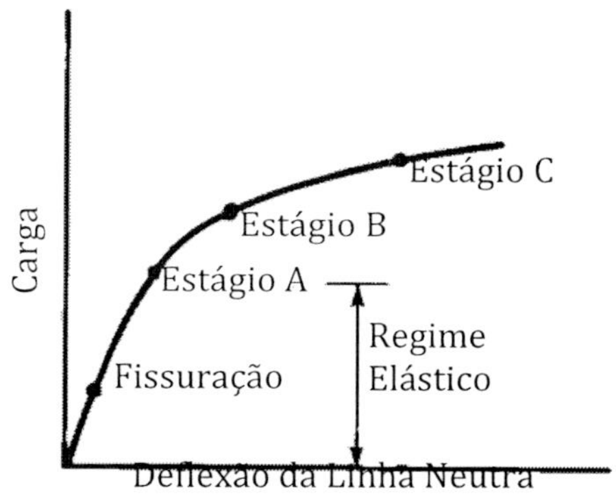

(a) Diagrama Carga-Deflecção

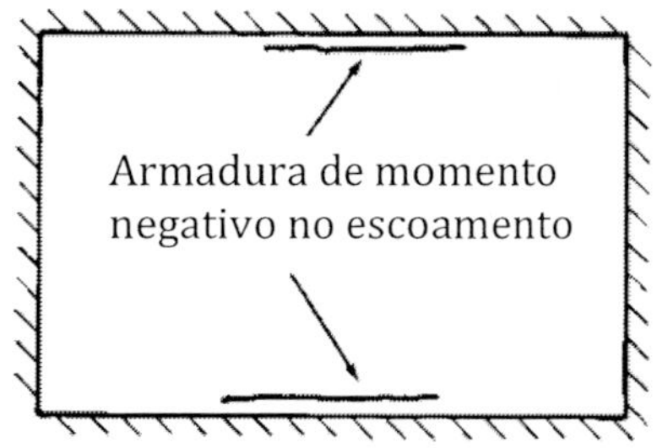

(b) Escoamento inicial - Estágio A

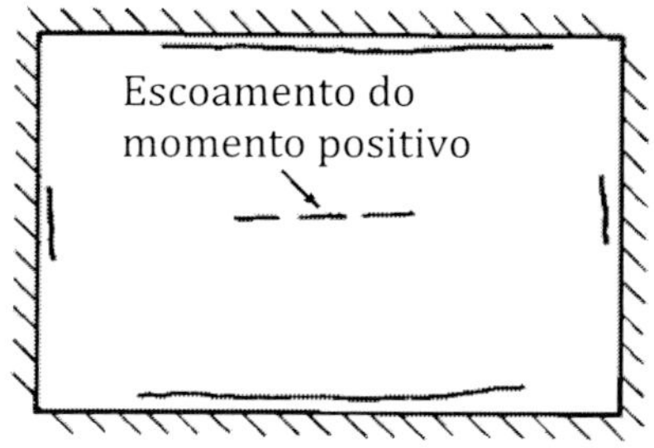

(c) Início do escoamento devido ao momento fletor positivo - Estágio B

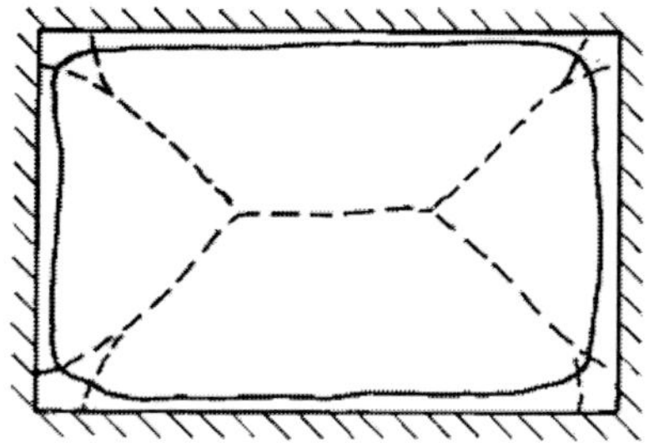

(d) Mecanismo de linha de ruptura - Estágio C

4.2.1.3 As lajes nervuradas pelo processo de tabelas

A determinação de esforços nas lajes nervuradas bidirecionais pode ser simplificada como lajes maciças (critério 14.7.7 da NBR 6118) utilizando a proposta apresentado Ji et al.[2] *apud* Barbirato [23]. Dessa maneira, basta calcular a estrutura como laje maciça por meio de tabelas. São exemplos de tabelas: (a) Bares; (b) Czerny [24].

A técnica consiste em transformar a laje nervura bidirecional em formato Tê para uma laje maciça de altura equivalente. A Figura 4.25 apresenta a transformação dessa altura.

Figura 4.25 – Altura equivalente de laje [23,24].

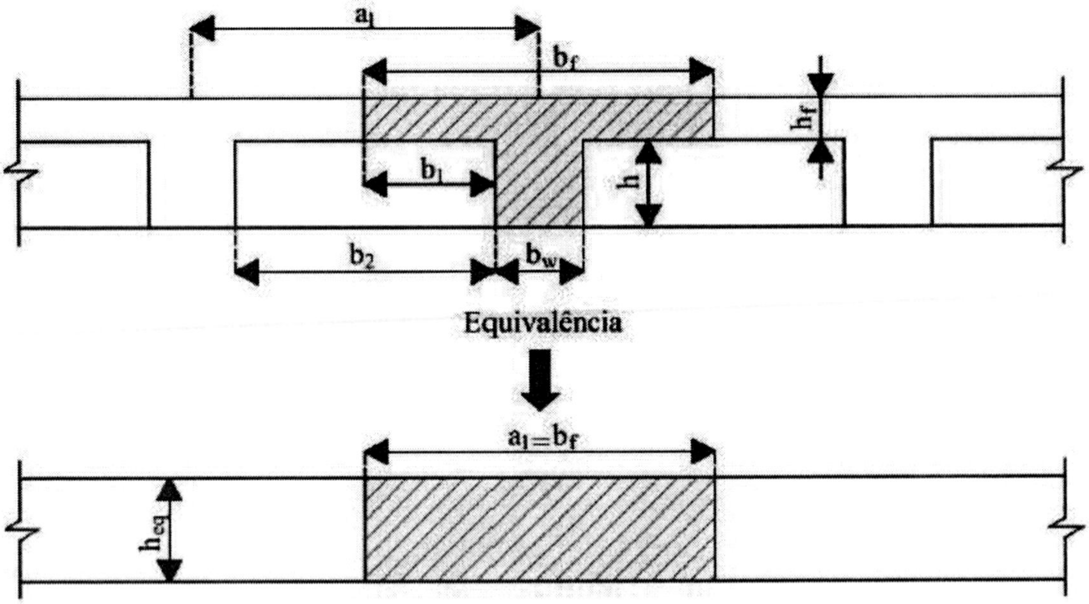

Para determinar a altura correspondente a de uma laje maciça, será utilizada a equação (4.32) de equivalência em flexão.

$$h_{eq} = \left(\frac{12.I}{a_1}\right)^{\frac{1}{3}} \tag{4.32}$$

Em que:

h_{eq} – Altura equivalente (cm);

I – Momento de inércia à flexão da seção T (cm);

a_1 – Distância intereixo entre seções T (cm).

Carvalho e Pinheiro (2013) afirmam que as lajes nervuradas não conseguem reproduzir os mesmos momentos torsores atuantes nas lajes maciças e, por isso, os momentos fletores e flechas acabam sendo maiores nas nervuradas. Para tanto, Hahn[3] (1972) *apud* Carvalho e Pinheiro [25], Stramandinoli [26] propõem

[2] JI, X.; CHEN, S. *et al.* (1985). Deflection of waffle slabs under gravity and in-plane loads. In: SABNIS, G., ed. Deflections of concrete structures. Detroit, ACI. p.283-295. (ACI SP-66).

[3] HAHN J. Vigas continuas, pórticos, placas y vigas flotantes sobre lecho elástico, Editorial Gustavo Gili, S.A. Barcelona, 1972.

multiplicar os valores dos esforços por um coeficiente (δ) e, assim, corrigir os valores obtidos presumindo-se a laje como maciça. O Quadro 4.3 apresenta os coeficientes de Hahn para correção dos esforços da laje nervurada estudada em função de uma condição de apoio.

Onde:

ε - Relação entre os lados da laje (maior sobre o menor ou menor sobre o maior).

E os números do Quadro 4.3 significam as condições de apoio, são elas:

a) 1 = laje apoiada nos quatro lados;

b) 2a = lado maior engastado;

c) 2b = lado menor engastado;

d) 3a = os dois lados maiores engastados;

e) 3b = os dois lados menores engastados;

f) 4 = dois lados adjacentes engastados;

g) 5a = os dois lados maiores e um menor engastados;

h) 5b = os dois lados menores e um maior engastados;

i) 6 = os quatro lados engastados

Quadro 4.3 – Fator δ para correção dos esforços de flexão.

Apolo	ε=	1,00	1,05	1,10	1,15	1,20	1,25	1,30	1,35	1,40	1,45	1,50	1,55	1,60
1	δ	1,71	1,70	1,68	1,66	1,63	1,60	1,56	1,53	1,50	1,47	1,44	1,41	1,38
2a	δx	1,32	1,29	1,27	1,25	1,23	1,21	1,20	1,19	1,18	1,17	1,16	1,15	1,14
	δy	1,51	1,47	1,44	1,41	1,38	1,35	1,32	1,29	1,27	1,25	1,24	1,23	1,22
2b	δx	1,51	1,54	1,56	1,58	1,58	1,59	1,59	1,58	1,56	1,54	1,52	1,50	1,47
	δy	1,32	1,32	1,33	1,34	1,35	1,35	1,35	1,35	1,35	1,34	1,33	1,32	1,30
3a	δx	1,16	1,15	1,14	1,13	1,12	1,11	1,10	1,09	1,08	1,08	1,07	1,07	1,,07
	δy	1,30	1,27	1,25	1,23	1,21	1,19	1,18	1,17	1,16	1,15	1,14	1,13	1,12
3b	δx	1,30	1,33	1,35	1,37	1,39	1,40	1,41	1,42	1,42	1,42	1,43	1,43	1,43
	δy	1,16	1,17	1,18	1,19	1,20	1,21	1,21	1,21	1,22	1,22	1,23	1,23	1,23
4	δ	1,30	1,30	1,29	1,29	1,28	1,27	1,26	1,24	1,22	1,21	1,20	1,20	1,19
5a	δx	1,18	1,18	1,17	1,16	1,15	1,14	1,13	1,13	1,12	1,12	1,11	1,10	1,10
	δy	1,23	1,22	1,21	1,20	1,19	1,18	1,17	1,16	1,15	1,14	1,13	1,12	1,11
5b	δx	1,23	1,23	1,24	1,24	1,24	1,24	1,24	1,23	1,22	1,22	1,21	1,20	1,19
	δy	1,18	1,19	1,20	1,20	1,20	1,20	1,20	1,19	1,18	1,17	1,17	1,16	1,15
6	δ	1,16	1,16	1,16	1,15	1,15	1,14	1,14	1,13	1,13	1,12	1,11	1,11	1,10

As fórmulas utilizadas para o cálculo do coeficiente δ são dadas pelas equações (4.33) a (4.41).

$$\delta_x^1 = \delta_y^1 = \left(\frac{1}{1 - \frac{5}{6}\left(\frac{\varepsilon^2}{1 + \varepsilon^4}\right)}\right) \tag{4.33}$$

$$\delta_x^2 = \left(\frac{1}{1 - \frac{75}{32}\left(\frac{\varepsilon^2}{5 + 2.\varepsilon^4}\right)}\right) \tag{4.34}$$

$$\delta_y^2 = \left(\frac{1}{1 - \frac{5}{6}\left(\frac{\varepsilon^2}{5 + 2.\varepsilon^4}\right)}\right) \tag{4.35}$$

$$\delta_x^3 = \left(\frac{1}{1 - \frac{25}{18}\left(\frac{\varepsilon^2}{5 + \varepsilon^4}\right)}\right) \tag{4.36}$$

$$\delta_y^3 = \left(\frac{1}{1 - \frac{5}{6}\left(\frac{\varepsilon^2}{5 + \varepsilon^4}\right)}\right) \tag{4.37}$$

$$\delta_x^4 = \delta_y^4 = \left(\frac{1}{1 - \frac{15}{32}\left(\frac{\varepsilon^2}{1 + \varepsilon^4}\right)}\right) \tag{4.38}$$

$$\delta_x^5 = \left(\frac{1}{1 - \frac{5}{9}\left(\frac{\varepsilon^2}{2 + \varepsilon^4}\right)}\right) \tag{4.39}$$

$$\delta_y^5 = \left(\frac{1}{1 - \frac{15}{32}\left(\frac{\varepsilon^2}{2 + \varepsilon^4}\right)}\right) \tag{4.40}$$

$$\delta_x^6 = \delta_y^6 = \left(\frac{1}{1 - \frac{5}{18}\left(\frac{\varepsilon^2}{1 + \varepsilon^4}\right)}\right) \tag{4.41}$$

No caso em que se têm lados engastados, os momentos de engastamento permanecem os mesmos, não sendo multiplicados pelo coeficiente δ, que é utilizado somente para os momentos fletores positivos [26].

Logo o esforço final corrigido é dado pela equação (4.42).

$$\xi_{cor} = \xi_{laje}.\delta \tag{4.42}$$

Os fatores não são aplicados aos momentos negativos, pois esses seriam menores, logo, para que o critério seja a favor da segurança, a correção não deve ser aplicada ao momento negativo.

Para que o processo de dimensionamento das lajes nervuradas seja feito por nervura tanto reações quanto momentos devem ser corrigidos em função do tamanho da nervura, portanto, devem-se utilizar as equações (4.43) e (4.44) para determinação do esforço final.

$$M_{nerv}^{x} = M_{cor}^{x} . b_{fx} \tag{4.43}$$

$$M_{nerv}^{y} = M_{cor}^{y} . b_{fy} \tag{4.44}$$

Os valores de b_f (mesa colaborante) devem ser determinados utilizando os critérios da NBR 6118 [2] item 14.6.2.2. A Figura 4.26 apresenta essa determinação do formato da seção isolada que têm a aparência de uma letra T. Tal condição também será empregada no dimensionamento de vigas onde é considerada a participação da laje no modelo estrutural.

Figura 4.26 – Largura da mesa colaborante [2].

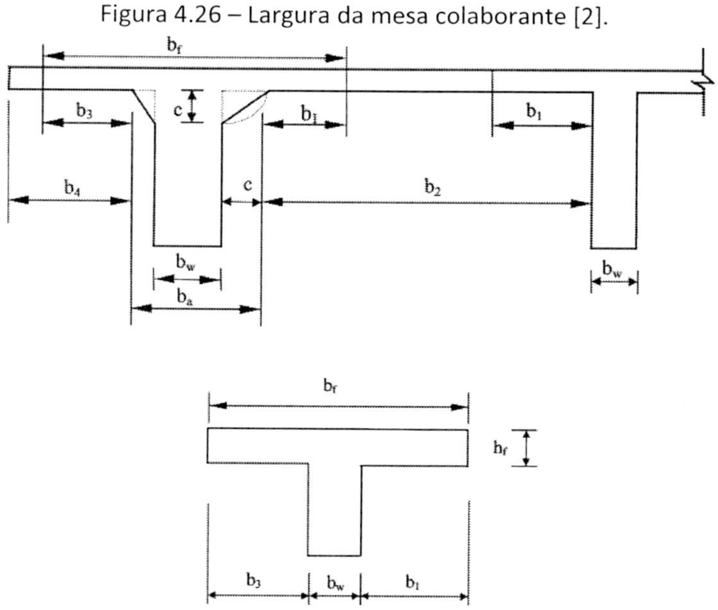

Onde:

c - Cateto do triângulo da mísula;

b_3, b_1 - Aba fictícia da nervurada para os lados direito e esquerdo;

b_a - Largura da nervura fictícia obtida aumentando-se a largura real para cada lado de valor igual ao do menor cateto do triângulo da mísula correspondente.

Ainda no item 14.6.2.2 da NBR 6118 (ABNT, 2014), a largura colaborante b_f deve ser dada pela largura da viga b_w acrescida de no máximo 10 % da distância a entre pontos de momento fletor nulo, para cada lado da viga em que haja laje colaborante. A distância a pode ser estimada em função do comprimento l do tramo considerado, como apresentada a seguir:

a) Viga simplesmente apoiada: $a = 1{,}00. l$;

b) Tramo com momento em uma só extremidade: $a = 0{,}75. l$;

c) Tramo com momentos nas duas extremidades: $a = 0{,}60. l$;

d) Tramo em balanço: $a = 2{,}00.l$.

Conforme Figura 4.26, a largura colaborante é a soma entre b_1, b_w e b_3. Onde b_2 é a distância entre nervuras e a é dado como a distância entre dois pontos de momento fletor nulo.

$$b_{1} \leq \begin{cases} 0{,}1.a \\ 0{,}5.b_2 \end{cases} \tag{4.45}$$

e

$$b_{3} \leq \begin{cases} 0{,}1.a \\ b_4 \end{cases} \tag{4.46}$$

4.2.1.4 Compatibilização dos esforços em elementos isolados

Ao se considerar as lajes de um pavimento isoladas umas das outras, como no caso das tabelas, os momentos fletores negativos em uma borda comum a duas lajes contíguas são geralmente diferentes (ver Figura 4.27).

Figura 4.27 – Momento fletor não compatibilizado e compatibilizado em lajes com continuidade [17].

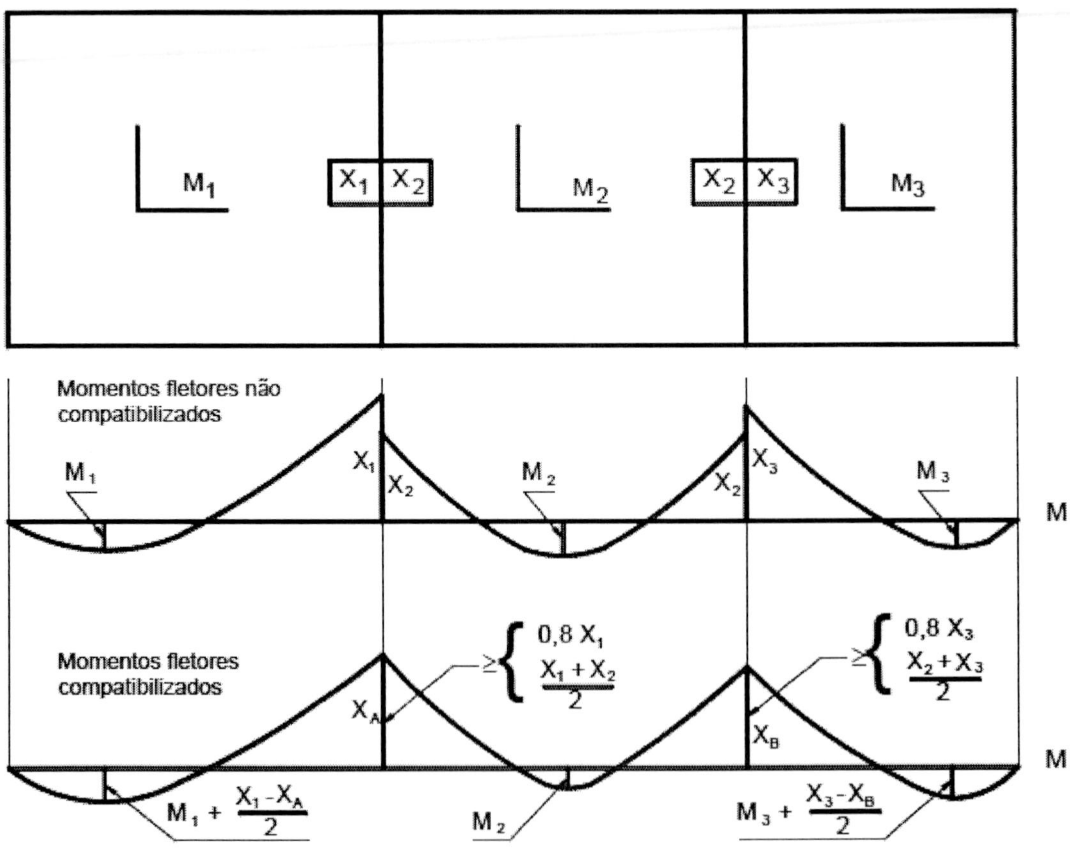

A NBR 6118 [2] no seu item 14.7.6.2 afirma que quando houver predominância de cargas permanentes, as lajes vizinhas podem ser consideradas isoladas, realizando-se a compatibilização dos momentos sobre os apoios de forma aproximada.

No caso de análise plástica, a compatibilização pode ser realizada mediante alteração dos graus de engastamento dos apoios, em procedimento iterativo, até a obtenção de valores equilibrados nas bordas. Permite-se, simplificadamente, a adoção do maior valor de momento negativo em vez de equilibrar os momentos de lajes diferentes sobre uma borda comum.

Segundo Pinheiro *et al.* [21] na compatibilização dos momentos negativos, o critério usual consiste em adotar o maior valor entre a média dos dois momentos e 80% do maior momento. Esse critério apresenta razoável aproximação quando os dois momentos são da mesma ordem de grandeza.

Segundo Pinheiro *et al.* [21] se um dos momentos negativos for muito menor do que o outro, por exemplo $X_2 < 0{,}5.X_1$, um critério melhor consiste em considerar L2 engastada e armar o apoio para o momento X_1, admitindo, no cálculo da L1, que ela esteja simplesmente apoiada nessa borda.

4.2.1.5 O momento volvente nos bordos

Pinheiro *et al.* [21] explica que nos cantos das lajes com bordas apoiadas surgem momentos fletores negativos, que causam tração no lado superior da laje na direção da diagonal, e positivos na direção perpendicular à diagonal, que causam tração no lado inferior da laje. Os momentos nos cantos são chamados momentos volventes ou momentos de torção, e recebem a notação de M_{xy}.

O uso de armadura para momento volvente não é comum em projetos correntes de laje de concreto, estes normalmente são verificados quando os painéis têm valor de vão superior a 5 metros. Devido ao processo de fissuração decorrente da falta desta armadura alguns autores, como Araújo [12], recomendam a adição de um fator corretor no momento positivo e flecha, visto que esta falta de armadura contribuíra para o aumento destes esforços. O Quadro 4.3 e as equações (4.47) a (4.49) apresentam o fator corretor k. Araújo [12] ainda afirma que tal situação ocorre para facilitar a execução do painel, visto que uma densidade de armadura nas faces pode implicar em futuras patologias como os nichos de concretagem.

Quadro 4.4 – Coeficiente de majoração de flechas e esforços de flexão com base em lajes de bordos apoiados [12].

l_y/l_x	k_x	k_y	k_c
1,0	1,27	1,27	1,30
1,1	1,27	1,26	1,29
1,2	1,26	1,24	1,28
1,3	1,24	1,21	1,26
1,4	1,23	1,18	1,24
1,5	1,21	1,14	1,22
1,6	1,19	1,11	1,2
1,7	1,17	1,07	1,18
1,8	1,16	1,03	1,16
1,9	1,14	1,00	1,14
2,0	1,13	1,00	1,13

$$M_x^{cor} = k_x.M_x \tag{4.47}$$

$$M_y^{cor} = k_y . M_y \tag{4.48}$$

$$\delta^{cor} = k_c . \delta \tag{4.49}$$

4.2.1.6 O sistema de vigas

Kimura [7] afirma que provavelmente o modelo mais tradicional no ensino de estruturas de concreto seja o modelo de vigas contínuas. Nesse modelo, as lajes têm seus esforços calculados por meio de tabelas, como veremos neste capítulo e então por meio de métodos específicos é possível fazer a separação do elemento de viga e então efetuar o dimensionamento do mesmo de forma isolada. Algumas das especificações sobre essas aproximações permitidas estão no item 14.6.6 da NBR 6118 [2].

A NBR 6118 [2] afirma que para utilização desse modelo, uma série de correções deve ser feita ao sistema estrutural analisado de forma a garantir a segurança do conjunto, são elas:

Não podem ser considerados momentos positivos menores que os que se obteriam se houvesse engastamento perfeito da viga nos apoios internos; (Figura 4.28).

Percebam que a condição de aceitação do momento fletor positivo no meio do vão é pela condição de comparação entre $M_{1,c}$ e $M_{1,j}$ sendo que o valor selecionado para cálculo deverá ser o maior entre os dois.

Figura 4.28 – Possíveis interpretações para análise de um sistema estrutural em viga contínua [27].

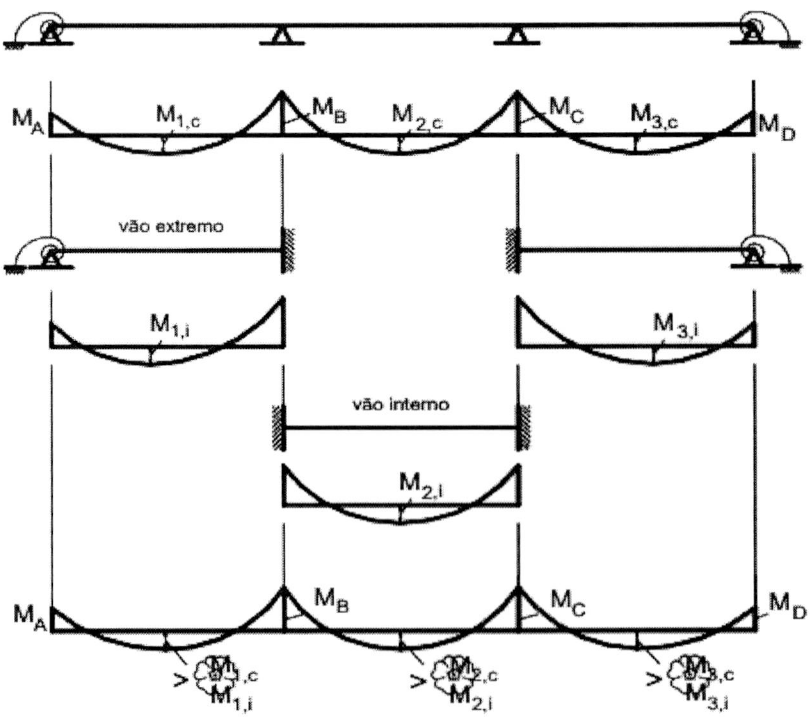

Quando a viga for solidária com o pilar intermediário e a largura do apoio, medida na direção do eixo da viga, for maior que a quarta parte da altura do pilar, não pode ser considerado o momento negativo de valor absoluto menor do que o de engastamento perfeito nesse apoio (Figura 4.29).

Figura 4.29 – Possíveis interpretações para análise de um sistema estrutural em viga contínua [27].

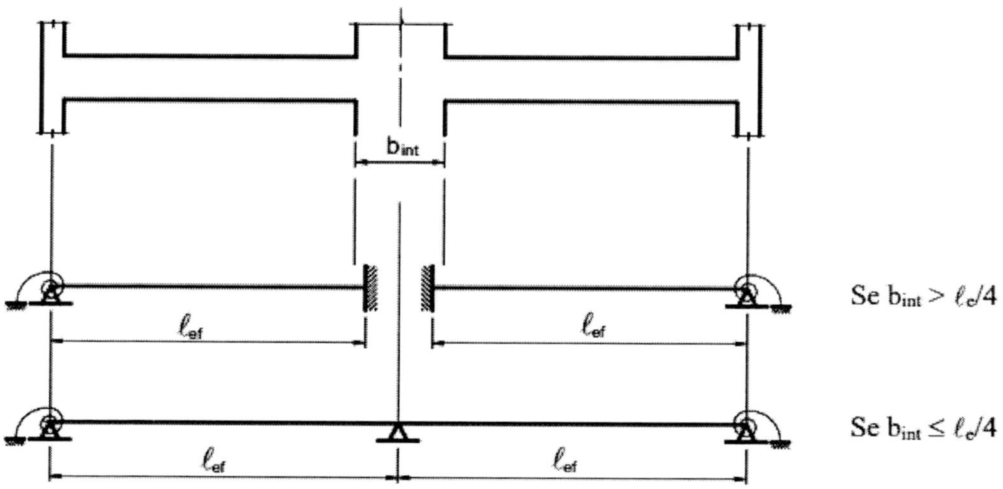

Quando não for realizado o cálculo exato da influência da solidariedade dos pilares com a viga, deve ser considerado, nos apoios extremos, momento fletor igual ao momento de engastamento perfeito ($M_{eng} = q.l^2/12$) multiplicado por um coeficiente de rigidez dado conforme equações (4.50) a (4.53) e Figura 4.30.

$$M_{viga} = M_{eng}\left(\frac{6.r_{sup} + 6.r_{inf}}{4.r_{sup} + 6.r_{inf} + 6.r_{viga}}\right) \quad \text{Momento viga} \quad (4.50)$$

$$M_{sup} = -M_{eng}\left(\frac{6.r_{sup}}{4.r_{sup} + 6.r_{inf} + 6.r_{viga}}\right) \quad \text{Tramo superior pilar} \quad (4.51)$$

$$M_{inf} = -M_{eng}\left(\frac{6.r_{inf}}{4.r_{sup} + 6.r_{inf} + 6.r_{viga}}\right) \quad \text{Tramo inferior pilar} \quad (4.52)$$

$$r_i = \frac{I_i}{L_i} \quad \text{Rigidez do elemento} \quad (4.53)$$

Figura 4.30 – Aproximações nos apoios para o modelo de viga contínua [2,10,27].

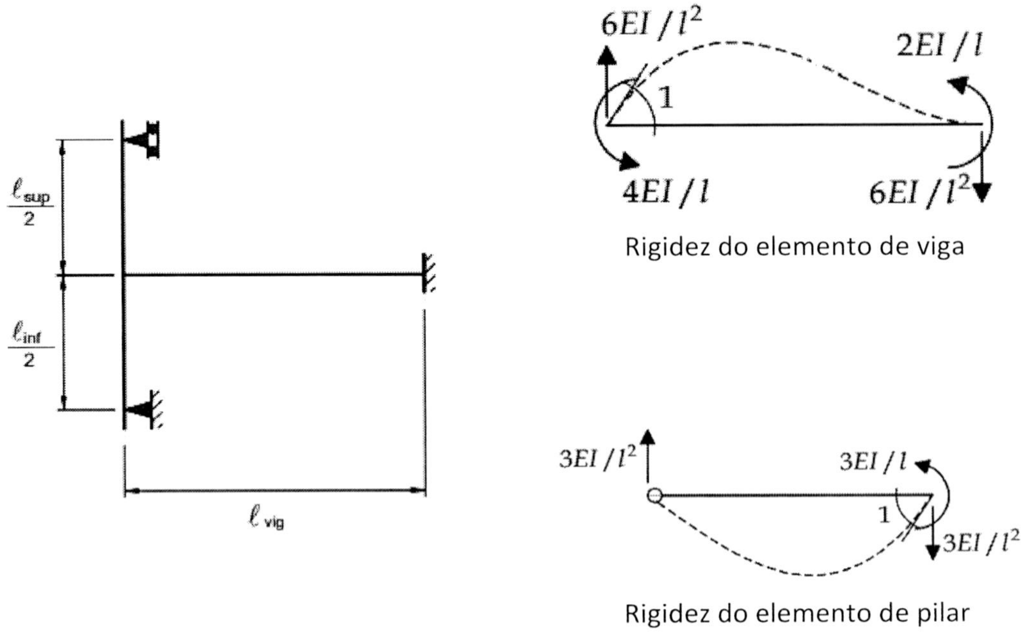

No caso, os valores de r_i são as rigidezes de cada um dos elementos, seja eles viga (r_{viga}) ou pilares (r_{sup}, r_{inf}). I_i é a inércia do elemento da direção analisada e L_i é o comprimento efetivo da peça estrutural.

Kimura [7] afirma que o modelo de viga contínua é válido pois o mesmo permite que todos os procedimentos de cálculo sejam efetuados de maneira manual. Porém, esse modelo possui uma série de limitações como a desconsideração da interação entre os elementos estruturais e que em situações onde exista ação de cargas de vento (Carregamento horizontal) esse modelo não consegue capturar o efeito necessário, podendo assim prejudicar a análise. Portanto, recomendamos aqui que o mesmo seja utilizado como objeto de ensino e um validador para verificação dos relatórios emitidos pelo programa de cálculo, sendo que a última observação também é recomenda por Kimura [7].

4.2.2 A análise do subsistema horizontal como grelhas

Após a explanação das generalidades dos sistemas de vigas e lajes por meio das tabelas, vamos iniciar os procedimentos de avaliação de lajes e vigas por meio das grelhas (ver Figura 4.31).

Figura 4.31 – Modelo de grelhas para representação dos pavimentos [7].

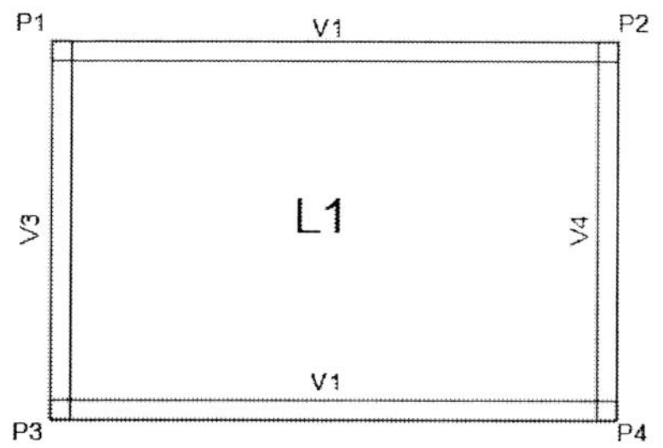

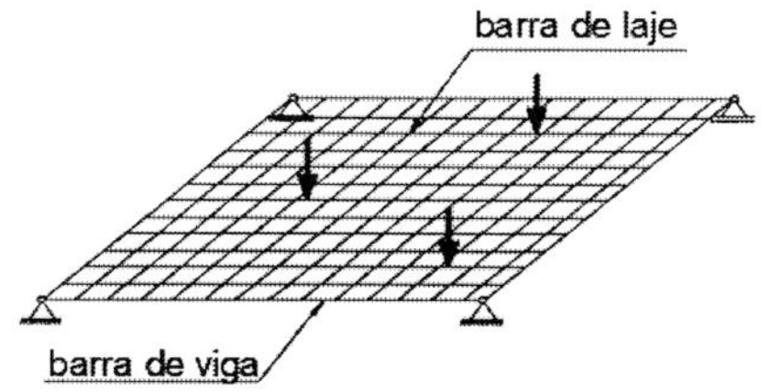

Pode-se dizer que tal modelo não foi inovador, pois Marcus (baseado na teoria da elasticidade) foi um dos primeiros pesquisadores a idealizar esse modelo de placa em formato de grelhas [28]. As grelhas, portanto, consistem em um conjunto de vigas conectadas e que devido a característica desse sistema possuem esforços de rotação em torno do próprio eixo, também conhecido como esforços de torção.

Baseado nos trabalhos de Hambly [29] alguns critérios podem ser estabelecidos para se determinar a malha de grelha da estrutura do pavimento, são algumas dessas observações [28]:

a) Procurar localizar as barras da grelha em posições predeterminadas no projeto, tais como linhas de apoio ao longo das vigas de extremidade, bem como de outras, se existirem, que contenham uma ação específica, etc.;

b) Numa laje isótropa, cada barra deve ter no máximo largura igual a 1/4 do vão transversal ao seu eixo;

c) Numa laje ortótropa, na direção da menor inércia, deve-se considerar a largura das barras igual a 40% do vão transversal ao seu eixo. Caso haja dúvida quanto à ortotropria, deve-se adotar o critério b;

d) Quanto mais densa a malha, melhores são os resultados obtidos. No entanto, essa melhora deixa de acontecer quando a largura das barras for menor que 2 ou 3 vezes a espessura da laje;

e) No caso de balanço na laje, é necessário colocar pelo menos duas barras transversais ao vão em balanço;

f) Nas regiões de grande concentração de esforços, tais como apoios ou cargas concentradas, recomenda-se dispor uma malha cuja largura das barras não seja superior a 3 ou 4 vezes a espessura da laje;

g) A menos que estejam localizados muito próximo aos pilares, não devem ser considerados orifícios na laje cuja menor dimensão não exceda a $3.h$, onde h é a espessura da laje. No caso de haver aberturas maiores, deve-se aplicar os mesmos critérios para bordas livres.

Além do seu posicionamento no painel, as propriedades geométricas das barras são importantes para que se faça uma análise correta dos esforços via metodologia de grelhas. A inércia à flexão das barras irá respeitar o momento de inércia da seção seja ela uma seção retangular no caso de lajes maciças ou uma seção T no caso de lajes nervuradas.

No caso da rigidez à torção, dada pelo produto $G.I_p$ (G – Módulo de elasticidade transversal, ver seção 1.4.4 do livro e I_p – Momento polar de inércia). Por exemplo, para seções retangulares, o momento polar de inércia é dado pela equação (4.54).

$$I_p = \beta.h.b_w \tag{4.54}$$

$$\beta = \frac{1}{3} - \left(0{,}21\frac{b_w}{h}\right)\left(1 - \frac{{b_w}^4}{12.h^4}\right) \tag{4.55}$$

Porém, devido a um estado prévio de fissuração mesmo no Estádio I a NBR 6118 [2] item 14.6.6.2 recomenda que na utilização de modelos com torção seja utilizada uma rigidez à torção reduzida em 85% do seu valor elástico.

Outra situação importante na análise de grelhas é a disposição do carregamento nas barras de viga do sistema. O carregamento nas grelhas é dado conforme Figura 4.32 podendo este ser transformado em carga distribuída ou carga nodal.

Figura 4.32 – Áreas de influência conforme tipo de elemento considerado [24].

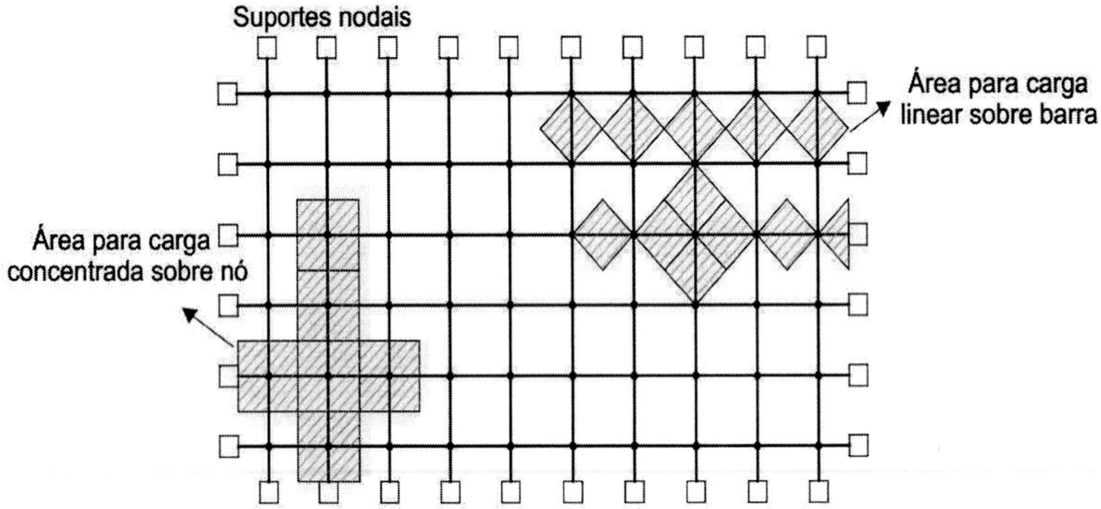

4.2.3 O sistema formado por pórticos

Como a própria NBR 6118 [2] afirma, o modelo de viga contínua pode ser melhorado para um modelo de pórtico simplificado que permita determinar a influência dos pilares no sistema estrutural além de permitir o cálculo da influência do efeito de vento nas estruturas. A Figura 4.33 apresenta o modelo de pórtico plano para simulação de um edifício, modelo o qual podemos representar o comportamento global da estrutura.

Antes da visão tridimensional, o modelo mais empregado para análise de estruturas são os pórticos associados que utilizam o conceito básico de associação em série de sistemas (mesmo conceito de associação molas em série). Em linhas gerais, estes modelos foram bastante empregados para cálculo de estruturas antes da existência dos computadores que permitiam o cálculo de esforços das estruturas de maneira mais realista, pois além da influência dos pilares foi possível analisar a estabilidade das estruturas frente aos esforços de vento.

A aplicação deste critério pode ser observada na Figura 4.34 e na Figura 4.35. A Figura 4.35 apresenta a associação em série de pórticos do pavimento tipo apresentado na Figura 4.34.

Apesar da criação dos computadores e o advento da computação gráfica para simular estrutura, o sistema de pórticos associados ainda é aplicado para avaliação de estruturas, por exemplo, a alvenaria estrutural.

Figura 4.33 – Modelo de pórtico plano simulando um pórtico do edifício [30].

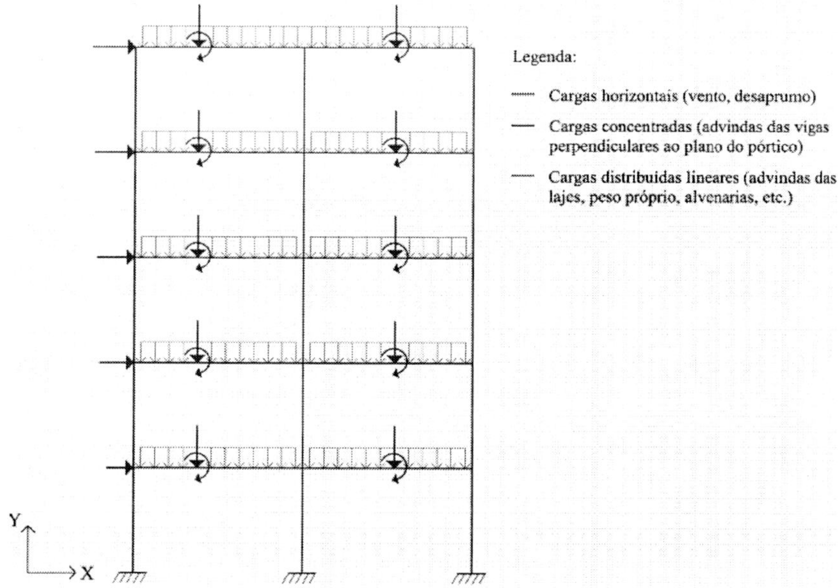

Figura 4.34 – Planta de um pavimento tipo de um edifício [31,32].

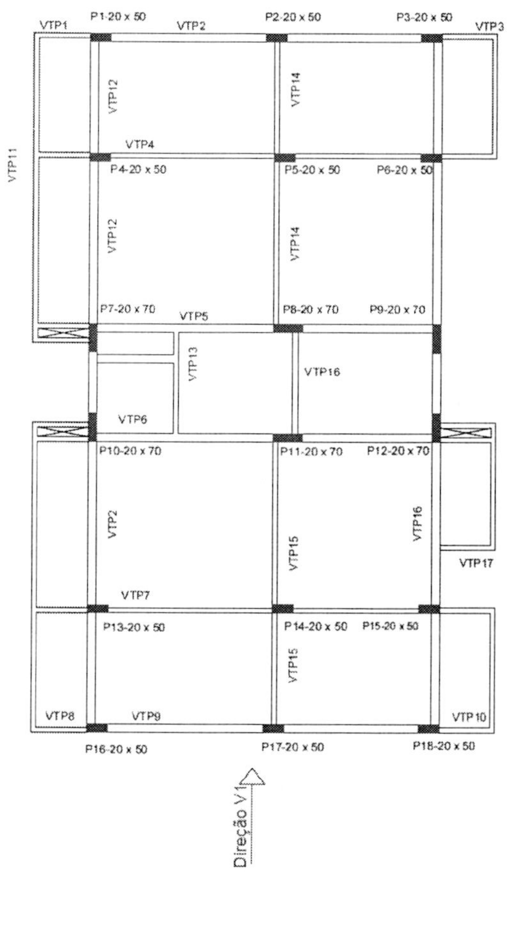

Figura 4.35 – Representação de associação em série de pórticos para direção V1 [31].

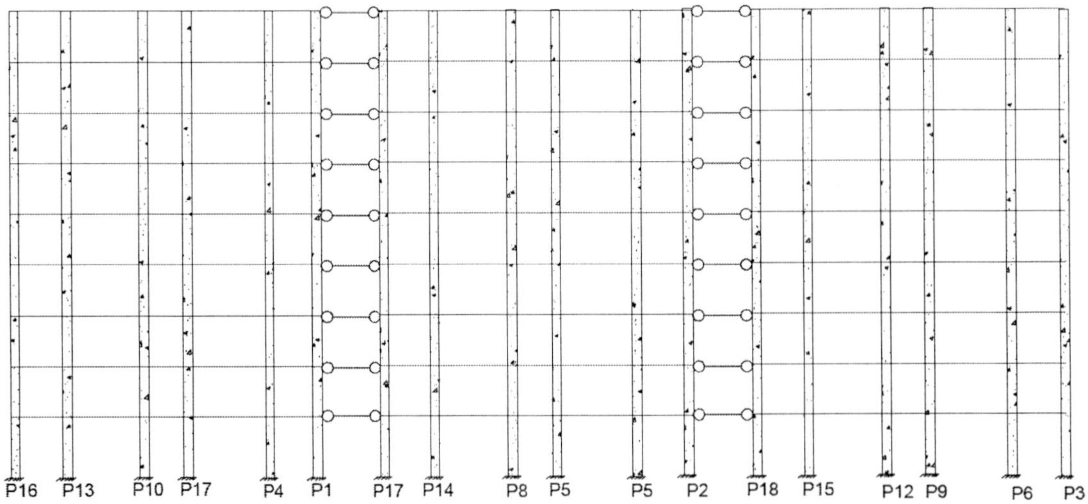

Como dito anteriormente, o modelo mais utilizado em *softwares* de cálculo estrutural é o modelo tridimensional. No caso do *software* TQS, por exemplo, o modelo de pórtico espacial é dividido em 3 modelos para que o projetista possa verificar os esforços na estrutura (Figura 4.36).

Figura 4.36 – Modelos empregados pelo *software* de cálculo TQS: Disponível no link TQS.

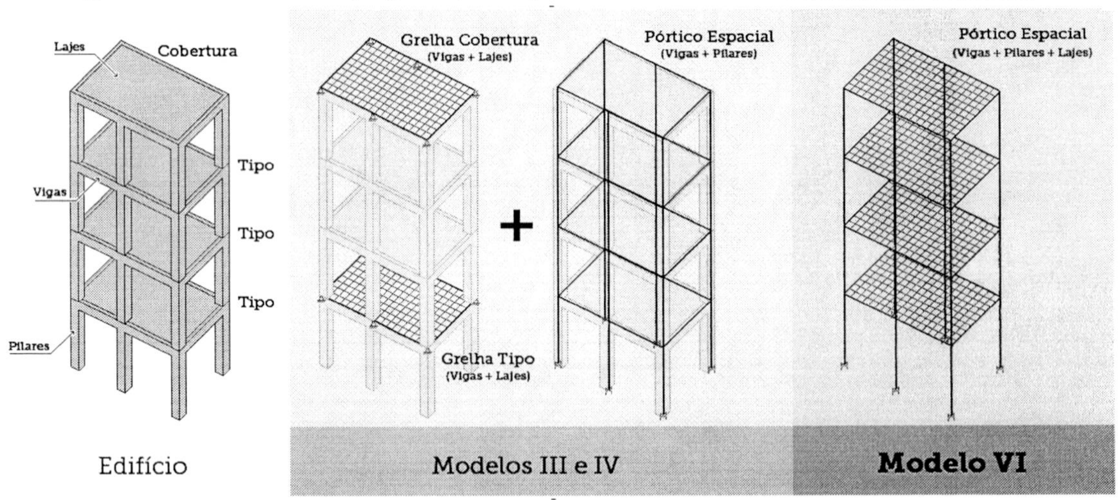

Para análise dos pavimentos isolados é de praxe nos dias atuais a aplicação dos modelos de grelha para avaliação do sistema de lajes. Esse formato surgiu como uma alternativa às tabelas de cálculo que podem e devem ser utilizadas.

4.3 Verificação de cisalhamento nas lajes

Dando início às verificações tradicionais que são realizadas no sistema estrutural de concreto armado, podemos falar da checagem de cisalhamento nas lajes. Essa checagem nos dá condições de avaliar a resistência ao cisalhamento de lajes sem a necessidade de armadura para este fim.

Salientamos aqui que o uso de lajes com armadura de cisalhamento também é válido, porém, em projetos correntes de concreto armado, esse modelo não é adotado. Um exemplo comum dessas aplicações são as lajes lisas onde normalmente é necessário dispor uma armadura de cisalhamento para combater estes efeitos, denominados de punção.

A condição para checagem do cisalhamento exige o conhecimento da armadura de flexão que chega até os apoios da peça. Portanto, como poderíamos avaliar o cisalhamento na laje sem o conhecimento prévio dessa armadura?! Para isso, introduziremos brevemente o conceito de armadura mínima.

Todas as peças de concreto sejam elas lajes, vigas ou pilares necessitam de um quantitativo mínimo de armadura de flexão, por exemplo. Portanto, para utilização dessa verificação vamos adotar que a armadura existente é a mínima. Isso permite que empreguemos o modelo que será apresentado.

Portanto, nesta seção daremos ênfase à verificação de cisalhamento em lajes que não possuem armadura para este fim. Para isto, seguiremos a orientação da NBR 6118 [2] item 19.4.1. Neste item devemos verificar se os esforços de cisalhamento de cálculo (V_{sd}) respeitam a condição de Estado Limite Último da força de cisalhamento resistente (V_{Rd1}).

$$V_{sd} \leq V_{Rd1} \tag{4.56}$$

$$V_{Rd1} = [\tau_{Rd}.k.(1{,}2 + 40.\rho_1) + 0{,}15.\sigma_{cp}].b_w.d \tag{4.57}$$

Onde:

$$\tau_{Rd} = 0{,}25.f_{ctd} \tag{4.58}$$

$$f_{ctd} = \frac{f_{ctk,inf}}{\gamma_c} \tag{4.59}$$

$$\rho_1 = \frac{A_{s1}}{b_w d} \leq 0{,}02 \tag{4.60}$$

A_{s1} representa a área de armadura de tração que se estende até não menos que $d + l_{b,nec}$ além da seção considerada, com $l_{b,nec}$ definido no capítulo 1 deste livro ou item 9.4.2.5 da NBR 6118 [2]. Como neste momento do projeto ainda não temos a armadura total da laje recomendamos aqui o uso da taxa mínima de armadura conforme Quadro 4.5.

Quadro 4.5 – Taxa de armadura (ρ_s) para seções retangulares de concreto armado.

f_{ck} (MPa)	20	25	30	35	40	45	50	55	60	65	70	75	80	85	90
ρ_s (%)	0,150	0,150	0,150	0,164	0,179	0,194	0,208	0,211	0,219	0,226	0,233	0,239	0,245	0,251	0,256

Para aplicação da armadura mínima, basta aplicar a equação (4.61) onde A_c representa a área de concreto da seção de laje estudada.

$$A_{s,min} = \rho_s.A_c \tag{4.61}$$

$k = \|1\|$	Para elementos menores que 50 % da armadura inferior não chega até o apoio	(4.62)
$k = \|1{,}6 - d\| > 1$	Para os demais casos com d em metros	(4.63)

Como este livro trata de peças de concreto armado, o termo referente a tensões de protensão σ_{cp} da equação (4.57) será zerado visto que não existem forças de protensão nesse tipo de peça.

4.4 Verificação de flechas

Como na verificação de cisalhamento é comum que antes do início do detalhamento de uma estrutura faça-se um estudo da flecha das peças estruturais independente do modelo utilizado. Isso evita que o projetista detalhe uma peça que porventura possa falhar em uma verificação e deformação excessiva provavelmente. Portanto, trata-se de uma verificação para evitar retrabalho no ambiente de projeto, uma vez que dimensionada e detalhada, o projetista ainda sim deverá verificar a peça novamente quanto ao requisito flecha (ou deflexão).

Como o procedimento aqui trata-se de uma verificação inicial, o procedimento será o mesmo adotado pelo professor Américo Campos Filho [18] em seu material didático, são os passos:

a) Arbitrar a espessura da laje de acordo com um método de pré-dimensionamento;

b) Fazer a composição de cargas para a laje, determinando os valores da carga permanente e variável;

c) Determinar o valor da carga de serviço, correspondente à combinação quase permanente de serviço, conforme apresentado no capítulo 3 desse texto.

d) Como a armadura a ser colocada na laje não é conhecida ainda, não é possível determinar a sua rigidez. O momento de inércia da seção, I_{eq}, pode ser estimado pelas equações (4.64) e (4.65).

$$I_{eq} = I_c \qquad M_a \le M_r \tag{4.64}$$

$$I_{eq} = 0{,}30.\,I_c \qquad M_a > M_r \tag{4.65}$$

Onde:

I_c - Momento de inércia da seção bruta de concreto sem fissuração;

M_a - Momento fletor na seção crítica, momento máximo no vão para lajes biapoiadas ou contínuas e momento no apoio para lajes em balanço, para a combinação quase permanente de serviço;

M_r - Momento de fissuração da laje, calculado pela equação (4.66):

$$M_r = \frac{\alpha.\,f_{ct}.\,I_c}{y} \tag{4.66}$$

Sendo:

α = 1,2 para seções T ou duplo T;

α = 1,3 para seções I ou T invertido;

α = 1,5 para seções retangulares.

Onde:

α - Fator que correlaciona aproximadamente a resistência à tração na flexão com a resistência à tração direta;

y - Distância do centro de gravidade da seção à fibra mais tracionada;

f_{ct} - Resistência à tração direta do concreto, conforme 8.2.5 (NBR 6118 [2]), com o quantil apropriado a cada verificação particular. Para determinação do momento de fissuração, deve ser usado o $f_{ctk,inf}$ no estado-limite de formação de fissuras e o $f_{ctk,m}$ no estado-limite de deformação excessiva (ver 8.2.5 da NBR 6118 [2]).

e) Determinar a flecha direta da peça estrutural, seja ela uma viga ou uma laje;

f) Calculada a flecha deferida no momento da aplicação da carga deve-se levar em conta o processo de fluência do material aplicando a equação (4.67) que representa a flecha completa (direta + ao longo do tempo);

$$a_{t=\infty} = a_{t=0}.(1 + \alpha_f) \tag{4.67}$$

Onde $a_{t=\infty}$ é a flecha elástica de longa duração considerando as deformações por fluência e α_f é o coeficiente de fluência que depende do tempo inicial de aplicação do carregamento inicial.

Nesse caso deve-se levar em conta o tempo em que foi feita a desforma do concreto além de que para uma verificação inicial de parâmetros, não se considera a existência de armadura na peça. Portanto α_f é dado pela equação (4.68). Nesta equação ξ é o coeficiente temporal de fluência, que pode ser obtido diretamente no Quadro 4.6.

$$\alpha_f = \Delta\xi = \xi(t) - \xi(t_0) \tag{4.68}$$

Quadro 4.6 – Valores do coeficiente ξ em função do tempo.

Tempo (t) em meses	0	0,50	1	2	3	4	5	10	20	40	≥ 70
Coeficiente $\xi(t)$	0	0,54	0,68	0,84	0,95	1,04	1,12	1,36	1,64	1,89	2

Após todo esse processo deve-se comparar o valor da flecha de longa duração com o valor da flecha admissível (Ver Quadro 4.7); se a flecha de longa duração for superior à flecha admissível (Observar item 13.3 da NBR 6118 [2] que explicita os limites de flechas para peças de concreto), deve-se incrementar a espessura da peça estrutural e voltar ao passo (b); em caso contrário, adota-se a espessura como valor final para o processo de dimensionamento.

a) As superfícies devem ser suficientemente inclinadas ou o deslocamento previsto compensado por contraflechas, de modo a não se ter acúmulo de água.

b) Os deslocamentos podem ser parcialmente compensados pelas especificações das contraflechas. Entretanto, a atuação isolada da contraflecha não pode ocasionar desvio do plano maior que $l/350$.

c) O vão l deve ser tomado na direção na qual a parede da divisória se desenvolve.

d) Rotação nos elementos que suportam parede.

e) H é a altura total do edifício e H_lé o desnível entre os dois pavimentos vizinhos.

f) Esse limite aplica-se ao deslocamento lateral entre dois pavimentos consecutivos, devido à atuação de ações horizontais. Não podem ser incluídos os deslocamentos devidos a deformações axiais nos pilares. O limite também se aplica ao deslocamento vertical relativo das extremidades de lintéis conectados a duas paredes de contraventamento, quando H_l representa o comprimento do lintel.

g) O valor l refere-se à distância entre o pilar externo e o pilar interno.

NOTAS

1 Todos os valores-limites de deslocamentos supõem elementos de vão l suportados em ambas as extremidades por apoios que não se movem. Quando se tratar de balanços, o vão equivalente a ser considerado deve ser o dobro do comprimento do balanço.

2 Para o caso de elementos de superfície, os limites prescritos consideram que o valor l é o menor vão, exceto em casos de verificação de paredes e divisórias, onde interessa a direção na qual a parede ou divisória se desenvolve, limitando esse valor a duas vezes o vão menor.

3 O deslocamento total deve ser obtido à partir da combinação da ações características ponderadas pelos coeficientes definidos na Seção 11.

4 Deslocamentos excessivos podem ser parcialmente compensados por contraflechas.

Exemplo Resolvido 4.1 [19]

Dada a planta de fôrma (fim residencial e que não há predominância de pesos de equipamentos) na figura a seguir, determinar os esforços internos, flecha e fazer a verificação de cisalhamento para as lajes do exemplo. Para este exemplo considerar a carga permanente total de 4,05 kN/m² (já levada em consideração do peso próprio da peça [h = 10 cm e d = 8,50 cm]) e de 1,5 kN/m² para carga variável.

Além destes dados, considerar que as lajes (fim residencial) têm a mesma espessura e estão no mesmo nível neste pavimento em particular. As distâncias apresentadas em plantas já são efetivas, considere um *fck* de 25 MPa (agregado de granito) e retirada de escoras aos 28 dias.

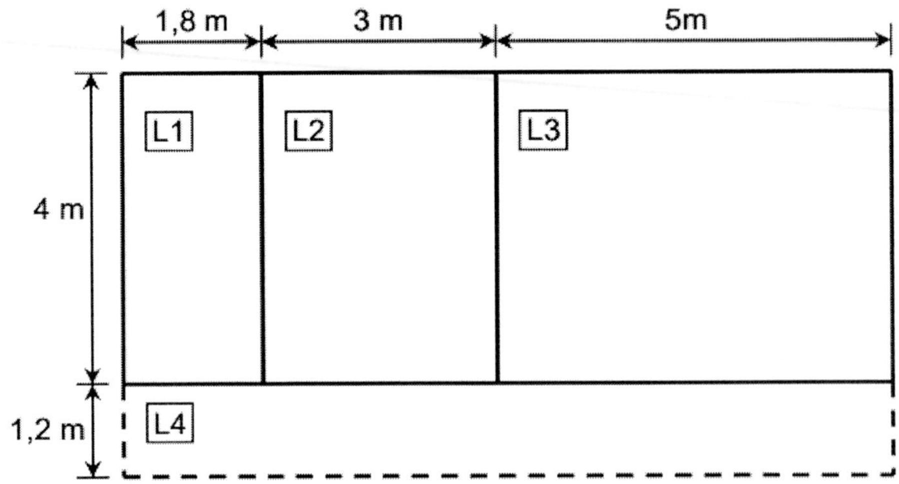

Solução

Inicialmente, iremos determinar os tipos de engastamentos que ocorrem no painel de lajes. Como informado no exercício, as lajes possuem a mesma espessura e estão no mesmo nível, logo será considerado que bordos que possuem continuidade deverão ser engastados. Portanto, com essa definição chegamos à Figura do modelo de engastamento por laje:

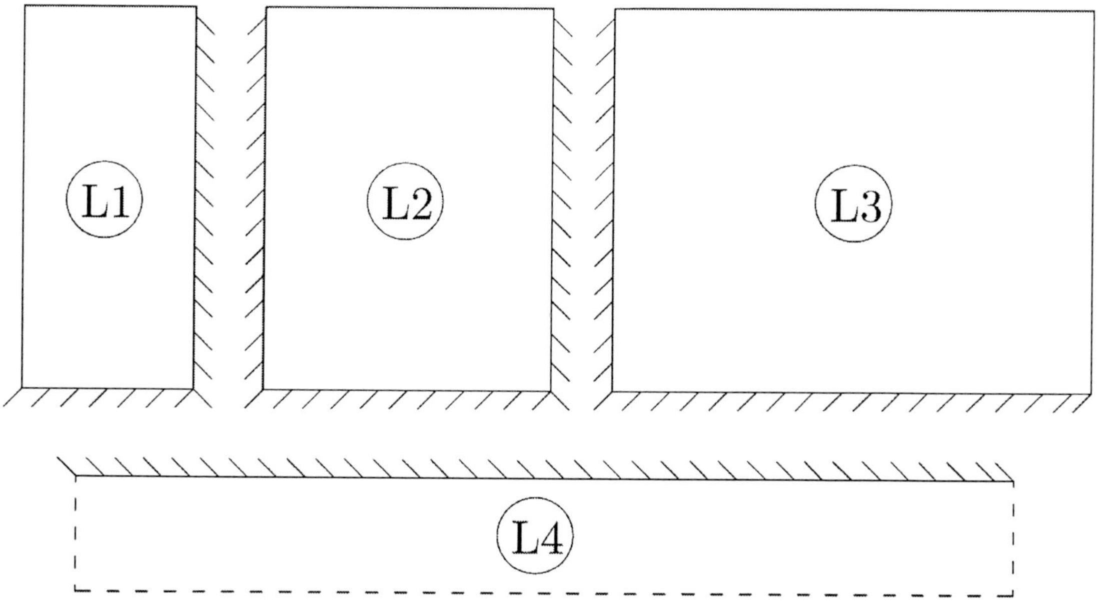

Determinando os esforços de flexão na laje L2:

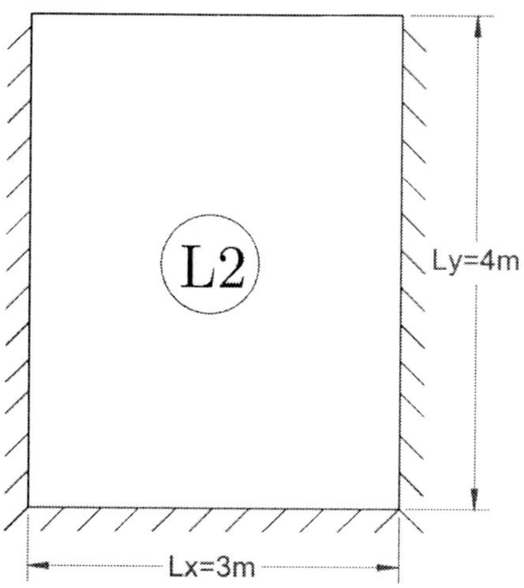

$\lambda = 4/3 = 1{,}333$

Como $\lambda < 2$ LA2D

Para determinação dos esforços será utilizada a Tabela 2.3c que consta nos anexos deste livro. Como a relação entre os bordos possui o valor de 1,333 empregaremos um interpolador linear para determinar os valores de coeficientes de esforços de flexão.

MOMENTOS FLETORES EM LAJES COM CARGA UNIFORME												
$\lambda = \frac{\ell_x}{\ell_y}$	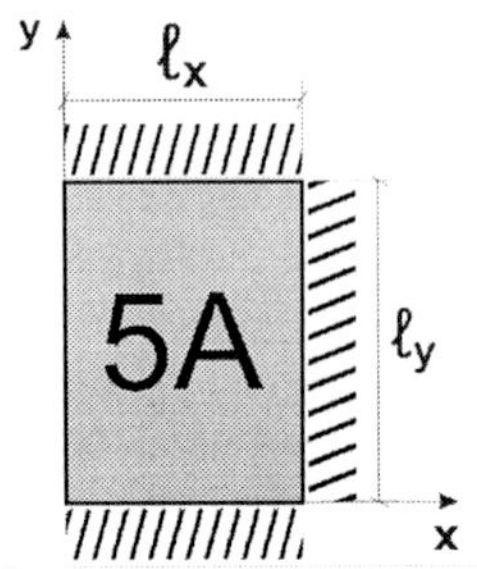				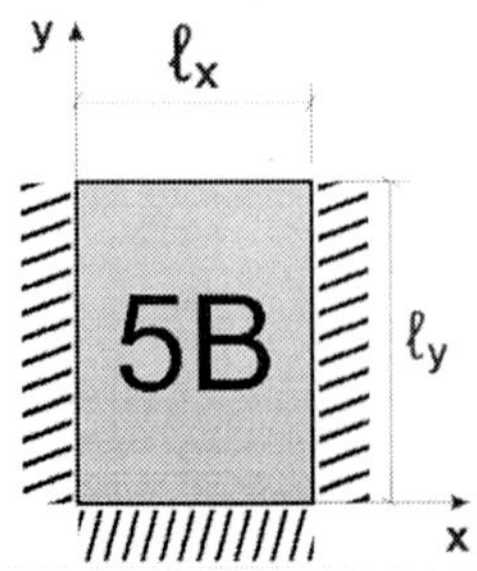				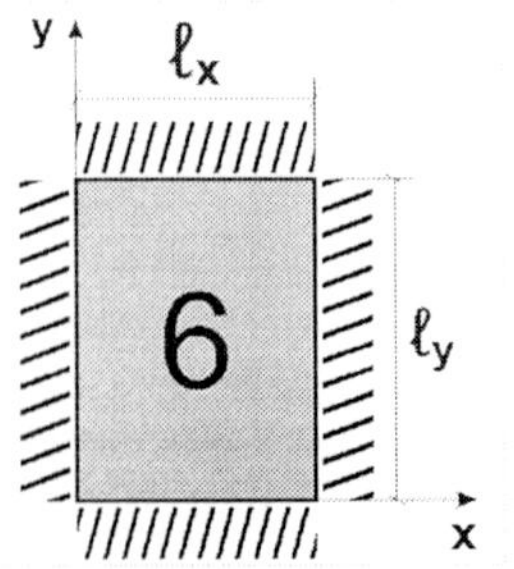			
λ	μx	μ'x	μy	μ'y	μx	μ'x	μy	μ'y	μx	μ'x	μy	μ'y
1,00	2,02	5,46	2,52	6,17	2,52	6,17	2,02	5,46	2,02	5,15	2,02	5,15
1,05	2,27	5,98	2,56	6,46	2,70	6,47	1,97	5,56	2,22	5,50	2,00	5,29
1,10	2,52	6,50	2,60	6,75	2,87	6,76	1,91	5,65	2,42	5,85	1,98	5,43
1,15	2,76	7,11	2,63	6,97	3,02	6,99	1,84	5,70	2,65	6,14	1,94	5,51
1,20	3,00	7,72	2,65	7,19	3,16	7,22	1,77	5,75	2,87	6,43	1,89	5,59
1,25	3,23	8,81	2,64	7,36	3,28	7,40	1,70	5,75	2,97	6,67	1,83	5,64
1,30	3,45	8,59	2,61	7,51	3,40	7,57	1,62	5,76	3,06	6,90	1,77	5,68
1,35	3,66	8,74	2,57	7,63	3,50	7,70	1,55	5,75	3,19	7,09	1,71	5,69

Os valores de μ são:

- $\mu_x = 3{,}46$
- $\mu_y = 1{,}58$
- $\mu_x' = 7{,}65$
- $\mu_y' = 5{,}75$

Com isso é possível agora determinar os esforços característicos do painel L2, empregando as equações (4.25) a (4.28):

$$\frac{4{,}05.3^2}{100} = 0{,}36$$ Termo comum das equações

$$m_x = 3{,}46\,.\,0{,}36 = 1{,}26\ \frac{kN.m}{m}$$

$$m'_x = 7{,}65\,.\,0{,}36 = 2{,}79\ \frac{kN.m}{m}$$

$$m_y = 1{,}58\,.\,0{,}36 = 0{,}58\ \frac{kN.m}{m}$$

$$m'_y = 5{,}75\,.\,0{,}36 = 2{,}10\ \frac{kN.m}{m}$$

Replicando o mesmo conceito para as cargas variáveis chega-se aos valores finais de momento fletor para cada tipo de carga.

Momento	Carga G (kN.m/m)	Carga Q (kN.m/m)
m_x	1,26	0,47
m'_x	2,79	1,03
m_y	0,58	0,21
m'_y	2,10	0,78

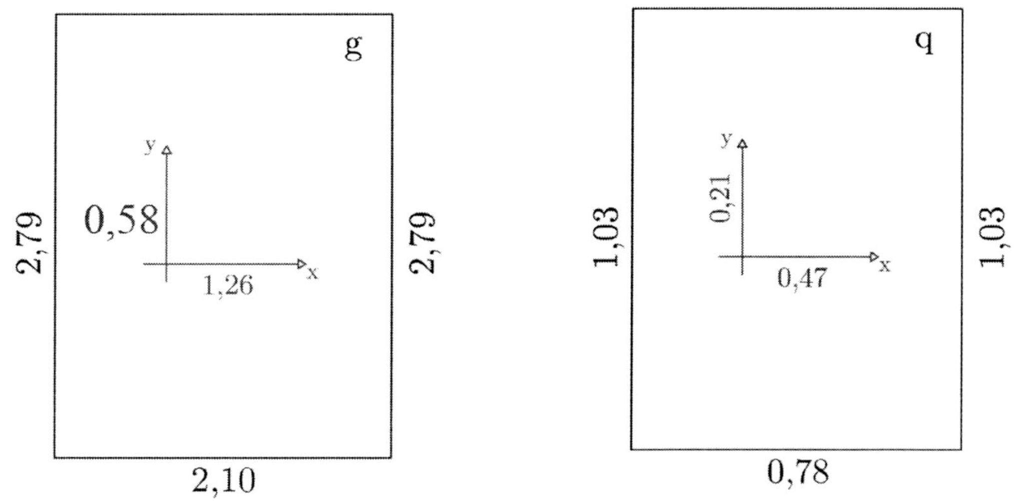

Para os esforços de cisalhamento/reações de apoio empregaremos a teoria de charneiras plásticas apresentadas na seção 4.2.1.2. Para isso, dividiremos as seções em área conforme as inclinações definidas na Figura 4.22. No caso da laje L2 a divisão gera área nos seguintes formatos:

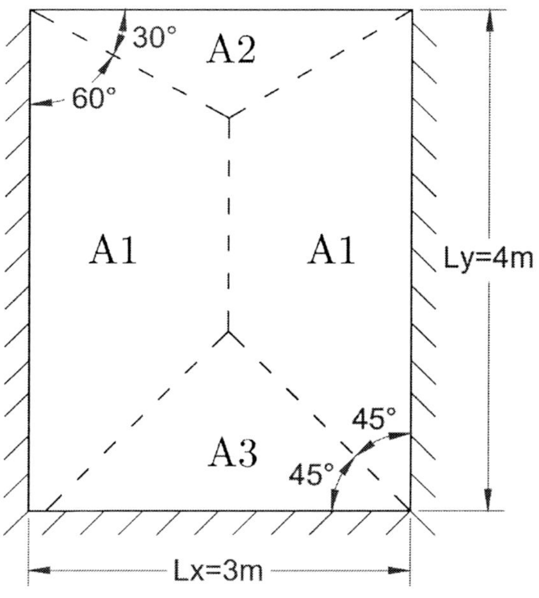

- $A_1 = 4{,}23\ m^2$
- $A_2 = 1{,}30\ m^2$
- $A_3 = 2{,}25\ m^2$

Para determinação das reações aplica-se a equação (4.31). Vamos apresentar o exemplo da carga permanente:

$$V_1 = \frac{4{,}05\ .\ 4{,}23}{3} = 5{,}71\frac{kN}{m}$$

$$V_2 = \frac{4{,}05\ .\ 1{,}30}{3} = 1{,}76\frac{kN}{m}$$

$$V_3 = \frac{4{,}05\ .\ 2{,}25}{3} = 3{,}04\frac{kN}{m}$$

Cortante	Carga G (kN/m)	Carga Q (kN/m)
R'_x	5,71	1,59
R_y	1,76	0,65
R'_y	3,04	1,13

A representação das reações pode ser vista na Figura a seguir:

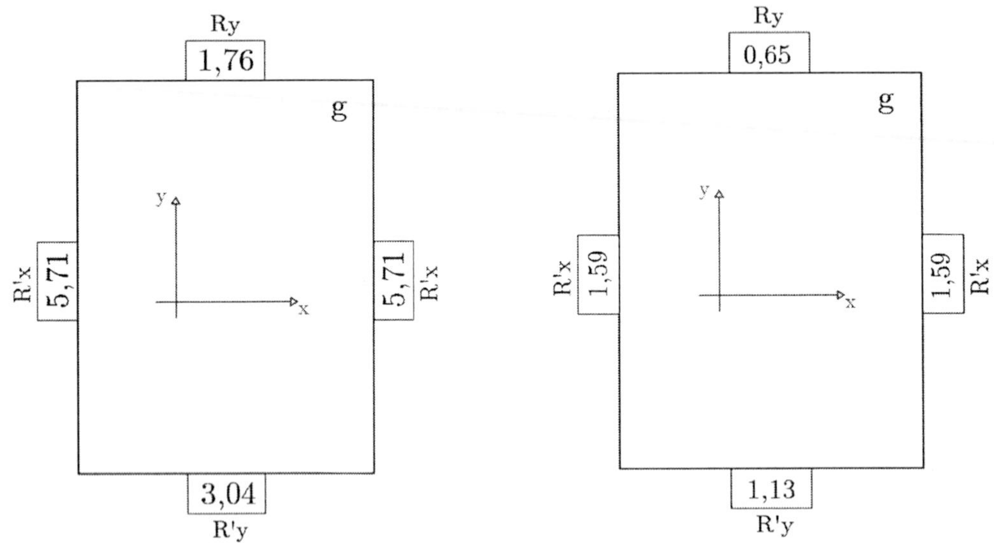

Após a verificação dos esforços característicos é possível dar início ao procedimento de verificações iniciais do projeto da laje. No caso deste exemplo faremos 2 verificações: a verificação de cisalhamento e também a verificação de flecha.

Iniciando pelo cisalhamento fazemos a determinação do esforço de cálculo preponderante no painel L2. Para este caso é necessário empregar a combinação última normal vista no cap. 3 deste livro.

$$V_x{}' = R'_x = 5{,}71\ .\ 1{,}40 + 1{,}59\ .\ 1{,}40 = 10{,}22\frac{kN}{m}$$

$$V_y \ = R_y = 1{,}76\ .\ 1{,}40 + 0{,}65\ .\ 1{,}40 = 3{,}37\frac{kN}{m}$$

$$V_y{}' = R'_y = 3{,}04\,.\,1{,}40 + 1{,}13\,.\,1{,}40 = 5{,}84\,\frac{kN}{m}$$

Como para cálculo do cisalhamento máximo suportado por um painel sem armadura para este fim é dado pelo uso da equação (4.57). Teríamos inicialmente que determinar a armadura longitudinal no painel. Como tal tarefa ainda não realizada para fins de verificação utilizaremos o critério da armadura mínima tabelada. Com isso saberemos se é possível prosseguir com o detalhamento do painel L2 nestas condições.

Aplicando então o Quadro 4.5, chegamos à taxa mínima de 0,15% (correspondente ao $f_{ck} = 25\ MPa$) e então com a equação (4.61) chegamos a seguinte área de aço.

$$A_s = 100\,.\,0{,}10\,.\,0{,}15 = 1{,}50\ cm^2/m$$

$$\rho_1 = \frac{1{,}50}{100.8{,}50} = 0{,}0018 \leq 0{,}02\ ok$$

Salientamos que a área de concreto é referente à largura fixa de 1 m e altura de 0,10 m conforme visto anteriormente para lajes maciças armaduras em duas direções.

Portanto, de posse da armadura mínima necessária é possível determinar o cortante máximo suportado por uma laje sem armaduras para fins de cisalhamento.

$$\tau_{Rd} = 0{,}25.\frac{0{,}70\,.\,0{,}30\,.\,\sqrt[3]{25^2}}{1{,}40} = 0{,}32\ MPa = 0{,}032\ kN/cm^2$$

Como consideraremos o caso mais simples de disposição de armadura que é a distribuição uniforme ("armadura corrida") ao longo de todo o perímetro empregaremos a equação (4.63) para determinação do parâmetro k.

$$k = |1{,}6 - 0{,}085| = 1{,}52 > 1\ \text{ok}$$

Por fim, determina-se cisalhamento resistente da laje (V_{Rd1}):

$$V_{Rd1} = [0{,}032.1{,}52.(1{,}2 + 40.0{,}0018)].100.8{,}50 = 52{,}46\ kN/m$$

Como o máximo valor de cálculo encontrado é de 10,22 kN/m é possível afirmar que a laje em questão atenderá os requisitos de cisalhamento.

Após a verificação do cisalhamento inicia-se o procedimento de cálculo da flecha simplificada. A primeira etapa deste processo consiste no cálculo da rigidez à flexão do elemento estrutural para aplicação na equação da flecha.

Para essa verificação é necessário verificar o momento resistente do elemento conforme equação (4.66). A laje possui seção retangular com largura de 100 cm e altura de 10 cm, portanto $\alpha = 1{,}50$.

$$f_{ct} = 0{,}30\,.\,\sqrt[3]{25^2} = 2{,}565\ MPa$$

$$I_c = \frac{100.10^3}{12} = 8333{,}33\ cm^4$$

$$M_r = \frac{1{,}50.0{,}2565.8333{,}33}{5} = 641{,}25\ kN.cm/m$$

Utilizando os conceitos de combinações vistos neste capítulo, sabemos que para cálculo da flecha, ou seja, verificação do Estado Limite de Deformação Excessiva $(G + Q.\Psi_2)$ é necessário o estudo dos esforços em uma combinação Quase Permanente. Como a edificação é para uso residencial, o valor do momento fletor será obtido para esta combinação. Lembrando que para edificações residenciais sem predominância de pesos de equipamentos, o valor de Ψ_2 dado conforme o Quadro 3.5 é de 0,30.

Momento	M_g (kN.m/m)	M_q (kN.m/m)	$M_{dELS-DEF}$ (kN.m/m)
m_x	1,26	0,47	1,40
m'_x	2,79	1,03	3,10
m_y	0,58	0,21	0,64
m'_y	2,10	0,78	2,33

Observando o quadro acima o máximo momento fletor é de 3,10 kN.m/m ou 310 kN.cm/m. Como o valor de referência para fissuração é de 641 kN.cm/m pode-se afirmar que a peça na combinação analisada não sofrerá fissuração, logo analisaremos a peça sem essa condição, matematicamente isto equivale a condição apresentada na equação (4.64). Portanto, o valor da flecha pode ser calculado para um estado elástico.

$\alpha = 2{,}50$ Tabela de Bares após interpolação dos valores

$E_{ci} = 28\ GPa$ e $E_{cs} = 24\ GPa$ capítulo 1 (25 MPa e agregado de granito)

$p = 4{,}05 + 1{,}05.0{,}30 = 4{,}95\ kN/m^2$

$$a_{t=0} = \frac{2{,}50}{100}\frac{100}{12}\frac{0{,}000495.300^4}{2400.8333{,}33} = 0{,}04\ cm$$

Considerando a equação (4.67) para cálculo da flecha total:

$\xi(t > 70\ meses) = 2$

$\xi(t_0 =\ 1\ mês\ ou\ 28\ dias) = 0{,}68$

$\alpha_f = 2 - 0{,}68 = 1{,}32$

$a_{t=\infty} = 0{,}04.(1 + 1{,}32) = 0{,}0928\ cm$

Considerando que o deslocamento limite de uma laje é aceitação visual conforme Quadro 4.7 o valor limite é dado por $L/250$.

$a_{lim} = 300/250 = 1{,}20\ cm$ logo $a_{lim} > a_{t=\infty}$.

Exemplo Resolvido 4.2 [33]

Dado o esquema estrutural apresentado na figura a seguir, compatibilize os esforços de flexão no painel. Para este exercício aplique os critérios de compatibilização para direção horizontal dos painéis L03 e L04. Os esforços são dados logo abaixo:

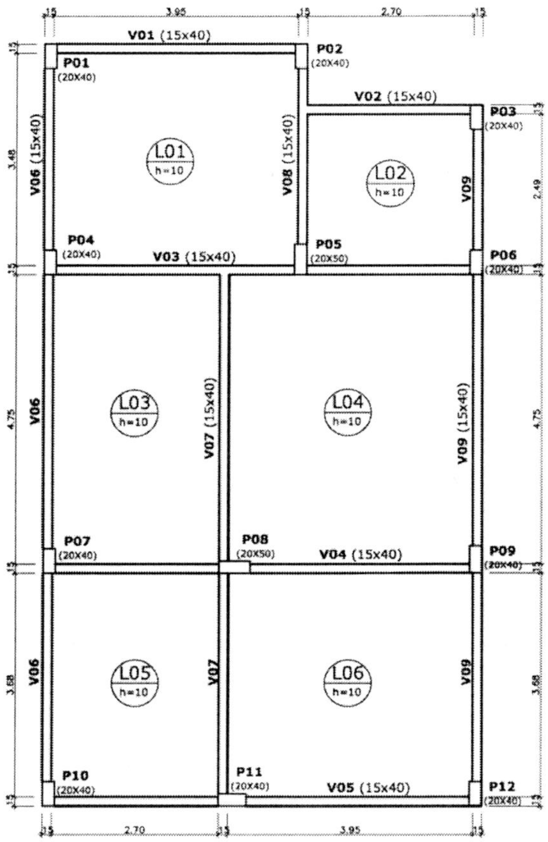

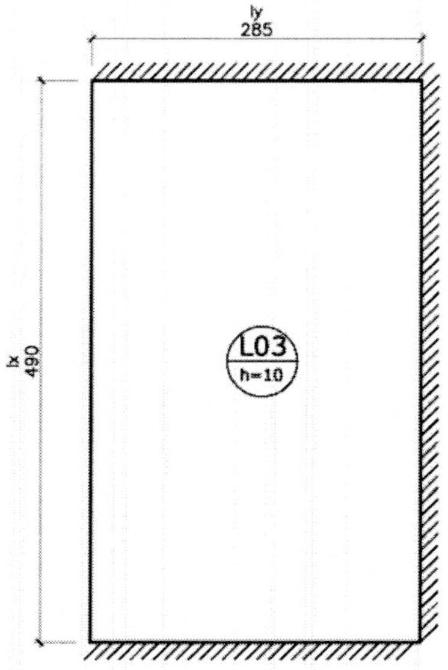

$m_x = 2{,}127$
$m_y = 0{,}999$
$m_x' = 4{,}475$
$m_y' = 3{,}455$

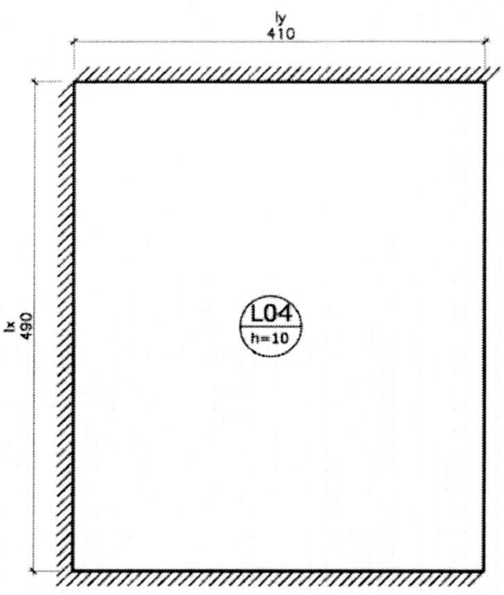

$m_x = 2{,}775$
$m_y = 2{,}461$
$m_x' = 6{,}599$
$m_y' = 6{,}410$

*Momentos em kN.m/m

Considerando a direção horizontal das lajes L03 e L04 conseguimos fazer um corte esquemático na direção para visualizar o diagrama de momentos dessa direção.

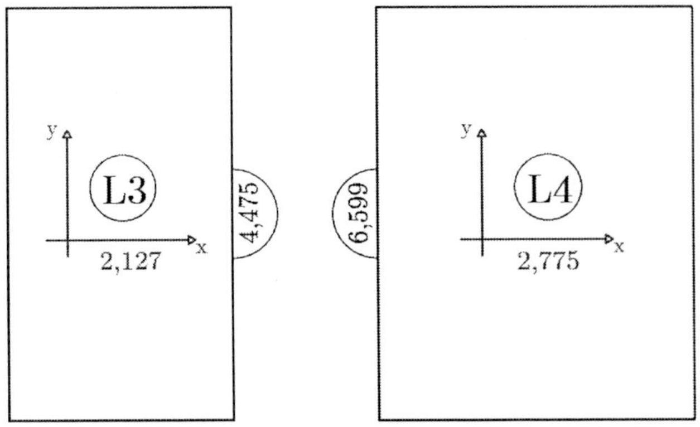

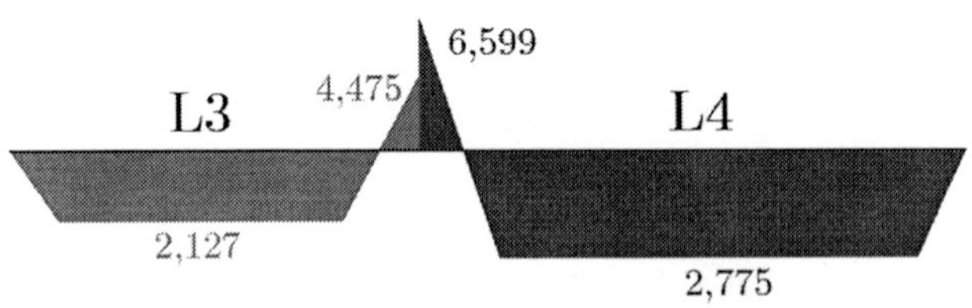

Para compatibilizar o momento negativo utilizamos a Figura 4.27:

$$0{,}80.6{,}599 = 5{,}30\ kN.m/m$$

$$\frac{6{,}599 + 4{,}475}{2} = 5{,}54\ kN.m/m$$

O maior valor é adotado entre as duas condições calculadas. Portanto, o valor final de momento compatibilizado é 5,54 kN.m/m. Já para momentos positivos é necessário um balanço. No caso, o momento positivo da laje L03 seria reduzido. A favor da segurança, não vamos mexer neste valor. Para o momento positivo da laje L04 que iremos fazer um aumento destes valores conforme a Figura 4.27.

$$M^{+} = 2{,}775\ kN.m/m$$

$$M^{-Antigo} = 6{,}599\ kN.m/m$$

$$M^{-Novo} = 5{,}54\ kN.m/m$$

$$M^{+Novo} = 2{,}775 + \left(\frac{6{,}599 - 5{,}54}{2}\right) = 3{,}30\ kN.m/m$$

Logo, o novo diagrama de momentos para esse painel:

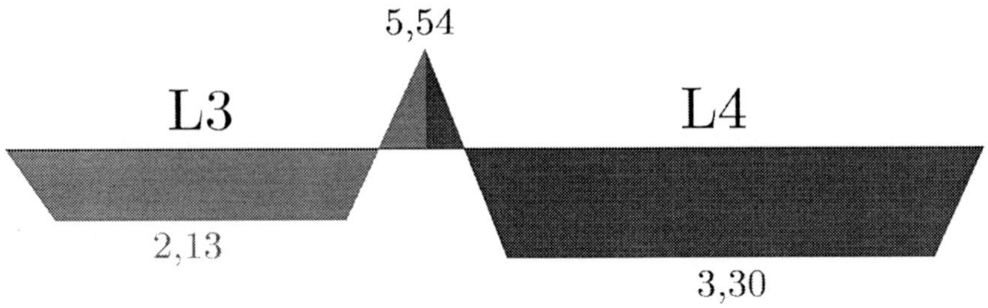

4.5 Verificações de estabilidade do edifício

Conforme Resnick Halliday *et al.* [34], o equilíbrio e a elasticidade são aspectos fundamentais para a estabilidade de um corpo. A estabilidade é a capacidade de um corpo em manter sua configuração de equilíbrio ao sofrer uma perturbação. Um corpo em equilíbrio estático possui a soma vetorial de todas as forças externas, assim como a soma vetorial dos torques em relação a qualquer ponto, nulas.

Reis e Camotim [35] afirmam que o conceito de estabilidade do equilíbrio é um problema clássico da mecânica dos corpos rígidos, podendo ser visualizado através da ilustração da Figura 4.37, onde uma esfera rígida sujeita à ação de seu peso próprio encontra-se alocada em repouso em três superfícies distintas: a) côncava, b) convexa e c) horizontal. Na primeira situação, superfície côncava, a esfera encontra-se em equilíbrio estável e na segunda situação, superfície convexa, verifica-se o equilíbrio instável. Na situação "c" ocorre o equilíbrio neutro, a esfera se desloca num plano horizontal mantendo seu centro de gravidade na mesma altura, permanecendo em equilíbrio na sua nova posição.

Figura 4.37 – Conceito de estabilidade do equilíbrio [35].

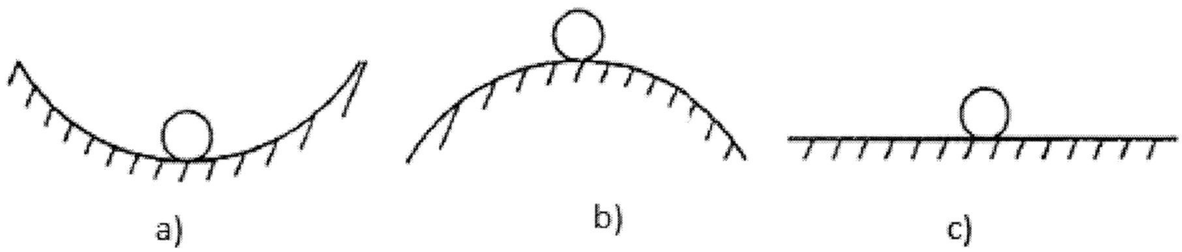

Pode-se facilmente observar no problema da coluna de Euller (ver Figura 4.38) o fenômeno da instabilidade em peças estruturais. Nesse exemplo uma coluna com carga biapoiada com carga centrada recebe carregamento axial P e em determinado estágio de carregamento a peça estrutural mesmo sem ação de esforços de flexão apresenta uma nova configuração de equilíbrio dada por um valor de $w \neq 0$. Tal fato ocorre devido ao fato de que a carga de P quando perturbada na fronteira do seu carregamento limite P_E (também chamado de carga crítica de Euller) apresentará uma situação de equilíbrio instável. Logo a peça estrutural deverá encontrar uma nova posição de equilíbrio (posição C) distante da sua posição original A.

A priori baseado no conceito de resistência dos materiais se não a esforços de flexão que provocariam a curvatura do eixo, a posição de equilíbrio seria dada pela posição B, porém, tal fato não ocorre e devido ao equilíbrio instável a nova posição de equilíbrio estável é dada pela posição C.

Figura 4.38 – Estudo da estabilidade na coluna de Euller [35].

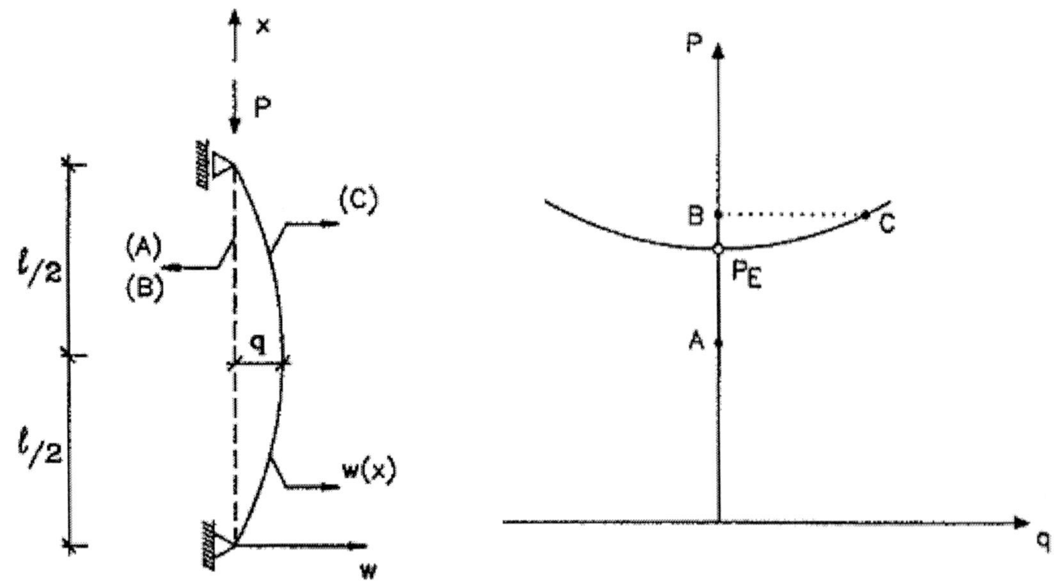

Geometria e carregamento da peça — Trajetória de equilíbrio do sistema estrutural

4.5.1 Parâmetros para medir a estabilidade

Os coeficientes de estabilidade foram idealizados pelos pesquisadores Hubert Beck e Get Konig em 1967 ao final do seus doutoramentos [36,37]. Desses estudos, diversos pesquisadores desenvolveram modelos para avaliação da estabilidade de edifícios de múltiplos pavimentos. Em termos de norma a NBR 6118 [2] apresenta dois processos aproximados para verificação da estabilidade em edificações, o parâmetro de estabilidade α e o coeficiente γ_Z.

4.5.1.1 O parâmetro α

O parâmetro α é um modelo aproximado onde toda a estrutura de contraventamento é transformada em uma estrutura composta por um único pilar de características de rigidez equivalentes a estrutura original (valor $E.I_{eq}$). A representação da estrutura por meio de pilar de inércia equivalente é dada conforme Figura 4.39 onde uma força unitária é aplicada na estrutura e então determina-se o deslocamento horizontal da estrutura (a_k) que está transformada em pórtico plano.

Figura 4.39 – Representação da estrutura por meio de um pilar de inércia equivalente [38].

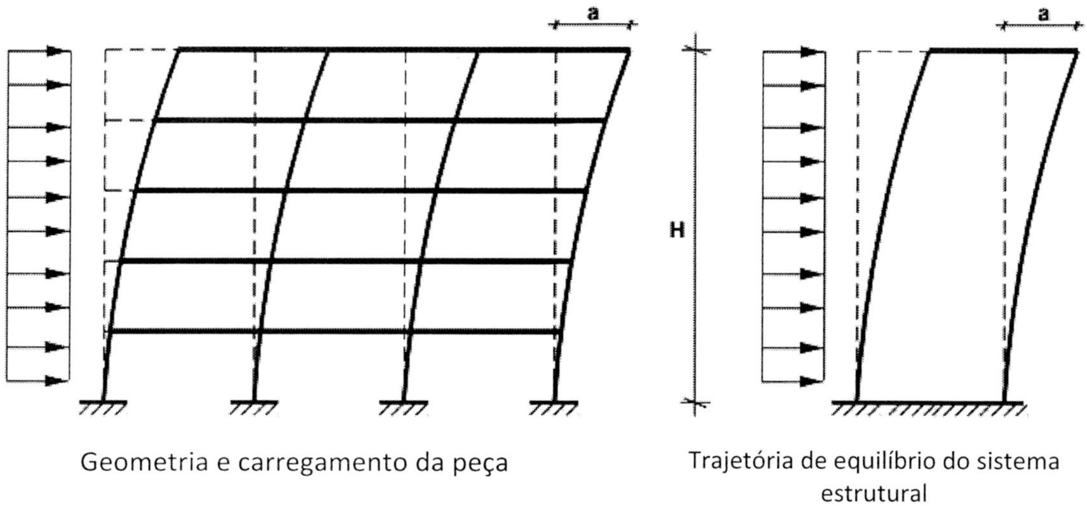

No caso da estrutura em questão o modelo de pilar único tem sua rigidez ($E.I_{eq}$) representada em função do tipo de carregamento, conforme equações (4.69) e (4.70). Tais equações em origem na resistência dos materiais na avaliação de flecha em sistemas isostáticos.

$$E.I_{eq} = \frac{p.H^3}{3.a_k} \quad \text{Sendo } p \text{ uma carga concentrada no topo da estrutura} \tag{4.69}$$

$$E.I_{eq} = \frac{p.H^4}{8.a_k} \quad \text{Sendo } p \text{ uma carga distribuída até o topo da estrutura} \tag{4.70}$$

O item 15.5.2 da NBR 6118 [2] apresenta os critérios para avaliação da estabilidade global segundo o parâmetro α dado conforme equação (4.71). Ainda segundo a NBR 6118 [2] se α for menor ou igual a α_1 ($\alpha \leq \alpha_1$), a estrutura é considerada de nós fixos. Caso esta condição não seja satisfeita, a estrutura é classificada como de nós móveis, tornando necessária a consideração dos esforços adicionais que surgem na configuração deformada.

$$\alpha = H_{tot}.\sqrt{\frac{N_k}{E_{cs}.I_c}} \tag{4.71}$$

a) Para $n \leq 3$: $\alpha_1 = 0{,}2 + 0{,}1\,.n$;

b) Para $n \geq 4$ (caso geral) e associações de pilares-parede, pórticos associados: $\alpha_1 = 0{,}6$;

c) Para contraventamento constituído exclusivamente por pilares-parede: $\alpha_1 = 0{,}7$;

d) Para casos onde só houver pórticos: $\alpha_1 = 0{,}5$.

Onde H_{tot} é a altura total da estrutura, medida a partir do topo da fundação ou de um nível pouco deslocável do subsolo. N_k é *o s*omatório de todas as cargas verticais atuantes na estrutura, a partir do nível considerado para cálculo de H_{tot}, com seu valor característico.

Camicia e Oliveira [38,39] afirmam que tal coeficiente não avalia os efeitos de segunda ordem, mas pode ser utilizado como um termômetro inicial para que o projetista saiba se a sua estrutura possui efeitos de 2ª ordem relevantes.

4.5.1.2 O coeficiente γ_Z

Segundo Zumaeta Moncayo [3], o coeficiente γ_Z foi criado por Franco e Vasconcelos em 1991, e é um parâmetro que avalia de forma eficaz a estabilidade global de um edifício. O γ_Z consiste em uma análise linear de 1ª ordem, adotando-se para cálculo os valores de rigidez previstos no item 15.7.3 da NBR 6118 [2].

Com o γ_Z, é possível quantificar a intensidade dos esforços de 2ª ordem. A NBR 6118 [2] item 15.5.3, destaca que o γ_Z é válido para estruturas reticuladas de no mínimo quatro andares e pode ser obtido através da equação (4.72):

$$\gamma_Z = \frac{1}{1 - \frac{\Delta M_{tot,d}}{M_{1,tot,d}}} \tag{4.72}$$

Sendo $\Delta M_{tot,d}$ a soma dos produtos de todas as forças verticais ($F_{Vd,i}$) atuantes na estrutura, na combinação considerada, com seus valores de cálculo, pelos deslocamentos horizontais (a_i) de seus respectivos pontos de aplicação, obtidos da análise de 1ª ordem e é obtido através da equação (4.73).

$$\Delta M_{tot,d} = \sum (F_{Vd,i} . a_i) \tag{4.73}$$

Já o $M_{1,tot,d}$ é o momento de tombamento, ou seja, a soma dos momentos de todas as forças horizontais ($F_{Hd,i}$) na combinação considerada, com seus valores de cálculo, em relação à base da estrutura (Z_i) e é definido pela equação (4.74).

$$M_{1,tot,d} = \sum (F_{Hd,i} . Z_i) \tag{4.74}$$

A estrutura é considerada de nós fixos se $\gamma_Z \leq 1{,}10$ e quando satisfeita esta condição a análise de 2ª ordem poderá ser dispensada visto sua baixa significância. A NBR 6118 [2], considera que o limite de γ_Z é 1,30 e valores superiores a esse revelam que a estrutura tem esforços de segunda ordem significativos e então uma análise mais rigorosa é necessária, por exemplo, o processo $P - \Delta$. A referida norma considera também que para 1,00 < γ_Z ≤ 1,30 os esforços globais de2ª ordem pode ser determinados através da majoração dos esforços horizontais da combinação de carregamento por 0,95.γ_Z.

Exemplo Resolvido 4.3 [40]

Sobre estabilidade do edifício modelo apresentado na figura a seguir, determinar o parâmetro α conforme prescrição da NBR 6118. Consideremos que o sistema estrutural será projetado com f_{ck} de 20 MPa com agregado de granito ($\alpha_E = 1{,}0$). As ações verticais são de 10 kN/m³.

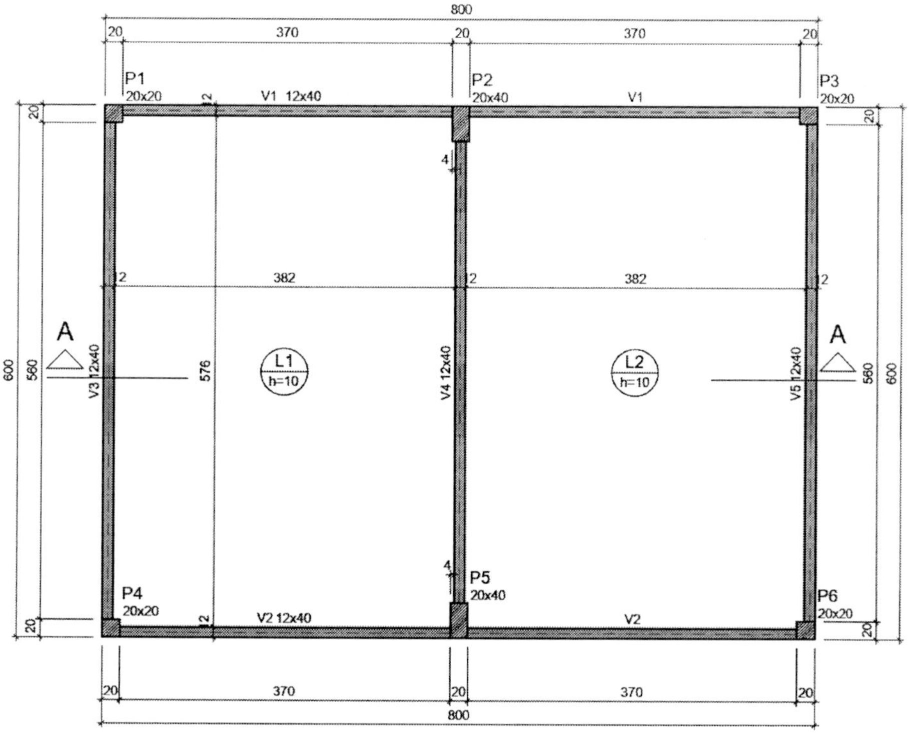
800
20
370
20
370
20
P1
20x20
V1 12x40
P2
20x40
V1
P3
20x20
382
382
A
A
V3 12x40
576
L1
h=10
V4 12x40
L2
h=10
V5 12x40
600
560
560
600
P4
20x20
V2 12x40
P5
20x40
V2
P6
20x20
20
370
20
370
20
800

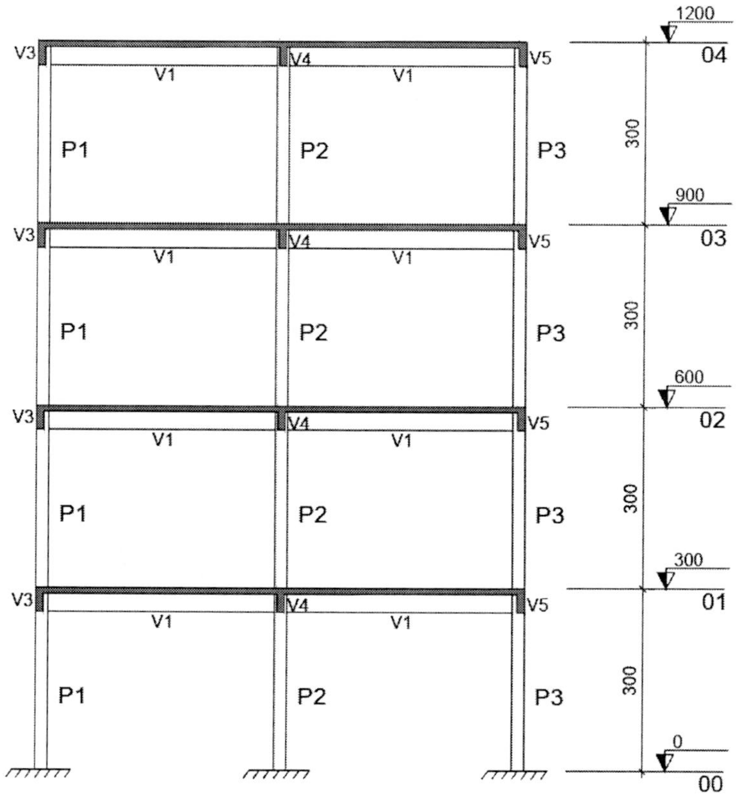
1200
04
900
03
600
02
300
01
0
00
V3
V1
V4
V5
P1
P2
P3
300

Corte A-A

A primeira etapa deste exercício consiste na determinação das propriedades mecânicas do concreto, no caso o módulo de elasticidade tangente e secante. Tomando como referências as equações apresentadas no capítulo 1 deste livro os valores são:

$$E_{ci} = 1{,}0 \cdot 5600 \cdot \sqrt{20} = 25.043{,}96\ MPa$$

$$\alpha_i = 0{,}8 + 0{,}2 \cdot \frac{20}{80} = 0{,}85 \leq 1{,}0$$

$$E_{cs} = 0{,}85\ .\ 25043{,}96 = 21.287{,}37\ MPa$$

Para criação do modelo de análise vamos criar o pórtico associado conforme mostra a Figura a seguir:

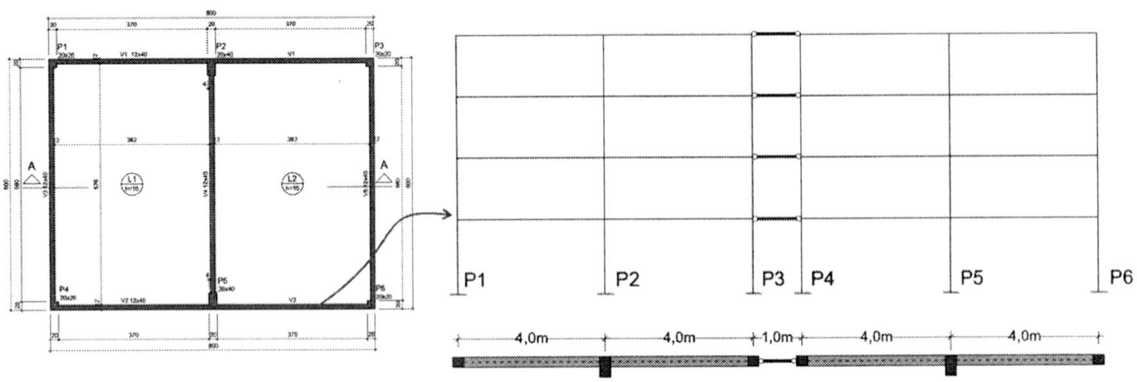

Após a montagem do pórtico associado consideramos que uma unidade de força atua sobre o nó A indicado na Figura. O que estamos fazendo é reproduzir o modelo de pilar equivalente, apresentado na Figura 4.39. O modelo de pórticos associados para a direção X é representado a seguir:

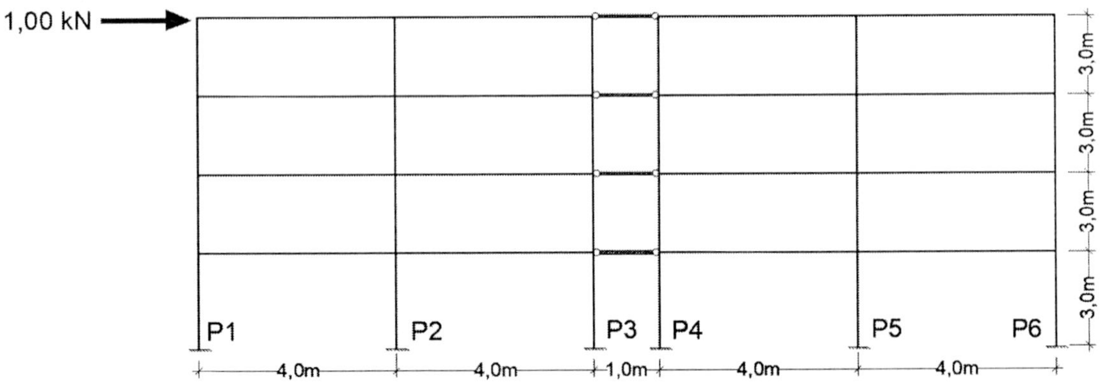

Para considerar os efeitos da não linearidade do pórtico advindo do processo de fissuração é necessário considerar que as vigas têm sua rigidez à flexão reduzida em 60% (ou seja, 0,40.E.I) e os pilares em 20% (ou seja, 0,80.E.I). Logo ao usar um analisador estrutural como o Ftool, por exemplo, é necessário reduzir a rigidez a flexão para encontrar os deslocamentos já com estes efeitos da não linearidade física.

Para empregar essa modificação de rigidez à flexão utilizaremos a redução no módulo de elasticidade:

$$0{,}80.E = 17.029{,}90\ MPa$$

$$0{,}40.E = 8514{,}95\ MPa$$

Os deslocamentos nodais no topo do edifício são de:

- Dx = 9,342e-04 m;
- Dy = -6,479e-06 m;
- Rz = -2,555e-05 rad.

Como o modelo empregado consiste em uma carga lateral única, o valor do deslocamento por pilar equivalente é dado por:

$$E.I_{eq} = \frac{P.H}{3.\delta_T} = \frac{1000\,.\,12^3}{3\,.\,9{,}342e-04} = 616.570.327{,}6\ N.m^2$$

Para calcular o valor do coeficiente α basta aplicar a equação (4.71). Nesta equação é necessário determinar a carga total vertical para que se possa obter o coeficiente. Salientamos que a carga informada por área no início do exemplo normalmente é uma estimativa de carregamento, neste caso 10 kN/m².

$$N_k = 10.(6\,.8)\,.4\ = 1.920\ kN$$

$$\alpha = 12.\sqrt{\frac{1920000}{616.570.327{,}6}} = 0{,}66$$

De posse do coeficiente e sabendo que a edificação tem 4 pavimentos é necessário determinar o limitador α_1 que para este exemplo tem o valor de 0,50. Logo é possível afirmar que a estrutura possui características de uma estrutura de nó móvel ($\alpha > \alpha_1$)

Exemplo Resolvido 4.4 [40]

Determinar o coeficiente γ_Z para a estrutura apresentada a seguir. Considere para efeito de cálculo a seguinte combinação $1.3G1\ +\ 1.4G2\ +\ 0.98Q\ +\ 1.4V1$.

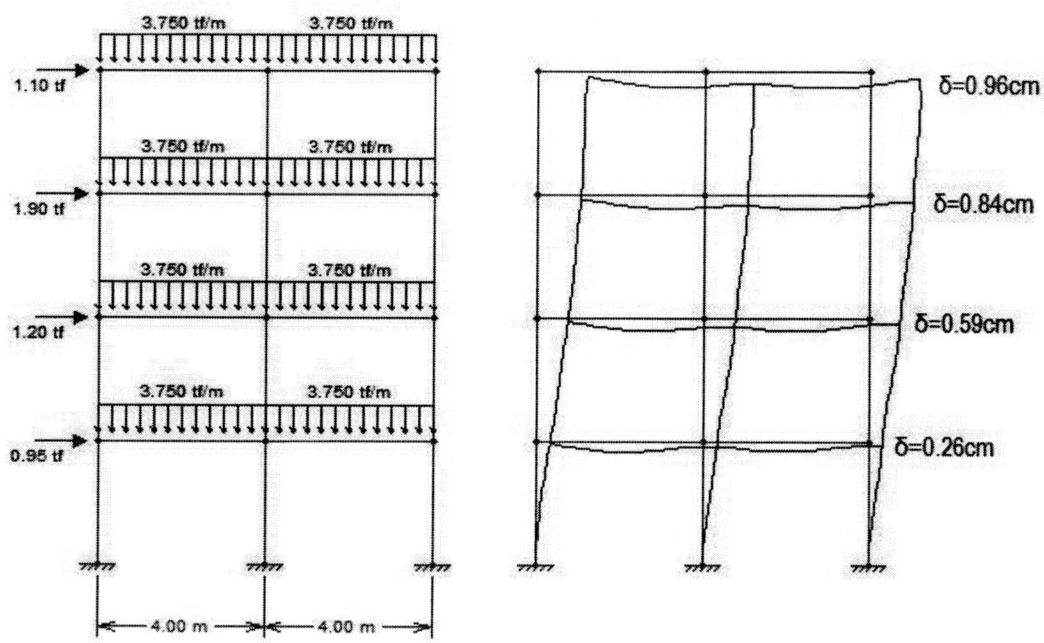

Considerando então o cálculo dos esforços de vento na estrutura e sua contribuição no momento de tombamento, além dos momentos tipo $\Delta \boldsymbol{M}_{tot,d}$, têm-se:

$$M_{1,tot,d} = 1{,}1\,.\,12 + 1{,}9\,.\,9 + 1{,}2\,.\,6 + 0{,}95\,.\,3 \;=\; 40{,}350\;tf.m$$

$$\Delta M_{tot,d} = 30\,.\,(0{,}96 \;+\; 0{,}84 \;+\; 0{,}59 \;+\; 0{,}26) \;=\; 0{,}795\;tf.m$$

De posse dos valores dos momentos é possível obter o coeficiente de estabilidade γ_Z:

$$\gamma_Z = \frac{1}{1 - \dfrac{0{,}795}{40{,}35}} = 1{,}02$$

No exemplo, o valor de γ_Z ficou abaixo do limite máximo para a dispensa da verificação mais precisa dos efeitos de 2º ordem ($\gamma_Z < 1{,}10$).

4.6 Limites de deslocamentos laterais e verticais

Os limites de deslocamentos, estabelecidos no Quadro 4.7, sejam eles laterais ou verticais discutidos ao longo desse capítulo podem ser vistos na NBR 6118 [2] item 13.3. Nessa os deslocamentos são classificados em 4 divisões básicas, são elas:

a) aceitabilidade sensorial: o limite é caracterizado por vibrações indesejáveis ou efeito visual desagradável. A limitação da flecha para prevenir essas vibrações, em situações especiais de utilização, deve ser realizada como estabelecido na Seção 23;

b) efeitos específicos: os deslocamentos podem impedir a utilização adequada da construção;

c) efeitos em elementos não estruturais: deslocamentos estruturais podem ocasionar o mau funcionamento de elementos que, apesar de não fazerem parte da estrutura, estão a ela ligados;

d) efeitos em elementos estruturais: os deslocamentos podem afetar o comportamento do elemento estrutural, provocando afastamento em relação às hipóteses de cálculo adotadas. Se os deslocamentos forem relevantes para o elemento considerado, seus efeitos sobre as tensões ou sobre a estabilidade da estrutura devem ser considerados, incorporando-as ao modelo estrutural adotado.

No caso deste capítulo demos ênfase aos deslocamentos verticais em vigas e lajes que na maioria das vezes é tomado como o limite de aceitabilidade sensorial para deslocamentos visíveis, valor este que é de $\delta_{max} = L/250$ onde L é tomado como o vão efetivo da peça estrutural (Figura 4.40).

Já sobre a ótica dos deslocamentos laterais para avaliação em serviço as peças devem ser verificadas para os deslocamentos entre andares como também para o deslocamento lateral máximo. O deslocamento lateral máximo é dado pela equação (4.75). Já o deslocamento entre andares é dado pela equação (4.76):

$$\delta_{h,tot} = \frac{H_{tot}}{1700} \tag{4.75}$$

$$\delta_{h+1} - \delta_h = \frac{Z_{i+1} \;-\; Z_i}{850} \tag{4.76}$$

Figura 4.40 –Limite de deslocamento em peças estruturais.

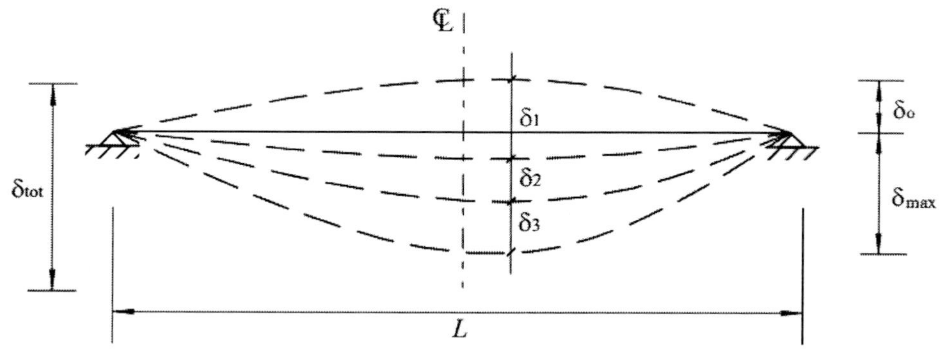

(a) Vigas e lajes de concreto.

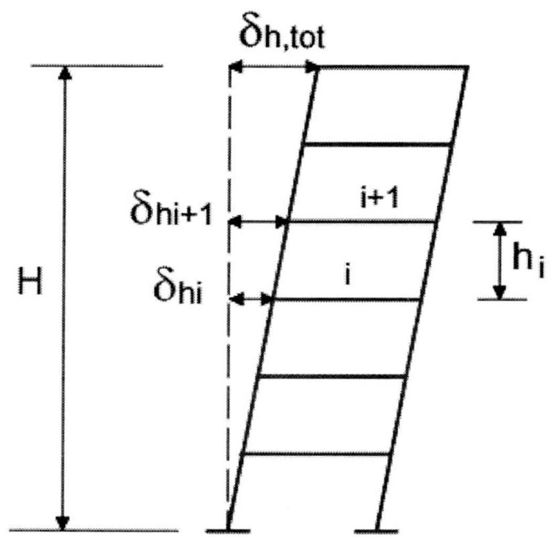

(b) Edifício de múltiplos pavimentos [41].

Quadro 4.7 – Limites para deslocamento NBR 6118 [2].

Tipo de efeito	Razão da limitação	Exemplo	Deslocamento a considerar	Deslocamento-limite
Aceitabilidade sensorial	Visual	Deslocamentos visíveis em elementos estruturais	Total	$l/250$
	Outro	Vibrações sentidas no piso	Devidos a cargas acidentais	$l/350$
Efeitos estruturais em serviço	Superfícies que devem drenar água	Coberturas e varandas	Total	$l/350$[a]
	Pavimentos que devem permanecer planos	Ginásios e pistas de boliche	Total	$\frac{l}{350}$ + contraflecha[b]
			Ocorrido após a construção do piso	$l/600$
	Elementos que suportam equipamentos sensíveis	Laboratórios	Ocorrido após nivelamento do equipamento	De acordo com a recomendação do fabricante do equipamento
Efeitos em elementos não estruturais	Paredes	Alvenaria, caixilhos e revestimentos	Após construção da parede	$l/500$[c] e 10 mm e $\theta = 0{,}0017$ rad[d]
		Divisórias leves e caixilhos telescópicos	Ocorrido após a instalação da divisória	$l/250$[c] e 10 mm
		Movimento lateral de edifício	Provocado pela ação do vento para combinação frequente ($\psi_1 = 30$)	$H/1700$ e $H_I/850$[e] e entre pavimentos[f]
		Movimentos térmicos verticais	Provocado por diferença de temperatura	$l/400$[g] e 15 mm
	Forros	Movimentos térmicos horizontais	Provocado por diferença de temperatura	$H_l/500$
		Revestimentos colados	Ocorrido após a construção do forro	$l/350$
		Revestimentos pendurados ou com juntas	Descolamento ocorrido após a construção do forro	$l/175$
	Pontes rolantes	Desalinhamento de trilhos	Deslocamento provocado pelas ações decorrentes da frenação	$H/400$
Efeitos em elementos estruturais	Afastamento em relação às hipóteses de cálculo adotadas	Se os deslocamentos forem relevantes para o elemento considerado, seus efeitos sobre as tensões ou sobre a estabilidade da estrutura devem ser considerados, incorporando-os ao modelo estrutural adotado.		

4.7 Referências

[1] Lacerda EGM de. Análise não-linear de treliças pelo método dos elementos finitos posicional. Mestrado em Engenharia Civil. Universidade Federal do Rio Grande do Norte (UFRN), 2014.

[2] Associação Brasileira de Normas Técnicas. ABNT NBR 6118: Projeto de estruturas de concreto – procedimento. Rio de Janeiro (RJ): ABNT; 2014.

[3] Zumaeta Moncayo WJ. Análise de segunda ordem global em edifícios com estrutura de concreto armado. Mestrado em Estruturas. Universidade de São Paulo, 2011. https://doi.org/10.11606/D.18.2011.tde-19042011-085946.

[4] Kim N-H. Introduction to Nonlinear Finite Element Analysis. 1st ed. 2015. New York, NY: Springer US : Imprint: Springer; 2015. https://doi.org/10.1007/978-1-4419-1746-1.

[5] Faglioni AF [UNESP. Análise não-linear física de vigas de concreto armado utilizando o elemento finito prismático regular linear associado ao de barra. Mestrado em Engenharia Civil. Universidade Estadual Paulista Júlio de Mesquita Filho (UNESP), 2006.

[6] Bueno JR, Loriggio DD. Analysis of second order effects: case study. Rev IBRACON Estrut Mater 2016;9:494–501. https://doi.org/10.1590/S1983-41952016000400002.

[7] Kimura A. Informática Aplicada a Estruturas de Concreto Armado. Editora Oficina de Textos; 2018.

[8] CAD/TQS. Modelo VI: Análise estrutural com pórtico espacial completo com Pilares + Vigas + Lajes. 20--. https://www.tqs.com.br/v16/destaques/modelo-vi-projeto-estrutural.html (accessed May 14, 2021).

[9] Carvalho JVS de. Desenvolvimento de uma biblioteca de elementos finitos de barras reticuladas para simulação de estruturas. Bacharelado em Engenharia Civil. Universidade Federal de Catalão (UFCAT), 2020.

[10] Martha LF. Análise de estruturas: Conceitos e Métodos Básicos. 2010.

[11] Carvalho RC, Filho JRDF. Cálculo e Detalhamento de Estruturas Usuais de Concreto Armado: Segundo a NBR 6118:2014. Edição: 4. Edufscar; 2014.

[12] Araújo JM de. Curso de concreto armado. vol. 2. Dunas; 2014.

[13] Ugural AC. Stresses in beams, plates, and shells. 2010.

[14] Szilard R. Theories and applications of plate analysis: classical, numerical, and engineering methods. Hoboken, NJ: John Wiley; 2004.

[15] Dias NL. A Teoria da Flexão de Placas Envolvendo a Equação Diferencial de Lagrange. Bacharelado em Matemática Aplicada. Universidade Federal do Rio Grande (FURG), 2019.

[16] Pinheiro LM. Tabela de Lajes. São Carlos: 2007.

[17] Bastos PS dos S. Lajes de concreto armado. Bauru: Unesp; 2020.

[18] Campos Filho A. Projeto de lajes maciças de concreto armado. Porto Alegre: 2014.

[19] Machado RD, Marino MA. Concreto Armado da UFPR. Curitiba: 2016.

[20] Dal Prá AA. Análise de alternativas de projeto para pavimentos sem vigas em concreto armado. Mestrado em Engenharia Civil. Universidade Federal de Santa Catarina (UFSC), 2012.

[21] Pinheiro LM, Muzardo CD, Santos SP. Capítulo 6: Bases para o cálculo. Fundamentos do concreto e projeto de edifícios, São Carlos: 2003.

[22] Wight JK, MacGregor JG. Reinforced concrete: mechanics and design. 6th ed. Upper Saddle River, N.J: Pearson Prentice Hall; 2012.

[23] Barbirato CBC. Contribuições à análise de pavimentos de edifícios em laje nervurada. Mestrado em Estruturas. Universidade de São Paulo, 1997. https://doi.org/10.11606/D.18.2018.tde-04052018-190831.

[24] Duarte LS, Pereira Junior WM. Crítica ao modelo de cálculo permitido na NBR 6118:2014 para o caso das lajes nervuradas bidirecionais. ANAIS do 60° CONGRESSO BRASILEIRO DO CONCRETO - CBC2018 – 60CBC2018, Foz Do Iguaçu: IBRACON; 2018.

[25] Carvalho RC, Pinheiro LM. Cálculo e detalhamento de estruturas usuais de concreto armado: volume 2. São Paulo: Pini; 2009.

[26] Stramandinoli JSB. Contribuição à análise de lajes nervuradas por analogia de grelha. Mestrado em Engenharia Civil. Universidade Federal de Santa Catarina (UFSC), 2003.

[27] Bastos PS dos S. Vigas de concreto armado. Bauru: Unesp; 2017.

[28] Reis EMD. Análise de pavimentos de edifícios utilizando a analogia de grelha. Mestrado em Engenharia Civil. Universidade Federal de Santa Catarina (UFSC), 2007.

[29] Hambly EC. Bridge Deck Behaviour. 2ª edição. London: CRC Press; 1990.

[30] Benincá M. Comparação entre modelos de análise estrutural de edifícios em concreto armado. Bacharelado em Engenharia Civil. Universidade Federal do Rio Grande do Sul (UFRGS), 2016.

[31] Rosa HC. Análise paramétrica de estabilidade de edifícios considerando a posição e seção dos pilares de concreto. Bacharelado em Engenharia Civil. Universidade Federal de Goiás (UFG), 2018.

[32] Araújo JM de. Projeto Estrutural de Edifícios de Concreto Armado. Rio Grande: Editora Dunas; 2014.

[33] Gontijo GB. Cálculo e análise dos momentos fletores em lajes em concreto armado. Especialização em Engenharia de Estruturas. Universidade Federal de Minas Gerais, 2015.

[34] Halliday D, Resnick R, Walker J. Mecânica. vol. 1. LTC; n.d.

[35] Reis A, Camotim D. Estabilidade e Dimensionamento de Estruturas. Orion; 2012.

[36] Freitas FC, Luchi LAR, Ferreira WG. Global stability analysis of structures and actions to control their effects. Rev IBRACON Estrut Mater 2016;9:192–213. https://doi.org/10.1590/S1983-41952016000200003.

[37] Carmo RM dos S. Efeitos de segunda ordem em edifícios usuais de concreto armado. Mestrado em Estruturas. Universidade de São Paulo, 1995. https://doi.org/10.11606/D.18.2018.tde-24042018-120327.

[38] Oliveira JCA de. Estimativa do índice global de esbeltez de edifícios altos de concreto armado. Mestrado em Engenharia Civil. Universidade de Brasília (UnB), 1998.

[39] Camicia RJ da M. Análise da estabilidade global de edifícios com múltiplos pavimentos em concreto armado com diferentes tipos de lajes e inclusão de núcleos rígidos. Mestrado em Engenharia Civil. Universidade Tecnológica Federal do Paraná (UTFPR), n.d.

[40] Longo LF. (Exemplo) Como é calculado o coeficiente Gama-Z? QiSuporte n.d. https://suporte.altoqi.com.br/hc/pt-br/articles/115001181694--Exemplo-Como-%C3%A9-calculado-o-coeficiente-Gama-Z- (accessed May 17, 2021).

[41] Alva GMS. Deslocamentos horizontais em edifícios. Santa Maria: 20--.

5

ASPECTOS GERAIS SOBRE A QUALIDADE DO PRODUTO EM PROJETOS DE CONCRETO

Até o presente momento o texto se ateve a explicar, para você leitor, aspectos sobre o lançamento estrutural em um projeto de estruturas de concreto armado como também meios para sua análise. Porém, além disso, você, projetista ou aspirante a tal função, deverá ter em mente que o sistema além de ter elementos "bem-posicionados" necessitará de ser durável. Em outras palavras o seu sistema, quando utilizado de maneira adequada, deverá conservar sua segurança, estabilidade e desempenho em serviço ao longo de um determinado prazo o qual daremos o nome de vida útil. Para isto neste capítulo falaremos sobre os critérios de projeto que devem ser definidos de forma a garantir a vida útil da estrutura.

5.1 A vida útil de uma estrutura

Normalmente, a vida útil é expressa em anos, sendo estabelecida pela maioria das Normas e Códigos do concreto (ver Quadro 5.1) uma Vida Útil de Projeto (VUP) mínima de 50 anos para a maioria das estruturas e 100 anos para estruturas civis, como obras de infraestrutura, pontes, viadutos, barragens entre outras [1].

No caso brasileiro quem estabelece diretrizes mais claras sobre essa VUP é a ABNT NBR 15575 "Edificações Habitacionais" [2]. A referida norma é dividida em 6 partes, porém, as partes que tratam dos assuntos relativos ao sistema estrutural em grande parte se concentram na parte 1 e 2.

Quadro 5.1 – Vida útil de projeto (VUP) mínima para várias normas [5].

Tipo de estrutura	Vida Útil de Projeto (VUP) mínima				
	BS 7543 (1992)	**ISO 2394 (1998)**	**FIB 34 (2006) e EM 206-1 (2007)**	**NBR 15575 (2013)**	**FIB 53 (2010)**
Temporárias	≥ 10 anos	1 a 5 anos	≥ 10 anos	-	-
Partes estruturais substituíveis (Ex.: apoios)	≥ 10 anos	≥ 25 anos	10 a 25 anos	23 a 20 anos	25 a 30 anos
Estruturas para agricultura e semelhantes	-	-	15 a 30 anos	-	-
Estruturas *offshore*	-	-	-	-	≥ 35 anos
Edifícios industriais e reformas	≥ 30 anos	-	-	-	-
Edifícios e outras estruturas comuns	-	≥ 50 anos	≥ 50 anos	50 anos	≥ 50 anos
Edifícios novos e reformas de edifícios públicos	≥ 60 anos	-	-	-	-
Edifícios monumentais, pontes e outras estruturas de engenharia civil	≥ 120 anos	≥ 100 anos	≥ 100 anos	-	≥ 100 anos
Edifícios monumentais, pontes e outras estruturas de engenharia civil	-	-	-	-	≥ 200 anos

Conforme estabelecido na NBR 15575 [2] deve-se garantir uma VUP mínima de 50 anos para estruturas em geral, claro que sob a condição de manutenção periódica do sistema. A normativa no seu anexo C destaca que para se atingir a VUP mínima é necessário atender, simultaneamente, os cinco aspectos abaixo descritos:

a) Emprego de componentes e materiais de qualidade compatível com a VUP;

b) Execução com técnicas e métodos que possibilitem a obtenção da VUP;

c) Cumprimento em sua totalidade dos programas de manutenção corretiva e preventiva;

d) Atendimento aos cuidados preestabelecidos para se fazer um uso correto do edifício;

e) Utilização do edifício em concordância ao que foi previsto em projeto.

O item 7 da parte 2 da NBR 15575 [2] afirma que para atender a vida útil de projeto, deve-se garantir os seguintes requisitos gerais:

a) Não ruir ou perder a estabilidade de nenhuma de suas partes;

b) Prover segurança aos usuários sob ação de impactos, choques, vibrações e outras solicitações decorrentes da utilização normal da edificação, previsíveis na época do projeto;

c) Não provocar sensação de insegurança aos usuários pelas deformações de quaisquer elementos da edificação, admitindo-se tal exigência atendida, caso as deformações se mantenham dentro dos limites estabelecidos nesta Norma;

d) Não repercutir em estados inaceitáveis de fissuração de vedação e acabamentos;

e) Não prejudicar a manobra normal de partes móveis, como portas e janelas, nem repercutir no funcionamento normal das instalações em face das deformações dos elementos estruturais;

f) Cumprir as disposições das ABNT NBR 5629, ABNT NBR 11682 e ABNT NBR 6122 relativamente às interações com o solo e com o entorno da edificação.

Podemos perceber que estes últimos são muitos similares ao que a NBR 6118 [3] fala sobre seus Estados Limites, fato muito observado no capítulo 3 desse texto. Portanto, é possível afirmar que nós projetistas temos que perceber que questões relativas à vida útil do sistema estão ligadas a de um projeto estrutural adequado e também a uma manutenção adequada.

5.2 Aspectos da durabilidade para o projeto estrutural

Como vimos anteriormente, para se garantir que um projeto tenha vida útil adequada é imprescindível que o sistema tenha durabilidade. Em termos de dicionário, durabilidade é aquilo que está relacionado com a duração. Já a norma ISO define durabilidade como a capacidade do edifício ou seus elementos de desempenhar as funções requeridas durante um determinado período de tempo sobre influência dos agentes externos atuantes em situação de serviço [4].

O projetista deverá garantir por meio das suas indicações estruturas duráveis e compatíveis com a sua necessidade em serviço. Em suma os requisitos de projeto devem permitir que a estrutura esteja protegida de mecanismos de deterioração tanto da matriz cimentícia como o aço. Sobre a ótica do projeto estrutural podem ser regulados fatores como relação água-cimento, módulo de elasticidade, consumo de cimento e cobrimento por exemplo.

Souza e Ripper [5] afirmam que a durabilidade é afetada por três grandes fatores: (a) Falhas relacionadas a etapas de projeto; (b) Falhas relacionadas a etapas de execução; e (c) Falhas relacionadas a etapas de utilização. Porém a nível de projeto que o foco desse livro ele estabelece seis fatores, são eles:

a) Falta de compatibilização de projetos (arquitetônicos, estruturais, hidráulicos, elétricos etc.);

b) Má especificação de materiais;

c) Detalhamentos incorretos ou insuficientes;

d) Erros de dimensionamento;

e) Má definição de concepções estruturais, erro de dimensionamento de cargas atuantes etc.

Vista essas definições e apontamentos faremos agora uma explanação sobre os mecanismos de deterioração e como estabelecer critérios em projeto que mitiguem esses efeitos.

5.2.1 Mecanismos de deterioração de estruturas de concreto

De acordo com a NBR 6118 [3] os mecanismos mais importantes para o envelhecimento de uma estrutura são dados a seguir:

a) Mecanismos preponderantes de deterioração relativos ao concreto:

a.1) Lixiviação (águas puras e ácidas);
a.2) Expansão (sulfatos, magnésio);

a.3) Expansão (reação álcali-agregado);
a.4) Reações deletérias (superficial tipo eflorescências).

b) Mecanismos preponderantes de deterioração relativos à armadura:

b.1) Corrosão devida à carbonatação;
b.2) Corrosão por elevado teor de íon cloro (cloreto). c) Mecanismos de deterioração da estrutura propriamente dita:

c) Ações mecânicas, movimentações de origem térmica, impactos, ações cíclicas etc.

O Quadro 5.2 apresenta os principais mecanismos de deterioração da estrutura e suas consequências sobre o sistema estrutural.

Quadro 5.2 – Principais mecanismos de deterioração das estruturas de concreto armado [6,7].

MECANISMO	AGENTES	AÇÃO	SINTOMATOLOGIA
1. Lixiviação	Águas puras, carbônicas agressivas e ácidas	Carrear compostos hidratados da pasta de cimento	- Superfície arenosa ou com agregados expostos sem a pasta superficial; - Eflorescência de carbonato; - Elevada retenção de fuligem / fungos.
2. Expansão	Águas e solos contaminados por sulfatos	Reações expansivas e deletérias com a pasta de cimento hidratado	- Superfície com fissuras aleatórias e esfoliação; - Redução da dureza e do pH.
3. Expansão	Agregados reativos	Reações entre os álcalis do cimento e certos agregados reativos	- Expansão geral da massa de concreto; - Fissuras superficiais e profundas.
4. Reações deletérias	Certos agregados	Transformação de produtos ferruginosos presentes nos agregados	- Manchas, cavidades e protuberância na superfície do concreto.
5. Despassivação da armadura	Gás carbônico da atmosfera	Penetração por difusão e reação com os hidróxidos alcalinos dos poros do concreto, reduzindo o pH dessa solução	- Requer ensaios específicos. - Em casos mais acentuados, apresentam manchas, fissuras, destacamentos do concreto, perda da seção resistente e da aderência.
5. Despassivação da armadura	Cloretos	Penetração por difusão, impregnação ou absorção capilar, despassivando a superfície do aço	- Requer ensaios específicos; - Ao atingir a armadura apresenta os mesmos sinais do item 5.

5.2.1.1 Controles a nível de projeto para atendimento da durabilidade

Como visto no Quadro 5.2 o meio ambiente tem influência direta nos mecanismos de deterioração da estrutura. Por estes agentes estarem ligados ao meio ambiente a NBR 6118 [3] classifica, no item 6.4, as possíveis zonas de exposição de uma estrutura de concreto qualquer, sendo que o Quadro 5.3 apresenta detalhadamente cada uma das chamadas classes de agressividade ambiental.

Quadro 5.3 - Classe de agressividade ambiental [3].

Classe de agressividade ambiental	Agressividade	Classificação geral do tipo de ambiente para efeito de projeto	Risco de deterioração da estrutura
I	Fraca	Rural	Insignificante
		Submersa	
II	Moderada	Urbana [1,2]	Pequeno
III	Forte	Marinha [1]	Grande
		Industrial [1,2]	
IV	Muito forte	Industrial [1,3]	Elevado
		Respingos de maré	

[1] Pode-se admitir um microclima com a classe de agressividade mais branda (uma classe acima) para ambientes secos (salas, dormitórios, banheiros, cozinhas e áreas de serviço de apartamentos residenciais e conjuntos comerciais ou ambientes com concreto revestido com argamassa e pintura).

[2] Pode-se admitir uma classe de agressividade mais branda (uma classe acima) em obras em regiões de clima seco, com umidade média relativa do ar menor ou igual a 65%, partes da estrutura protegidas de chuva em ambientes predominantemente secos ou regiões onde raramente chove.

[3] Ambientes quimicamente agressivos, tanques industriais, galvanoplastia, branqueamento em indústrias de celulose e papel, armazéns de fertilizantes, indústrias químicas.

Com isso o engenheiro responsável pelo projeto estrutural terá condições de qualificar a estrutura segundo os critérios de agressividade e, portanto, determinar as características necessárias da estrutura para atendimento aos requisitos de durabilidade.

Salientamos aqui que a ABNT NBR 12655 "Concreto de cimento Portland – Preparo, controle, recebimento e aceitação - procedimento" [8] estabelece em seu item 4.2 que o engenheiro responsável pelo projeto deverá informar a resistência característica do concreto utilizado na estrutura (f_{ck}) e em caso de etapas construtivas informar o f_{cj} (Resistência Característica à Compressão em uma idade j determinada).

Além dessa classificação, o professor Paulo Helene [9] introduz em seus textos técnicos o conceito de determinação da classe de agressividade em função do nível de exposição da estrutura ao microclima e também a substâncias de caráter agressivo. O Quadro 5.4 e Quadro 5.5 apresentam essas distinções de critérios.

Quadro 5.4 - Classe de agressividade ambiental em função das condições de exposição do microclima [9].

Macroclima	Microclima			
	interior das edificações		**exterior das edificações**	
	seco	**úmido ou ciclos de molhagem e secagem**	**seco**	**úmido ou ciclos de molhagem e secagem**
	UR ≤ 60%	**UR ≤ 60%**	**UR ≤ 60%**	**UR ≤ 60%**
rural	I	I	I	II
urbana	I	II	I	II
marinha	II	III	-	III
industrial	II	III	II	III
específico	II	III ou IV	III	III ou IV
respingos de maré	-	-	-	IV
submersa 3m	-	-	-	II
solo	-	-	não agressivo, I	úmido e agressivo, II, III e IV
Notas:				

[1] salas, dormitórios ou ambientes com concreto revestido com argamassa e pintura.
[2] vestiários, banheiros, cozinhas, garagens, lavanderias.
[3] obras no interior do nordeste do país, partes protegidas de chuva em ambientes predominantemente secos.
[4] incluindo ambientes quimicamente agressivos, tanques industriais, galvanoplastia, branqueamento em indústrias de celulose e papel, armazéns de fertilizantes, indústrias químicas.

É importante salientar que a classificação do Quadro 5.5 é um critério rigoroso e normalmente exige ensaios preliminares para averiguar as condições de futura exposição da estrutura. No Brasil esses critérios normalmente são utilizados para projeto de estruturas de concreto destinadas a obras de infraestrutura como as Estações de Tratamento de Água e Esgoto.

Quadro 5.5 - Classe de agressividade ambiental visando a durabilidade do concreto segundo valores referenciais CEB-FIP Model Code 1990 [9].

Classe de agressividade	**pH**	**CO2 agressivo mg/L**	**amônia NH4+ mg/L**	**magnésia Mg2+ mg/L**	**sulfato S – mg/LO**	**sólidos dissolvidos mg/L**
I	> 6,0	< 20	< 100	< 150	< 400	> 150
II	5,9 – 5,0	20 – 30	100 – 150	150 – 250	400 -700	150 – 50
III	5,0 – 4,5	30 – 100	150 – 250	250 – 500	700 - 1500	< 50
IV	> 4,5	> 250	> 250	> 500	>1500	< 50
Notas:						

[1] No caso de solos a análise deve ser feita no extrato aquoso do solo.

[2] Água em movimento, temperatura acima de 30ºC, ou solo agressivo muito permeável conduz a um aumento de um grau na classe de agressividade.

[3] Ação física superficial tal como abrasão e cavitação aumentam a velocidade de ataque químico.

Medeiros *et al.* [6] e Helene [9] afirmam que a durabilidade de um sistema estrutural em concreto dependerá da regra dos 4C, conforme descrito a seguir:

a) Composição ou traço;

b) Compactação ou adensamento efetivo do concreto na estrutura;

c) Cura efetiva do concreto na estrutura;

d) Cobrimento das armaduras.

Parte desta lista de critérios cabe ao projetista estrutural defini-los em um projeto de concreto armado. A composição ou traço do concreto normalmente é definida por um tecnologista do concreto ou especialista da área que trabalhe com métodos de dosagem, porém, esse profissional necessita de uma informação básica a resistência característica à compressão do concreto ou f_{ck} e o abatimento. Com essas informações o tecnologista poderá definir o traço que atenda ao f_{ck} e abatimento desejado. Alguns fatores influenciam a escolha dessa propriedade e aqui falaremos do ponto de vista da durabilidade e vida útil das peças de concreto.

A NBR 6118 [3] em seu item 7.4 especifica a relação água-cimento máxima (Quadro 5.6), classe do concreto apropriada dada a Classe de Agressividade Ambiental (CAA) e consumo de cimento Portland. Outras classificações também podem ser vistas em Helene [9].

Quadro 5.6 - Correspondência entre classe de agressividade e qualidade do concreto [3,8].

Concreto [1]	Tipo [2]	Classe de agressividade			
		I	II	III	IV
Relação água/cimento em massa	CA	$\leq 0,65$	$\leq 0,60$	$\leq 0,55$	$\leq 0,45$
Classe de concreto (ABNT NBR 8953)	CA	$\geq$ C20	$\geq$ C25	$\geq$ C30	$\geq$ C40
Consumo de cimento Portland por metro cúbico de concreto (kg/m^3)	CA	≥ 260	≥ 280	≥ 320	≥ 360

[1] O concreto empregado na execução de estruturas deve cumprir com os requisitos estabelecidos na ABNT NBR 12 655 [8].

[2] CA corresponde a componentes e elementos estruturais do concreto armado.

Em relação ao abatimento a classificação é dada pela NBR 8953 [10]. A consistência é dividida em cinco classes "S" conforme Quadro 5.7 e deverá ser definida em projeto juntamente com o f_{ck}.

Quadro 5.7 – Classe de consistência [10].

Classe	Abatimento mm	Aplicações típicas
S10	10 ≤ A < 50	Concreto extrusado, vibroprensado ou centrifugado
S50	50 ≤ A < 100	Alguns tipos de pavimentos e de elementos de fundação
S100	100 ≤ A < 160	Elementos estruturais, com lançamento convencional do concreto
S160	160 ≤ A < 220	Elementos estruturais com lançamento bombeado do concreto
S220	≥ 220	Elementos estruturais esbeltos ou com alta densidade de armaduras

[1] De comum acordo entre as partes, podem ser criadas classes especiais de consistência, explicitando a respectiva faixa de variação do abatimento.

[2] Os exemplos deste quadro são ilustrativos e não abrangem todos os tipos de aplicações.

A antiga versão da NBR 7212 [11] delimitava a tolerância permitida em cada uma das faixas de abatimento e normalmente as concreteiras padronizaram essas famílias de faixa de abatimento (exemplo: 5±1, 8±1, 10±2, 16±3, 22±3) . A Votorantim cimentos especifica 460 famílias de traços em seu documento técnico. Em relação à tolerância, a mesma é dada da seguinte forma:

a) Abatimento de 10 a 90 mm - tolerância $\pm$ 10 mm;

b) Abatimento de 100 a 150 mm - tolerância $\pm$ 20 mm;

c) Acima de 160 mm - tolerância $\pm$ 30 mm.

A propriedade no estado fresco que é fortemente influenciada pelo abatimento é a trabalhabilidade do concreto, tal propriedade é essencial para que ocorra o espalhamento adequado do concreto pelas fôrmas e, além disso, em situações de bombeamento do concreto a trabalhabilidade adequada não permite que o concreto sofra exsudação ou entupa a tubulação, causando problemas no ato de execução da peça estrutural.

Em linhas gerais, o estudo do transporte por meio de bombeamento é complexo [12] e normalmente com a informação do projetista estrutural de recomendação de abatimento a construtora irá adequar o sistema de bombeamento para aquele nível de consistência. Algumas recomendações de abatimento são feitas na literatura para que o projetista estrutural possa se guiar nessa recomendação. São exemplos de recomendação a de Ripper [13] no Quadro 5.8 e de Helene e Terzian [14] no Quadro 5.9.

Quadro 5.8 – Limite de abatimento por tipo de peça estrutural [10].

Tipo de obra/serviço	Consistência	Concreto com controle razoável (agregados medidos em volume) e vibração manual ou mecânica	
		Mínimo (cm)	Máximo (cm)
Fundações e muros não armados	Firme	2	6
Fundações e muros armados	Firme e plástico	3	7
Estruturas usuais e Lastros	Plástico	5	7
Peças com alta densidade de armaduras	Plástico a fluido	7	9
Concreto aparente	Plástico a fluido	6	8
Concreto bombeado a alturas até 40 m	Fluido	8	10
Concreto bombeado a alturas > 40 m	Muito fluido	9	13

Quadro 5.9 – Limite de abatimento de acordo com peça estrutural e taxa de armadura [14].

Elemento estrutural	Abatimento (mm)	
	Pouco armada	Muito armada
- Laje	≤60 ± 10	≤70 ± 10
- Viga e parede armada	≤60 ± 10	≤80 ± 10
- Pilares de edifícios	≤60 ± 10	≤80 ± 10
- Paredes de fundação, sapatas, tubulações	≤60 ± 10	≤70 ± 10

OBSERVAÇÕES:

[1] Quando o concreto for bombeado a consistência deve estar entre 70 a 100mm, no máximo;

[2] Quando a altura para o bombeamento for acima de 30 m, considerar o limite para a consistência na saída da tubulação.

Além dos critérios estabelecidos de f_{ck} e abatimento o projetista deverá delimitar nos seus projetos o cobrimento das armaduras. A camada, dita cobrimento, inicia-se a partir da face externa da barra de aço (seja ela estribo em caso de vigas ou barras longitudinais em caso de lajes) e se estende por uma determinada espessura conforme descrito no Quadro 5.10 item 7.4.7.6 da NBR 6118 [3]. Esses valores são descritos conforme o tipo de elemento estrutural. A Figura 5.1 apresenta o detalhamento de seções típicas em concreto armado onde é definido o cobrimento nominal (c_{nom}).

Quadro 5.10 - Correspondência entre classe de agressividade ambiental e cobrimento nominal para Δc = 10 mm [3].

Tipo de estrutura	**Componente ou elemento**	**Classe de agressividade ambiental (CAA)**			
		I	**II**	**III**	**IV**[2]
		Cobrimento nominal (mm)			
Concreto armado	**Laje**[1]	20	25	35	45
	Viga/Pilar	25	30	40	50
	Elementos estruturais em contato com solo[3]	30		40	50

[1] Para a face superior de laje e vigas que serão revestidas com argamassas de contrapiso, com revestimentos finais secos tipo carpete e madeira, com argamassa de revestimento e acabamento, com pisos de elevado desempenho, pisos cerâmicos, pisos asfálticos e outros tantos, as exigências desta tabela podem ser substituídas pelas de 7.4.7.5 respeitando um cobrimento nominal ≥ 15 mm.

[2] Nas superfícies expostas a ambientes agressivos, como reservatórios, estações de tratamento de água e esgoto, condutos de esgoto, canaletas de efluentes e outras obras em ambientes química e intensamente agressivos, devem ser atendidos os cobrimentos da classe de agressividade IV.

[3] Nos trechos dos pilares em contato com o solo junto aos elementos de fundação, a armadura deve ter cobrimento nominal ≥ 45 mm.

Figura 5.1 - Seções de concreto armado com a representação do cobrimento (c_{nom}). (a) Viga ou pilar de seção retangular; e (b) Laje de concreto armado.

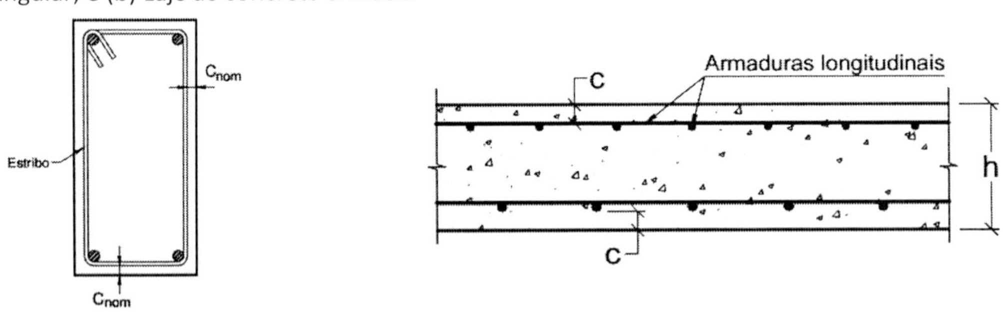

(a) (b)

Medeiros *et al.* [6] afirma que em uma estrutura de concreto, seja ela armada ou protendida, o aço é a parte mais sensível a ataque do meio ambiente e por essa razão as armaduras devem ficar protegidas através de uma espessura de concreto de cobrimento.

Essa "pele" de pasta, argamassa e concreto sobre o aço também possui características variáveis ao longo do tempo. Logo após a compactação e durante o período de cura, ela é altamente alcalina com pH de aproximadamente 12,6. A partir da interrupção da cura, inicia-se o processo de envelhecimento que poderá culminar com a despassivação das armaduras [6].

Observa-se que o cobrimento das armaduras tem uma importância fundamental no que se refere à vida útil das estruturas, assim como os procedimentos executivos têm consequências preponderantes na qualidade desta camada. Sendo assim, é imperativo que o cobrimento seja projetado e executado adequadamente, a fim de garantir o desempenho projetado para a estrutura [6].

A equação (5.1) representa o cobrimento nominal e suas parcelas. Pode-se notar que o cobrimento nominal é dado por um cobrimento mínimo acrescido de uma variação Δc de cobrimento que para construção do Quadro 5.10 foi de 10 mm. A NBR 6118 [3] item 7.4.7.4 afirma que quando houver um controle adequado de qualidade e limites rígidos de tolerância da variabilidade das medidas durante a execução, pode ser adotado o valor Δc = 5 mm, mas a exigência de controle rigoroso deve ser explicitada nos desenhos de projeto. Portanto, pode-se reduzir em 5 mm os valores do Quadro 5.10.

$$c_{nom} = c_{min} + \Delta c \tag{5.1}$$

A NBR 6118 [3] ainda delimita que em caso de adoção de um concreto com classe de resistência superior ao valor mínimo exigido, os valores do Quadro 5.10 podem ser reduzidos em 5 mm também.

A Dimensão Máxima Característica do agregado graúdo (DMC) não poderá exceder o cobrimento nominal em 1,2 vezes ($\mathrm{DMC} \leq 1{,}20.\,c_{nom}$) conforme item 7.4.7.6 da NBR 6118 [3].

A NBR 6118 [3] no item 7.4.7.5 ainda estabelece que os cobrimentos nominais e mínimos estão sempre referidos à superfície da armadura externa, em geral à face externa do estribo. O cobrimento nominal de uma determinada barra deve sempre ser:

$$c_{nom} \geq \emptyset_{barra} \tag{5.2}$$

e

$$c_{nom} \geq \emptyset_{feixe} = \emptyset_n = \emptyset.\sqrt{n} \qquad n \text{ representa o número de barras do feixe de armadura.} \tag{5.3}$$

5.2.1.2 Controles a nível de canteiro de obras

Além dos requisitos essenciais na elaboração de projetos estruturais é comum também alguns apontamentos construtivos que se pode fazer a nível de projeto evitando que a estrutura de concreto armado possa vir a "contrair patologias" por efeito de um processo construtivo inadequado. Para isso, é essencial que tanto engenheiro de projeto e engenheiro supervisor da construção mantenham um diálogo constante.

A normativa que regulamenta o processo construtivo de uma estrutura de concreto é a ABNT NBR 14931 "Execução de estruturas de concreto – procedimento" [15]. Tal normativa regulamenta esse arcabouço de recomendações para o famoso critério de "boas práticas" da construção em concreto. Logo é muito comum que engenheiros projetistas deixem notas em seus projetos, recomendam alguns dos pontos estabelecidos nessa normativa, como por exemplo:

a) Cura de todos os elementos que os mesmos atinjam f_{ck} igual ou superior a 15 MPa;

b) O padrão de retirada de formas e escoramentos das estruturas de concreto;

c) Controle do concreto utilizado através dos planos de concretagem.

Na parte de controle do processo construtivo um dos termos que mais poderá influenciar o projetista estrutural é a verificação do f_{ck} real do concreto aplicado, visto que esse nem sempre será o mesmo especificado em projeto. Isso deve ao fato da natureza de que a resistência mecânica do material possui uma variação intrínseca que mesmo com o melhor controle de qualidade no processo de dosagem não será eliminada. Portanto, o engenheiro estrutural deve ficar atento ao controle realizado pelo supervisor do canteiro de forma que essa testagem do concreto garantirá que o concreto aplicado será o mesmo do especificado em projeto.

A determinação do f_{ck} é realizada por amostragem conforme orientações da NBR 12655 [8] e das equações (5.4) a (5.6). Nesse caso é apresentado o modelo para amostragem parcial que é o que ocorre no dia a dia de estruturas usuais em concreto armado.

a) Para n (número de amostras) $6 \leq n \leq 20$:

$$f_{ck,est} = 2.\frac{f_1 + f_2 + \cdots f_{m-1}}{m-1} - f_m \tag{5.4}$$

Onde $f_{ck,est}$ é a resistência à compressão na idade especificada; m é igual a $\mathrm{n}/2$ e despreza-se o valor mais alto de n, se for ímpar; e $f_1, f_2, \ldots, f_m$ são os valores das resistências dos exemplares, em ordem crescente.

O valor do $f_{ck,est}$ não pode ser inferior a $\Psi_6 . f_1$, sendo os valores de Ψ_6 dados pelo Quadro 5.11.

Quadro 5.11 – Valores de Ψ_6.

Condição de preparo	**Número de exemplares (n)**										
	2	**3**	**4**	**5**	**6**	**7**	**8**	**10**	**12**	**14**	**≥ 16**
A	0,82	0,86	0,89	0,91	0,92	0,94	0,95	0,97	0,99	1,00	1,02
B ou C	0,75	0,80	0,84	0,87	0,89	0,91	0,93	0,96	0,98	1,00	1,02
NOTA – Os valores de n entre 2 e 5 são empregados para os casos excepcionais (ver item 7.2.3.3 da NBR 12655)											

b) Para n ≥ 20:

$$f_{ck,est} = f_{cm} - 1{,}65\,.Sd \tag{5.5}$$

$$Sd = \sqrt{\frac{1}{n-1}\sum_{i=1}^{n}(f_i - f_{cm})^2} \tag{5.6}$$

Onde f_{cm} é a resistência média dos exemplares do lote, (expressa em MPa); e Sd é o desvio padrão dessa amostra de n exemplares, (expressa em MPa).

O valor 1,65 corresponde ao quantil de 5,00%, ou seja, apenas 5% dos corpos de prova possuem $f_c < f_{ck}$, ou, ainda, 95,00% dos corpos de prova possuem $f_c \geq f_{ck}$,. Já O desvio padrão Sd corresponde à distância entre a abscissa de f_{cm} e a do ponto de inflexão da curva (ponto em que ela muda de concavidade) [16].

É válido ressaltar que a NBR 12655 [8] reforça que para um controle parcial, em que são retirados exemplares de betonadas distintas, as amostras devem ser de no mínimo seis exemplares para os concretos do grupo I (classes até C50, inclusive) e 12 exemplares para os concretos do grupo II (classes superiores a C50), conforme estabelece a NBR 8953 [10].

Portanto, verificado o f_{ck} o projetista estrutural terá ciência se o concreto aplicado atende a resistência especificada em projeto e em casos que a resistência desejada é muito superior ao concreto aplicado é necessária a situação de reforço estrutural das peças de concreto.

Exemplo Resolvido 5.1

A laje de um edifício foi concretada e foram retiradas amostras para controle de qualidade do concreto fornecido pela concreteira. Na Tabela a seguir é apresentada uma das séries de corpos de prova que foram rompidos com idade de 28 dias após a concretagem.

Considerando que a resistência de cálculo de projeto (f_{ck}) é de 25 MPa e a condição de preparo do concreto é do tipo A, pede-se para verificar se a resistência estimada do concreto à compressão atende ao requerido em projeto.

Série de amostras com rompimento em idade de 28 dias

Amostra	**Resistência à compressão (MPa)**
1	30,4
2	30,1
3	27,5
4	28,3
5	28,6
6	29,5
7	30,2
8	31,2

Solução

O primeiro passo é verificar qual equação será utilizada a partir da quantidade de amostras. Como o número de amostras da série avaliada é oito, será utilizada a equação (5.4).

Depois disso, parte-se para a representação em ordem crescente de resistência à compressão das amostras:

Série de amostras em ordem crescente

Amostra	**Resistência à compressão (MPa)**
f_1	27,5
f_2	28,3
f_3	28,6
f_4	29,5
f_5	30,1
f_6	30,2
f_7	30,2
f_8	30,4

Conforme a equação (5.4), temos que determinar o valor de m, que é igual a $n/2$ e despreza-se o valor mais alto de n, se for ímpar. Como o número de amostras não é ímpar, $m = 4$.

Assim, tem-se que o valor do $f_{ck,est}$ é igual a:

$$f_{ck,est} = 2.\frac{f_1 + f_2 + \cdots f_{m-1}}{m-1} - f_m = 2.\frac{27{,}5 + 28{,}3 + 28{,}6}{4-1} - 29{,}5 = 26{,}77MPa$$

Por fim, é necessário verificar se o valor do $f_{ck,est}$ não é maior que $\Psi_6.f_1$. Pelo Quadro 5.11, tem-se que o valor de e Ψ_6 é igual a 0,95 para a condição de preparo A.

$$f_{ck,est} = 26{,}77MPa \geq \Psi_6.f_1 = 0{,}95.27{,}5 = 26{,}3MPa$$

Tem-se, então, que o $f_{ck,est}$ é igual ao maior dos valores anteriores, sendo igual a 26,77 MPa. Portanto, a resistência característica à compressão do concreto estimada é maior do que o valor previsto em projeto.

5.3 Referências

[1] Possan E, Demoliner CA. Desempenho, durabilidade e vida útil das edificações: Abordagem geral. Revista Técnico-Científica do CREA-PR n.d.:15.

[2] Associação Brasileira de Normas Técnicas. ABNT NBR 15575: Edificações habitacionais – desempenho. Rio de Janeiro (RJ): ABNT; 2013.

[3] Associação Brasileira de Normas Técnicas. ABNT NBR 6118: Projeto de estruturas de concreto – procedimento. Rio de Janeiro (RJ): ABNT; 2014.

[4] Pinto AD de O. Estudo da durabilidade de materiais e sistemas construtivos. Mestrado em Engenharia Civil. Universidade do Porto, 2008.

[5] Souza VCM de, Ripper T. Patologia, recuperação e reforço de estruturas de concreto. São Paulo (SP): PINI; 1998.

[6] de Medeiros MHF, Andrade JJ de O, Helene P. Concreto: Ciência E Tecnologia. vol. 1. Ibracon - Instituto Brasileiro do Concreto; 2011.

[7] Reis LSN. Sobre a recuperação e reforço de estruturas de concreto armado. Mestrado em Engenharia de Estruturas. Universidade Federal de Minas Gerais (UFMG), 2001.

[8] Associação Brasileira de Normas Técnicas. ABNT NBR 12655: Concreto de cimento Portland – Preparo, controle, recebimento e aceitação - procedimento. Rio de Janeiro (RJ): ABNT; 2015.

[9] Helene PRL. Introdução da durabilidade no projeto das estruturas de concreto. Ambiente Construído 1997;1:45–57.

[10] Associação Brasileira de Normas Técnicas. ABNT NBR 8953: Concreto para fins estruturais – Classificação pela massa específica, por grupos de resistência e consistência. Rio de Janeiro (RJ): ABNT; 2015.

[11] Associação Brasileira de Normas Técnicas. ABNT NBR 7212: Execução de concreto dosado em central - procedimento. Rio de Janeiro (RJ): ABNT; 2012.

[12] Weidmann DF. Contribuição ao estudo da influência da forma e da composição granulométrica de agregados miúdos de britagem nas propriedades do concreto de cimento Portland. Mestre em Engenharia Civil. Universidade Federal de Santa Catarina (UFSC), 2008.

[13] Ripper E. Manual prático de materiais de construção: recebimento, transporte interno, estocagem, manuseio e aplicação. São Paulo: Pini; 1995.

[14] Helene P, Terzian P. Manual de dosagem e controle do concreto. São Paulo: Pini; 1992.

[15] Associação Brasileira de Normas Técnicas. ABNT NBR 14931: Execução de estruturas de concreto - procedimento. Rio de Janeiro (RJ): ABNT; 2004.

[16] Pinheiro LM, Muzardo CD, Santos SP. Fundamentos do concreto e projeto de edifícios - Capítulo 2. 2003.

Impressão e acabamento
Gráfica da Editora Ciência Moderna Ltda.
Tel: (21) 2201 - 6662